Volker Koch

Dampfbetriebene Werkstätten als Modell

Antriebsmaschinen – Transmissionen – Betriebsmodelle

- Fachbuch Best.-Nr.: 310 2296

Redaktion: Oliver Bothmann, Maleen Thiele
Layout: DiTech Publishing Services, India
Marat Abdulmanov, VTH neue Medien
Sandra Balke, VTH neue Medien

Bibliografische Information der Deutschen Nationalbibliothek:
Die Deutsche Nationalbibliothek verzeichnet diese Publikation in der Deutschen Nationalbibliografie; detaillierte bibliografische Daten sind im Internet über http://dnb.d-nb.de abrufbar.

ISBN 978-3-88180-514-8
1. Auflage 2022 by Verlag für Technik und Handwerk neue Medien GmbH
Bertha-Benz-Straße 7, 76532 Baden-Baden

Printed in Germany
Druck: Colordruck Solutions GmbH Leimen

Dampfbetriebene Werkstätten als Modell

Antriebsmaschinen – Transmissionen – Betriebsmodelle

Volker Koch

vth

Verlag für Technik und Handwerk neue Medien GmbH
Baden-Baden

Inhaltsverzeichnis

1 Einfache dampfbetriebene Modellwerkstätten

1.1 Vorwort

Ende der sechziger Jahre des letzten Jahrhunderts bekam ich zu Weihnachten eine kleine Dampfmaschine geschenkt. Ein bereits länger gehegter Wunschtraum ging endlich in Erfüllung! Es war eine sehr einfach gehaltene, kleine „Fleischmann“ mit oszillierendem Zylinder, aber sie lief sehr gut und ich war rundum zufrieden. Beim nächsten Geburtstag kamen einige Betriebsmodelle der heute noch existierenden Firma Wilesco hinzu; damals war alles noch in dezentem Industriegrau gehalten: Eine niedrige Bocktransmission, eine biegsame Welle und ein Schleifstein. So konnte auf einer Sperrholzplatte meine erste Dampfwerkstatt montiert werden. Später versah ich die Werkstatt mit Rädern und einem Zusatzgetriebe, was sie zu einer Art Selbstfahrer umwandelte.

Das Thema Dampf hat mich seit dieser Zeit nie mehr ganz losgelassen, ruhte dann aber doch eine ganze Weile, bis es Anfang der achtziger Jahre durch den Kauf einer alten Märklin-Dampfmaschine vom Flohmarkt wieder neu belebt wurde.

Im Laufe der Jahre hat sich inzwischen Einiges an erworbenen, selbst gebauten, aufgearbeiteten oder modifizierten Modellen aus dem sehr vielfältigen Themenbereich angesammelt, an denen ich mich und andere erfreuen kann. Unterstützt wurde ich mit Rat und Tat stets von meiner lieben Ehefrau Karin, besonders bei Ausstellungen oder Vorführungen in der Öffentlichkeit. Deshalb möchte ich ihr an dieser Stelle ganz besonders danken und dieses Buch widmen, welches ohne sie, wie auch die Ausübung dieses Hobbys, nicht möglich gewesen wäre.

Bedanken möchte ich mich auch bei meinem Sohn Roland, der mich hin und wieder mit Betriebsmodellen beschenkt, die er im Internet gesichtet und für mich erworben hat; Sie sehen also, ich werde reichlich gefördert.

Für die weitere Zukunft ist ein kleines Privatmuseum geplant, ich weiß nur noch nicht wo und wie, doch schauen wir mal, es wird sich vielleicht etwas finden.

1.2 Weshalb baut man Dampfwerkstätten oder dampfgetriebene Anlagen im Modell?

Um diese Frage zu beantworten, muss ein wenig weiter ausgeholt werden. Es sei an dieser Stelle ein kleiner historischer Rückblick gegeben, der jedoch überschaubar gehalten wird, aber zum Verständnis der Zusammenhänge notwendig ist.

Wir blicken gedanklich in das achtzehnte Jahrhundert zurück. Zu Beginn dieses Jahrhunderts begann die Zeit der sogenannten „Aufklärung“; neue Erkenntnisse in den Naturwissenschaften, Mathematik, Physik, Chemie, Astronomie sowie „Vernunft“

und das allgemeine Streben nach Freiheit bewirkten Veränderungen in Politik, Gesellschaft, Kultur und auch bei dem technischen Fortschritt.

Namhafte Erfinder und Ingenieure wie Denis Papin, Thomas Savery, Thomas Newcomen und John Smeaton – um nur einige zu nennen – konstruierten Anfang bis Mitte des achtzehnten Jahrhunderts verschiedene Kraftmaschinen und Apparaturen auf Dampfbasis. Diese „Dampf"-Maschinen sollten nutzbare Arbeit leisten, Gewinn für die Unternehmer erwirtschaften und die schwer arbeitenden Menschen jener Zeit entlasten. Gleichzeitig wollte man Alternativen zu den bekannten Wasser- und Windmühlen schaffen, die nicht überall errichtet und betrieben werden konnten. Bei den letztgenannten Energiequellen ist die Abhängigkeit von den Naturgegebenheiten Wasser und Wind nicht immer von Vorteil.

Aber all diesen neuen „Dampf"-Maschinen war gemeinsam, dass nur der durch Abkühlung des Dampfes erzeugte Unterdruck die eigentliche Arbeit leistete, nicht aber die Expansionskraft des Dampfes. Als eine weitere Gemeinsamkeit konnten diese Maschinen nur geradlinige Hubbewegungen, oder, wie die Savery-Maschine, nur ein relatives Vakuum erzeugen; der Haupteinsatz lag deshalb bei Pumpanwendungen, speziell in der Entwässerung von Bergwerken. Nachteilig war dabei die extrem schlechte Effizienz dieser unausgereiften Apparaturen und der damit verbundene, hohe Brennstoff- bzw. Kohleverbrauch. Manche Zeitgenossen bemerkten, dass z.B. für den Betrieb einer Newcomen-Maschine zum Zweck der Entwässerung eines Bergwerks eine weitere Zeche zur Kohlegewinnung notwendig ist, um die Maschine zu betreiben, womit sie nicht ganz Unrecht hatten.

Erst dem Schotten James Watt gelangten ab 1769 entscheidende Verbesserungen an diesen Maschinen, speziell der Newcomen-Maschine: Verbesserung des Wirkungsgrads, wenig später eine geregelte, rotierende Bewegung, geeignet zum direkten Antrieb von Betriebs- und Werkzeugmaschinen, vornehmlich im Textilgewerbe. Besonders wichtig war neben der rotierenden Bewegung eine spürbare Ersparnis des eingesetzten Brennstoffs Kohle. Die Energieform Dampf wurde damit wirtschaftlicher für den Einsatz in den verschiedensten Produktionsbereichen.

Watts Balancier-Dampfmaschinen mit einfachem Kofferkessel arbeiteten nur im

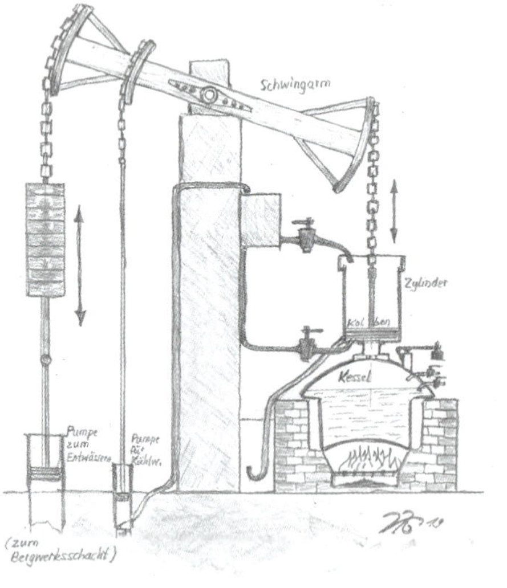

Handskizze einer Newcomen-Dampfmaschine zur Bergwerksentwässerung, V. Koch

Handskizze einer der ersten Watt-Balancierdampfmaschinen mit Drehbewegung, V. Koch

Niederdruckbereich bis etwa ein bar. Die Leistung war damit sehr begrenzt und die Baugröße recht enorm. Ironischerweise verhinderte Watt durch seine weitreichenden Patente eine ganze Weile lang die konsequente Weiterentwicklung der Dampfmaschine; besonders die später erfolgreiche Hochdruckdampftechnik hielt er für gefährlich bzw. nicht praktikabel.

Nachdem Anfang des neunzehnten Jahrhunderts Watts Patente abgelaufen waren, konnte der Fortschritt der Dampftechnik mit der leistungsfähigeren Hochdruckdampfmaschine und wenig später mit der sparsameren Verbunddampfmaschine endlich weitergehen. Erste Entwicklungspioniere auf diesem Gebiet waren unter anderem der Brite Richard Trevithick und der deutsche Augenarzt Dr. Ernst Alban.

Mit den verbesserten Dampfantrieben war es möglich, viele Arbeitsmaschinen in Betrieben mit Bewegungsenergie zu versorgen; in Folge veränderten sich bisherige Manufakturen (Betriebe mit Handarbeit) zu Fabriken und Industriebetrieben. Diese Veränderung, die hauptsächlich in der ersten Hälfte des neunzehnten Jahrhunderts stattfand, wird historisch betrachtet als „Erste industrielle Revolution" (Einführung der Dampfkraft, industrielle Revolution 1.0) bezeichnet.

Parallel dazu wurde Anfang des neunzehnten Jahrhunderts die Dampfmaschine auf Räder und Schienen gestellt und mit der neuen Eisenbahn sowie dem Beginn der Dampfschifffahrt wurden dann völlig neue Kapitel im Transport- und Verkehrswesen aufgeschlagen, die diese Entwicklungen entscheidend unterstützten.

Es war eine technisch-organisatorische Revolution, die die betrieblichen Abläufe in den frühindustriellen Produktionsprozessen entscheidend änderte und weitreichende gesellschaftliche Wandlungen nach sich zog. Industrie bildete sich in den größeren Städten und zog Menschen, die sich ein besseres Leben erhofften, aus den ärmeren ländlichen Gebieten in die sich neu bildenden Ballungszentren.

Es bildete sich – um es mit den Begriffen eines berühmten Gesellschaftstheoretikers dieser Zeit, Karl Marx, zu sagen – das „Proletariat" und als Gegenpol die wohlhabende „Bourgeoise", die das „Kapital" und die „Produktionsmittel" besaßen.

Die neuen Unternehmer dieser Epoche dachten in erster Linie an den Gewinn, der mit den verfügbaren Produktionsmitteln – Menschen und Maschinen – erzielbar war; humanitäre Gesichtspunkte spielten, wenn überhaupt, meist nur eine untergeordnete Rolle. Besonders die erste Hälfte des neunzehnten Jahrhunderts mit Kriegen, Missernten und Revolutionen, war für weite Bevölkerungskreise in Europa mit zahlreichen Entbehrungen verbunden. Wer die Möglichkeit dazu hatte, wanderte in der Hoffnung auf ein besseres Leben in die „Neue Welt" aus.

Die Verarmung und Verelendung der arbeitenden Menschen in den Ballungszentren der immer weiter anwachsenden Städte führte zu Gettobildungen, Aufständen und Revolten, der Arbeiterbewegung, dem Kommunismus und dem Sozialismus. Im neugegründeten deutschen Kaiserreich ab 1871, sah sich die

So könnte es in den frühen Industriebetrieben ausgesehen haben (Handskizze V. Koch). Wahrscheinlich aber waren die Betriebe mit noch mehr Material, Maschinen und Menschen zugestopft

Obrigkeit gezwungen, auf diese Entwicklungen zu reagieren in Form der sogenannten „Sozialistengesetze“ unter dem Reichskanzler Otto von Bismarck und man führte wenig später unter dem gleichen Reichskanzler die sogenannte Sozialgesetzgebung ein, welche die negativen gesellschaftlichen Folgen der ersten industriellen Entwicklung etwas abfederte und die in ihren Grundzügen noch bis heute besteht.

Es ist also festzuhalten, dass neue Technologien, dampfbetriebene Betriebe und Fabriken, eine gewisse Rolle bei den gesellschaftlichen Veränderungen innerhalb des neunzehnten Jahrhunderts spielten.

1.3 Frühe und spätere Hersteller von Modell-/Spielzeugdampfmaschinen und Betriebsmodellen

Früher gab es Vorbilder von dampfbetriebenen Werkstätten und Fabriken in mannigfaltiger Vielfalt, Ausführung und Größe. Diese Vorbilder wurden seinerzeit auch in alten Spielzeugen etwa zu Beginn des zwanzigsten Jahrhunderts nachgebildet. Freilich konnten sich zu dieser Zeit nur wohlhabendere Schichten, das sogenannte Bürgertum, einen derartigen Luxus für ihre Knaben leisten (Mädchen waren da außen vor, sie hatten sich mit Puppen und Hausratsspielzeug zu beschäftigen; „Kirche, Küche, Kinder“). Etwas später, nach dem Ersten Weltkrieg und nach der Inflation von 1923, in den „goldenen zwanziger Jahren“, konnte auch schon mal ein gut verdienender Facharbeiter diese Dinge für seinen männlichen Nachwuchs erwerben.

Modell- bzw. Spielzeugdampfmaschinen, Heißluftmaschinen, Betriebs / Antriebsmodelle und Modellwerkstätten hatten ihre Blütezeit von Beginn des zwanzigsten Jahrhunderts bis etwa zu der Zeit vor dem Zweiten Weltkrieg. Folgende Firmen seien hierbei besonders genannt:

- Gebrüder Bing, Nürnberg
- Gebrüder Märklin & Cie., Göppingen in Württemberg
- Doll & Co., Nürnberg
- Georges Carette & Co., Nürnberg
- Josef Falk, Nürnberg
- Kraus, Mohr & Co. und Nachfolger, Nürnberg
- Ernst Plank, Nürnberg
- Jean Schoenner, Nürnberg
- Gebrüder Fleischmann, Nürnberg (Übernahme der Fa. Doll & Co.)

Aus der oben genannten Auflistung, die wie alle hier aufgeführten Firmen-Auflistungen keinen Anspruch auf Vollständigkeit erhebt, ist zu erkennen, dass der Schwerpunkt der deutschen Spielzeugindustrie in Nürnberg lag; auch heutzutage findet dort jährlich eine Spielwarenmesse statt. Im Gegensatz zu Früher ist das Thema „Dampf“ heute nur noch ein absolut untergeordneter Randbereich.

Einige Hersteller, wie Carette und Schoenner, verabschiedeten sich bereits in einer relativ frühen Phase, während die Firmen Bing, Plank, Doll und Falk Anfang der dreißiger Jahre – teilweise in Folge der Weltwirtschaftskrise, teilweise wohl auch aus politischen Gründen – verschwanden.

Die nachfolgend genannten Produzenten stellten nach aktuellem Kenntnisstand unter anderem nur Betriebs- oder Antriebsmodelle her:

- Karl Arnold, Nürnberg
- Karl Bub, Nürnberg (Schwerpunkt waren Eisenbahnen)
- Mathias Hess, Nürnberg
- Josef Deuerlein, Nürnberg

- Fuchs, Zirndorf
- Keim, Nürnberg

Daneben wurde Dampfspielzeug auch über sogenannte Verleger oder Lehrmittelanbieter (z. B. Moses Kohnstam, Ullmann und Engelmann, die bekannte Lehrmittelanstalt Dr. Oscar Schneider) vertrieben.

Recht vorbildgetreue Modelle und Modellbauzubehör zu dem Thema „Dampf" wurden vor dem Krieg unter anderem von den Firmen Heinrich Rehse, Leipzig und Geb. W. Bischoff, Dresden, angeboten. Hier konnte man fast alles bekommen, was der Mechanik-Modellbauer seinerzeit benötigen konnte: Modell-Dampfmaschinen, Gussteile dazu, Kessel, Armaturen, Benzinmotore, Dynamos, Metallprofile, Bleche, Schrauben und Muttern, Nieten, Werkzeug, Zahnräder, Klein-Elektro usw. Es gibt zwar heutzutage wieder gewisse kommerzielle Hersteller und Lieferanten, aber eine so breit gefächerte Vielfalt wie damals – alles aus einer Anbieterhand – findet man heute leider nicht mehr.

Nach dem Zweiten Weltkrieg produzierten im Westteil Deutschlands nur noch Märklin (bis etwa 1954) und Fleischmann (bis etwa 1969) Dampfspielzeug, um es dann zu Gunsten der neu etablierten H0-Eisenbahn ganz aufzugeben. Neu hinzugekommen war ab 1950 die Firma Wilesco (Wilhelm Schröder & Co., Lüdenscheid), die Ihr Angebot ständig erweiterte und bis heute aktiv ist.

Auch in der ehemaligen DDR wurde beachtenswertes Dampfspielzeug, Dampfmaschinen und Betriebs-/Antriebsmodelle hergestellt:

- Gaselan; VEB Chemie- und Tankanlagenbau Fürstenwalde; elektrisch beheizte Dampfmaschinen
- VEB Geräte- und Pumpenbau, Merbelsrod (Thüringen); Dampfmaschinen
- VEB PREFO Dresden (Werk 2), Glashütte (Werk 3); Betriebsmodelle
- EKT Elektro-Kleintechnik Dresden; Betriebsmodelle
- Rudolf Oesterwitz, Jüterbog; Betriebsmodelle
- EPG Pässler, Dresden; Dampfmaschinen
- Geschmi; Betriebsmodelle (bei dieser Firma konnte nicht mit letzter Sicherheit nachgewiesen werden, ob es sich tatsächlich um eine „DDR-Firma" handelt)

Erstaunlicherweise ist dabei festzustellen, dass nach dem Zweiten Weltkrieg besonders im anderen Teil Deutschlands die Vielfalt der Betriebs- und Antriebsmodelle ausgesprochen groß war. Die Modelle von EKT, Oesterwitz und Prefo z. B. waren im Vergleich zu den westdeutschen Produkten wesentlich vielfältiger und auch recht vorbildähnlich ausgestaltet.

Die Aufzählungen erheben auch hier keinen Anspruch auf Vollständigkeit; eventuell gab es in der ehemaligen DDR noch mehr Klein-Produzenten.

Nach dem Zweiten Weltkrieg kamen neben der H0-Eisenbahn (Spurweite 16 mm und noch kleineren Spurweiten) völlig neue Spielzeugarten auf den Markt, wie z. B. Autorennbahnen, Space- und Elektronikspielzeug, welche die Bedeutung des traditionellen Dampfspielzeugs immer mehr schwinden ließ, zumal es kaum noch reale Vorbilder in den Industriebetrieben gab.

Die Geschichten der einzelnen Hersteller werden unter dem Kapitel „Hersteller von Dampfspielzeug" kurz angesprochen.

Neu war nach dem Zweiten Weltkrieg auch das verstärkte Aufkommen von Kunststoffen im Spielzeug- und Modellbaubereich. Dieser neue Werkstoff ließ sich preiswert in alle möglichen Formen pressen, passte aber funktionell und technisch einfach nicht mehr zum althergebrachten Thema Dampf, welches auf soliden Metallwerkstoffen basiert.

Der Niedergang das klassischen Dampfspielzeugs und des Themas „Dampf" im Modellbau war also langsam aber sicher besiegelt. Lediglich kleine Hersteller-Randgruppen, wie z. B. die bekannte Firma Stuart Turner in England, boten weiterhin Dampfmaschinen, Bau- und Materialsätze für einen inzwischen sehr überschaubar gewordenen Kundenkreis an.

Eine gewisse Renaissance des Themas Dampf als Spielzeug und Modell gab es zu Beginn der 80er Jahre, als in geringem Umfang wieder Modelldampfmaschinen von Sammlern gesammelt und von darauf spezialisierten Modellbauern gebaut wurden. Firmen wie Regner, Holzapfel oder Metafot (Lutz Hielscher) kamen neu auf den Markt.

Schöne Heißluftmotoren, Betriebsmodelle und auch einfache Dampfmodelle wurden im Zeitraum von ca. 1990/91 bis 2018 von Roland Reichelt aus Chemnitz entworfen, gebaut und angeboten. Inzwischen hat Herr Reichelt die Produktion altersbedingt eingestellt; Baupläne seiner Maschinen sind aber über den VTH erhältlich und teilweise können auch Gussteile bezogen werden.

1.4 Vom Vorbild zum Modell

Leider ist heute das Wissen und die Kenntnis über alte Antriebs-, Produktions- und Werkstatttechniken – besonders bei den heutigen jüngeren Generationen – fast vollständig verloren gegangen.

Bedauerlich ist auch der Umstand, dass alte Handwerkstechniken aus vergangenen Zeiten in der aktuellen, digitalen Smartphone-Epoche immer mehr in Vergessenheit geraten. Wer kennt heute z.B. noch einen Wagner oder Stellmacher, der hölzerne Leiterwagen bauen kann? Wo gibt es heute noch einen Dorfschuster, einen Küferer oder einen Schmied (von Hufschmieden für Hobby-/Freizeitpferde einmal abgesehen)? Stellmacher und Schmied arbeiteten früher Hand in Hand; nachdem das hölzerne Rad

Wagner - Werkstatt im „Hessenpark“ Neu-Anspach (Taunus)

eines Leiterwagens oder einer Schubkarre vom Stellmacher fertig gestellt war, wurde anschließend vom Schmied der eiserne Radreifen heiß aufgezogen. Der Stellmacher fertigte auch hölzerne Antriebsscheiben für Transmissionen. Diese und andere alte Handwerksarbeiten konnte der Autor in seiner Kindheit auf dem Land noch erleben.

Wissensdefizite werden heute bei Bedarf ganz zeitgemäß durch „Googeln“ oder „Apps“ ausgeglichen. Man scheint den „Stein der Weisen“ in der allumfassenden Digitalisierung des täglichen Lebens gefunden zu haben und fragt sich, wie das Leben und Arbeiten ohne die Errungenschaften der kommunikativen Digitaltechnik und der sogenannten „Sozialen Medien“, Instagram, Facebook & Co., früher eigentlich möglich war. War die prädigitale Epoche deswegen vielleicht sogar unsozial? Fragen über Fragen tun sich auf. Neue, sinnfreie Berufssparten (z. B. „Blogger“, „Influencer“) bilden sich in der digitalisierten Welt. Es wird „gestreamt“, „gepostet“, „getwittert“ und „geliked/disliked“. Und wer was auf sich hält, hat eben viele „Follower“.

Das klassische Handwerk bzw. handwerkliche Arbeiten werden nach Ansicht des Autors unberechtigterweise immer mehr abgewertet und zurückgedrängt. Immer weniger Menschen wollen ein klassisches

Handwerk erlernen, jeder will heute studieren, eine akademische Karriere starten und mit wenig körperlicher Arbeit möglichst viel Geld verdienen. Doch die Zeiten können sich auch wieder ändern, vielleicht sind wir irgendwann auf essentielle handwerkliche Fähigkeiten wieder angewiesen, um überleben zu können. Die „Corona" Pandemie mit all ihren Folgen und Einschränkungen macht da schon etwas nachdenklich.

„Hände Arbeit", Fleiß, Ordnung und Arbeitswille waren einmal die Grundlagen unseres heutigen Wohlstands und des „Wirtschaftswunders" nach dem Zweiten Weltkrieg, das sollte nie vergessen werden. Die „Digitalisierung" versteht sich heute als ständig fortlaufender Prozess. Sie wird immer rascher fortschreiten und dabei vielleicht auch Erleichterungen und Vereinfachungen im Arbeits- und Freizeitleben mit sich bringen; es gibt ja glücklicherweise „Apps" für alle Lebenslagen. Im Gegensatz zu früheren Epochen der Industrialisierung findet mit der aktuellen Digitalisierung ein permanenter, stetig tiefergreifenderer Wandel in allen Bereichen des Lebens statt, kaum vergleichbar mit den Veränderungen während der ersten technischen Revolution. Und das immer rascher! Die klassische Trennung von Arbeit und Freizeit z.B., wie man sie bislang kannte, wird immer weiter aufgeweicht. Jeder ist an jedem Ort zu jederzeit erreichbar. Ob der Mensch als solcher mit dieser rasanten Entwicklung Schritt halten kann, wird sich sicher irgendwann zeigen. Das aktuelle Ansteigen gewisser Erkrankungsformen kann bereits ein Indiz dafür sein.

Aber nun zurück zum eigentlichen Thema, dem Modellbau! Genug geklagt und der „guten alten Zeit" nachgetrauert. Bei der nachträglichen Verklärung der Vergangenheit darf nicht vergessen werden, dass „früher" nicht alles besser oder gar schöner war. Man denke nur an die Sechstage-Arbeitswoche in den sechziger Jahren. Letztlich haben wir es auch den Gewerkschaften zu verdanken, dass sich die Arbeitsbedingungen in den letzten 50 Jahren entscheidend verbessert haben.

Aber die modellhafte Beschäftigung mit den technischen Errungenschaften der ersten industriellen Revolution kann aus den eben genannten Gründen einen wertvollen kulturhistorischen Beitrag gegen das Vergessen alter Handwerks- Techniken leisten. Ein kurzer historisch-technischer Hintergrund wird deshalb auch in dem Kapitel „Dreigeteiltes Maschinensystem" erläutert.

Durch die damalige Vielfalt im Vorbild und Modell ergibt sich für den Modellbauer dieser Sparte ein sehr hoher Freiheitsgrad, das heißt, man kann seiner Fantasie freien Lauf lassen, sofern man sich an die Gegebenheiten einer gewählten Epoche oder Stilrichtung hält. Es ist also fast so ähnlich wie bei dem H0-Eisenbahnmodellbau, der sich im Allgemeinen nach historischen Zeitepochen gliedert.

Im Gegensatz zu anderen Sparten des (Dampf-) Modellbaus muss hier nicht unbedingt viel Geld investieren werden. Nicht jeder „Dampfjünger" kann und will sich z. B. einen Dampftraktor im Maßstab 1:2,7 für sagen wir einmal 10.000 € oder mehr leisten; solche Dinge sollen ruhig wohlhabenderen Menschen vorbehalten bleiben. Viel wichtiger ist nach eigener Erfahrung die Zufriedenheit, die erlangt werden kann, wenn man durch eigene Hände Arbeit ein kulturgeschichtliches Kleinod erschafft, welches als Augen- und Ohrenschmaus die Menschen bei Ausstellungen oder Vorführungen erfreut und in Erstaunen versetzen kann.

Etwas „Selbstgebautes", auf das man zu Recht stolz sein kann, findet stets mehr Respekt und Anerkennung als etwas „Gekauftes". Einfach „Kaufen" ist keine Kunst.

Nebenbei ist festzustellen, dass die Errungenschaften der Digitaltechnik auch in den klassischen Modellbausparten immer mehr greifen. Die CAD/CAM/CNC-Technik macht heute möglich, was vor einigen Jahrzehnten noch als undenkbar galt. Inzwischen wird die CNC-Technik auch für den Modellbau in breiten Paletten für entsprechendes „Kleingeld“ angeboten. Es bereitet dem Autor die Vorstellung ein wenig Unbehagen, wenn jemand, der über das entsprechende digitale Equipment verfügt, aber ohne handwerkliche Fähigkeiten ist, die perfektesten Maschinen bauen kann. Wo bleiben da die eigentliche Handwerkskunst und das Können? Aber auch das ist eine Erscheinung der Zeit, die sich nicht aufhalten lässt und die man somit letztlich akzeptieren muss. Die Innovationszyklen des technischen Fortschritts werden stetig kürzer werden. Wahrscheinlich werden in naher Zukunft auch nur noch virtuelle Modelle erstellt und über 3D-Animationen betrachtet.

Geeignete Modelle, Dampfmaschinen, Antriebsmodelle und Zubehör, werden heutzutage – das ist wiederum ein positiver Aspekt der heutigen Zeit – z.B. im Internet iner Auswahl teilweise zu moderaten Preisen angeboten, können über den Fachhandel erworben oder gar mit überschaubarem Aufwand selbst „gebaut“ werden. Trotzdem ist beim Kauf über das Internet (z.B. über Verkaufsportale wie Ebay) Vorsicht geboten, denn man kauft die Katze im Sack! Manchmal wird Schrott zu überhöhten Preisen veräußert. Auch der Autor wurde von dieser Erfahrung nicht verschont.

Bei der Planung von Dampfanlagen und -Dioramen lassen sich eigene Gestaltungswünsche sehr individuell verwirklichen. Modellanlagen können von „naiv“ über „vorbildähnlich“ bis „vorbildgetreu“ gestaltet werden. Der Gestaltungstreue nach „oben“ sind dabei keinerlei Grenzen, außer den eigenen, gesetzt. Würde man einen Mathematiker fragen, wie viele Varianten es in dieser Sparte gibt, so müsste dieser mit „unendlich viele“ antworten.

Modellwerkstätten eigenen sich besonders dafür, als lebendige Anlagen präsentiert zu werden. Sie sind beileibe keine toten Dioramen und müssen auch kein Dasein als sogenannte „Soda“-Modelle in düsteren Museumsecken fristen.

Werden solche Modellanlagen auf Dampftreffen oder Vorführungen gezeigt, so findet sich fast immer ein geneigtes Publikum, das der Sache interessiert beiwohnt. Als der Autor auf einem Oldtimer-Schleppertreffen vor einigen Jahren eine kleine Werkstatt mit Dampfkraft betrieb, meinte ein Zuschauer: „Ich könnte hier den ganzen Tag stehen bleiben und zuschauen“; eine schönere

Ausstellung und Vorführung von Modellwerkstätten und Heißluftmaschinen im Freien (!) auf einem Oldtimer-Treckertreffen in Osthessen (Sinntal/Mottgers im Juli 2016)

Vorführung dampfbetriebener Werkstätten in der Öffentlichkeit, Baiersröder Hof in der Wetterau im Jahre 2009. Das Modellauto im Vordergrund gehörte dem Sohn und ist hier eigentlich themenfremd

Vorführung einer Modell-Brauerei-Anlage bei einer Dampfveranstaltung im Industriemuseum Hanau-Großauheim im Jahre 2019. Der bekannte Dampfmodellbauexperte Manfred Graf hat die Anlage nach dem Vorbild des frühen Herstellers Ernst Plank exzellent nachgebaut; der Antrieb erfolgt durch einen sogenannten „Dreibeiner", eine einfache Form der ersten kommerziellen Spielzeugdampfmaschinen. Eine sehr gut gelungene Dampfmodell-Anlage

Anerkennung der eigenen Arbeit kann man wohl kaum bekommen.

Dieses Buch soll Neueinsteigern der Dampfszene in erster Linie Anregungen, Tipps und Ratschläge zum Bau und Betrieb von derartigen Modellanlagen geben, ohne dass man sich dabei finanziell zu sehr übernehmen muss. Aber auch für die „Experten" des einschlägigen Modellbaus könnte vielleicht der ein oder andere verwertbare Hinweis dabei sein. Es soll anhand einer Reihe von Beispielen des Autors aufgezeigt werden, was mit überschaubarem Aufwand, Geld, Werkstatt und Material, realisierbar ist.

In dieser Ausarbeitung wird fast nur auf Eigenquellen, das heißt selbst gebaute oder selbst zusammengestellte Anlagen, zurückgegriffen; bei Fremdquellen wird dies ausdrücklich erwähnt.

Da viele der hier beschriebenen Beispiele als Zufallsprodukte entstanden sind, ist es nicht immer sinnvoll, eine entsprechende Stückliste oder einen entsprechenden Plan zu erstellen. Vieles ist bei dieser Modellbauart der „Zufallsplanung" überlassen. „Zufallsplanung" bedeutet hier, mit den gerade verfügbaren Ressourcen, Werkstatt und Materialien, optimal zu arbeiten. So weit als möglich sollen Informationen und Tipps zu Planung, Bau und Ausgestaltung vermittelt werden. Es soll keinesfalls belehrt werden; „Belehrer" und „Besserwisser" gibt es für alle Bereiche des Lebens inzwischen genug.

Lassen Sie sich von den gezeigten Beispielen inspirieren und zum Bau eigener, vielleicht auch perfekterer als der hier besprochenen Anlagen, anregen! Haben Sie auch den Mut, Ihre Kompositionen bei Ausstellungen zu zeigen und vorzuführen.

„Für einen Selfmademan mit einem Lötkolben, Hartlötgerät, einer Bohrmaschine, einer kleinen Drehbank und anderen kleinen Werkzeugen ist der Bau einer Dampfmaschine zwar etwas zeitaufwendig, aber dennoch eine köstliche Beschäftigung."

Diese Worte des bekannten Heißluftmotorenkonstrukteurs Roland Reichelt treffen genau den Kern des Hobby-Dampfmodellbaus (Zitat entnommen aus dem Bericht „Dampfmaschine Typ SKMA 2004" in der Fachzeitschrift MASCHINEN IM MODELLBAU, Ausgabe 2/2015). Dem ist eigentlich Nichts hinzuzufügen.

Es werden über 30 Modellanlagen des Autors vorgestellt und besprochen. Zusätzlich werden besondere Antriebsmaschinen, ebenfalls aus dem Fundus des Autors, vorgestellt.

Weiterhin wird auf den Bau von Transmissionen, Transmissionsteilen und sonstigem Zubehör für Modellwerkstätten eingegangen. Zusätzlich werden Erfahrungen aus der Praxis sowie hilfreiche Tipps weitergegeben.

Besonders wird auch auf die Komponenten des „dreigeteilten Maschinensystems" anhand von Beispielen im Vorbild und Modell eingegangen.

Schlussendlich ist die Zufriedenheit an der eigentlichen Beschäftigung mit dem vielfältigen Themenbereich nicht zu unterschätzen. „Der Weg ist das Ziel“, so sagt eine geflügelte Redewendung, deswegen muss ein Projekt gar nicht so schnell beendet werden; man will ja immer etwas zum Planen, Bauen und Weiterentwickeln haben. Funktionsmodellbau ist eine Freizeitbeschäftigung, die einen wohltuenden Ausgleich zu unserer schnelllebigen Zeit schaffen kann.

1.5 Werkzeugeinsatz

Um es vorweg zu nehmen, man benötigt nicht unbedingt eine komplette Maschinenwerkstatt; die Werkzeuge, die in einer gewöhnlichen Hobbywerkstatt anzutreffen sind, reichen im Allgemeinen schon für Basisanwendungen aus:

Grundausrüstung:

- Werktisch mit stabilem Parallelschraubstock, vorzugsweise in stahlgeschmiedeter Ausführung; es reicht aber auch eine Gussausführung mit Stahlbacken
- Standbohrmaschine mit Bohrfutter 1-13 mm (Hinweis: wird hin und wieder von Discountern für ~ 70 bis 100 € angeboten)
- HSS-Spiralbohrersatz 1 bis 10 mm, abgestuft um 0,5 mm oder feiner
- Schlüssel- und Nadelfeilen in verschiedenen Ausführungen, Hieb 3, Hieb 2
- Gewindeschneidwerkzeug, Qualität mindestens HSS, besser aber HSS-E:
  - metrische „Normalgewinde“, Größen M2 bis M8
  - metrische „Feingewinde“, Größen M5, M6, M8
  - bei Bedarf noch kleinere Zollgewinde bis 3/8 Zoll
  - HSS-Spiralbohrer für die Herstellung von Innengewinden (z.B. 2,5 mm für M3, 3,2 mm für M4 usw.)
- Messschieber mit Nonius; Ablesegenauigkeit 1/20 mm oder elektronischer Messschieber. Werden gelegentlich von Discountern für ~ 10 € angeboten (Hinweis: Auf der Rückseite des Messschiebers sind im allgemeinen die Bohrdurchmesser für die gängigen Gewindegrößen angegeben).
- Anreißwerkzeug:
  - Stahllineal 30 mm
  - Stahlwinkel
  - Zentrierwinkel
  - Anreißnadel
  - Anreißzirkel
  - Körner
- Metallsägen:
  - „Puk“-Säge für feine Arbeiten mit Metallsägeblättern
  - Bügelsäge für handelsübliche Metallsägeblätter
  - Laubsäge mit feinen Metallsägeblättern
- Blechschere (für Stahlblech bis 1,5 mm, Edelstahlblech bis 1 mm)
- Lötbrenner (für Hart- und Weichlötungen; empfehlenswert ist besonders die Marke „Rothenberger“)
- Schlosserhämmer 200-500 g
- Hämmerunterlage (z. B. kleiner Amboss 5-10 kg, aus Stahlguss oder geschmiedet)
- Zangen in verschieden Formen und Ausführungen
- Schraubendreher in verschiedenen Ausführungen und Größen

Mit dieser „Grundausstattung“ ist bereits eine Menge machbar: Restaurieren von Antriebsmodellen und Dampfmaschinen, Selbstbau einfacher Antriebsmodelle usw.

Für erweiterte Ansprüche (Selbstbau von Dampfmaschinen, Heißluftmotoren, Transmissionen und Antriebsmodelle) sind zusätzlich zu empfehlen:

- Kleindrehmaschine (z.B. 50 mm Spitzenhöhe, 150-300 mm Spitzenweite)
- Bohr-/Fräsmaschine (z.B. Verfahrwege: X (quer) 150 mm, Y (längs) 50 mm, Z (hoch) 100 mm)

Auch CNC - Dreh- und Fräsmaschinen mit Software werden inzwischen fertig in sehrer Auswahl angeboten, aber das ist für die Ausführung dieses Hobbys nicht zwingend erforderlich. Zu bedenken ist, dass diese Maschinen für einen reinen Hobbyisten immer noch relativ teuer sind, und die dazugehörige Software immer kurzlebiger (Zeitdauer des Supports vom Hersteller/ Entwickler) wird. Die aktuellen Anbieter von CNC-Maschinen kann man in den einschlägigen Modellbau-Fachzeitschriften (beispielsweise der MASCHINEN IM MODELLBAU des VTH) finden.

Eine kleine Anmerkung zu den Werkzeugmaschinen: Der Autor besitzt seit ca. 39 Jahren eine kleine „EMCO-Unimat 3"-Drehmaschine mit Bohrsäule. Inzwischen wurde diese mit einem stärkeren Antrieb (Einphasen-Industriemotor anstelle des ursprünglich vorhandenen, etwas schwachen Kollektormotors) ausgestattet. „Fräsarbeiten" werden beim Autor mit der Feile oder auch mit der Drehmaschine ausgeführt; mit etwas Geduld und Geschick geht das in gewissen Grenzen.

Blick auf die Werkstatt des Autors in der Kellerecke, viel Handwerkszeug, keine CNC-Technik. Stilgerecht zur Themenepoche: ein altes „Dampfradio" oben an der Wand, vor über fünfundvierzig Jahren vom Sperrmüll gerettet und immer noch voll funktionsfähig.

1.6 Materialien und Bezugsquellen

1.6.1 Allgemeine Anmerkungen zu dem Thema

Bei diesem Punkt bieten das digitale Zeitalter bzw. die neue Zeit ganz eindeutig Vorteile!

Im Gegensatz zu „früher", als man noch auf Gedeih und Verderb den örtlichen Fachhändlern (Standardsätze der Händler nach eigenen Erfahrungen: „das muss ich erst bestellen…"; „… ist nicht mehr lieferbar!"…, „kommt auch nicht mehr rein!"…) ausgeliefert war, lässt sich heutzutage im Internet fast alles finden, was man an Material und Zubehör benötigt oder benötigen kann. Man muss nur in einer Suchmaschine den entsprechenden Suchbegriff eingeben und schon wird einem eine Palette von Anbietern und/oder Angeboten offeriert. Es gibt außer dem allseits bekannten „Google" auch noch andere geeignete Suchmaschinen, z.B. startpage.com. Doch Vorsicht, das Internet, Computerbetriebssysteme und die Suchmaschinen sind neugierig, sammeln fleißig Daten vom Anwender auf irgendwelchen Servern, erstellen Verhaltensprofile und vergessen nicht! Es ist in jedem Fall ratsam, nach dem Besuch bestimmter Seiten oder Portalen den Verlauf und die Chronik manuell zu löschen, damit so leicht keine Verhaltensprofile erstellt werden können, obwohl das für IT-Experten immer noch möglich ist.

Nach Erfahrung des Autors können kleine Handwerksbetriebe (Metallwerkstätten, Schlossereien usw.) eine sehr ergiebige

Materialquelle sein, wenn man freundlich, bescheiden und mit dem notwendigen Respekt nach Abfallmaterialien oder Reststücken fragt. Oftmals werden solche Dinge gegen eine kleine Spende für die Kaffeekasse oder gar umsonst abgegeben.

Weitere Quellen sind – hier würde man es gar nicht vermuten – die bekannten Lebensmitteldiscounter. Edelstahl- und sonstige Metallartikel werden hier manchmal zu sehr attraktiven Preisen („Ein-Euro-Artikel") angeboten. Mit etwas Fantasie lassen sich daraus Materialien gewinnen, die ansonsten im Fachhandel vergleichsweise teuer zu erwerben sind.

Auch in gut sortierten Baumärken lässt sich Einiges finden, Werkzeugmaschinen, Metallprofile, Lötwerkzeuge, Schrauben und Muttern usw. Diese sind aber meist recht teuer.

1.6.2 Konkrete Bezugsquellen für Materialien und Zubehör

Für spezielle Anforderungen an Modellbau-Materialien seien an dieser Stelle einige dem Autor bekannte Anbieter genannt, die über ein breites Spektrum für den Metall- und Funktionsmodellbau verfügen und auch Metall-Kleinmengen liefern:

- Conrad Electronic SE – www.conrad.de – Materialien für Elektronik und für den Funktionsmodellbau, u. A. Kugellager, Zahnräder, Messingprofile, Silberstahl, Schrauben und Muttern etc.
- Wilms Metall – www.wilmsmetall.de – Metalle in vielen Ausführungsformen; eine Fundgrube für den Metall-Modellbauer. Liefert auch kleinere Mengen, auf Wunsch im Zuschnitt.
- alu-sale.de –Aluminium und Buntmetalle / Zuschnitte

1.6.2.1 Bezugsquellen speziell für den Dampf- und Funktionsmodellbau

- Bengs Modellbau – www.bengs-modellbau.de – Bengs-Materialbausätze sind so konzipiert, dass neben dem üblichen Handwerkszeug (Siehe „Grundausstattung") eine Kleindrehbank im Allgemeinen für den Bau ausreichend ist. Liefert umfangreiches Zubehör für den Dampfmodellbau.

Bengs übernahm auch Teile des Programms der Fa. Probst, Ravensburg

- RC Machines (RCM S.à r.l.) – www.rcm-machines.com – Liefert Werkzeugmaschinen in großer Auswahl und Gussteile für Stuart-Maschinen und -Antriebsmodelle
- TS Modelldampfmaschinen – www.ts-modelldampfmaschinen.de – Liefert Gussteile für Modelldampfmaschinen und Modellmotoren; Dreh- und Fräsmaschine sind aber erforderlich, um diese zu bearbeiten. Auf Wunsch auch Fertigmodelle.
- Knupfer Modell- und Feinwerktechnik – www.knupfer.info – Spezialist u. A. für Kleinteile, Modellverschraubungen, Nieten etc.
- Regner Dampf- und Eisenbahntechnik – www.regner-dampftechnik.com – Dampfmaschinen und Dampf-Zubehör in hoher Qualität, aber auch relativ teuer
- Wilesco – www.wilesco-shop.de – Hinweis: weltweit größter Hersteller von Modelldampfmaschinen; „Made in Germany!"
- Klaus Hoffe Modellbaubedarf – Elberfelder Straße 88, 58095 Hagen, Tel.: 02331/26579, Fax: 02331/24640 – Normteile, Halbzeuge, Werkzeuge
- Karl Fischer GmbH – www.goldschmiedebedarf.de – Werkzeuge und Zubehör für den Modellbauer
- Atelier MB – www.ateliermb.com – Gussteile für Dampfmaschinen
- Modellbau-Niggel – www.modellbau-niggel.de – Dampfmodellbau-Zubehör, Fittings, Kesselzubehör, Ventile, Öler, Schwungräder
- Böhm Stirling-Technik GmbH – www.boehm-stirling.com – Bausätze von Stirlingmotoren und Betriebsmodellen in hoher Qualität

- Daniel Kassner – www.kassner-stirling.de – Heißluftmotoren (auch größere) und Dampfmaschinen in verschiedenen Ausführungen
- OPITEC Handel GmbH – www.opitec.com – Unter anderem Materialsatz einer kleinen Dampfmaschine und eines kleinen Heißluftmotors
- MAIER mechanic – www.maier-mechanik.com – Modellverbrennungsmotoren in hoher Qualität, gasbetrieben zu vergleichsweise günstigen Preisen
- Rauhut KG Bremen – Wernerstraße 39, 28203 Bremen, Tel.: 0421/7926509 – Unter anderem Bausatz eines historischen Verbrennungsmotors

1.6.2.2 Allgemeiner Hinweis zu den genannten Bezugsquellen

Da heutzutage Anbieter, Anbieternamen, Anschriften und Kontaktdaten einem ständigen Wechsel unterliegen, ist es am besten, die Existenz und die aktuellen Kontaktdaten der einschlägigen Anbieter jeweils aktuell aus dem Internet oder aus aktuellen, einschlägigen Fachzeitschriften zu erfragen. Sicher werden bei der Erscheinung dieses Buches neue Anbieter hinzugekommen sein, andere werden vielleicht nicht mehr existieren. Auch hier gilt: Nichts ist beständiger als der Wandel!

1.7 Quellenangaben und weiterführend Literatur zu dem Themenbereich

Für das Thema „Dampf-Modellwerkstätten" oder „Modelldampfanlagen mit Betriebsmodellen" gibt es nach Recherchen des Autors bislang kaum spezielle Literaturangebote. Die nachfolgend aufgeführten Quellen sind jedoch empfehlenswert und liefern genügend Informationen zur Auseinandersetzung mit dieser sehr speziellen Modellbaurichtung. Die Aufzählung erhebt auch hier keinen Anspruch auf Vollständigkeit; alle Angaben ohne Gewähr!

- Matschoss, Conrad: „Geschichte der Dampfmaschine: ihre kulturelle Bedeutung, technische Entwicklung und ihre großen Männer" - Retograph. Dr. d. Ausg. Berlin 1901, 3. Auflage - Hildesheim, Gerstenberg, 1983 ISBN: 3-8067-0720-0
- Wagenbreth / Wächtler: „Die Kolbendampfmaschine als historische Erscheinung und technisches Denkmal" verfasst vom Autorenkollektiv unter der wissenschaftlichen Leitung und Herausgeberschaft von Otfried Wagenbreht und Eberhard Wächtler, VEB Fachbuchverlag Leipzig 1986, 1. Auflage, Lizenznummer 114-210/116/86, LSV 3009, Bestellnummer 547 031 3
- Kompenhans, Kurt: „Die Dampfmaschine, Geschichte, Entwicklung, Funktion" Motorbuchverlag Stuttgart, 1. Auflage 1983, ISBN: 3-87943-910-9
- Dörich, Hans-Werner: „Nostalgie und Dampf", Röhr - Verlag für spezielle Verkehrsliteratur, 1982 ISBN: 3-88490-148-6
- Rob von Dort, Joop Oegema: „Handbuch Modelldampfmaschinen", NV Neckar - Verlag Villingen – Schwenningen, 3. Auflage 1986 ,ISBN: 3-7883-0153-8
- Griessemann, Oskar: „Das große Spielzeugbastelbuch", Reprint 1936, Bechtermünz Verlag, ISBN 3-86047-435-9
- Malins, P.S.: „The story of Malins Models", Mamod Sales & Service, PO Box 17 Mortimer, Berks R67 3UF, ISBN 0 9529237 0X, Hinweis: Geschichte der englischen Firma Mamod, die heute noch existiert
- Kaiser, Wolf und Baecker, Carlernst J.: „Dampfspielzeug", Battenberg Sammler-Katalog 1983, Battenberg Verlag, München, ISBN 3-87045-214-5, Hinweis: Ist definitiv nur noch antiquarisch zu bekommen, aber sehr aufschlussreich, was die frühen Dampfspielzeughersteller betrifft.

Es wird ausführlich die Geschichte des Dampfspielzeugs und der frühen Hersteller beschrieben.

- Ziegler, Klaus Peter: „Dampfmaschinen, Spielzeug und Modell", 1982, Otto Maier Verlag Ravensburg, ISBN: 3-437-43105-2
- Viebach, Dieter: „Der Stirlingmotor, einfach erklärt und leicht gebaut", Ökobuch Verlag, 1998, ISBN: 3-922964-70-2, Bau eines einfachen, gut laufenden Stirlingmotors ohne Drehmaschine; Empfehlung des Autors
- NV Neckar-Verlag Villingen-Schwenningen: Buchreihe „Dampf"/Buchreihe „Heißluftmotoren", (verschiedene Ausgaben mit unterschiedlichen Themenbereichen des Dampf- Heißluftmodellbaus und verschiedene Autoren; Herausgegeben von Theodor Vieweg und Udo Mannek); NV Neckar - Verlag Villingen - Schwenningen
- Beispiel Dampf 39, Brockmann, Peter und Litty, Gerd; Herausgeber ist Udo Mannek: „Dampf und Strom" Generatoren, Schaltanlagen, Baupläne; Elektrifizierung von Dampfwerkstätten, ISBN 978-3-7883-0659-5, NV Neckar-Verlag Villingen-Schwenningen
- Beispiel Heißluftmotoren XIII, Klinner, Nobert; Herausgeber ist Udo Mannek: Bau von Stirlingmotoren in verschiedenen Ausführungen, ISBN 978-3-7883-2627-2, NV Neckar-Verlag Villingen-Schwenningen

1.7.1 Fachzeitschriften

- MASCHINEN IM MODELLBAU, Fachzeitschrift für den technischen Funktionsmodellbau, Verlag für Handwerk und Technik neue Medien GmbH Baden-Baden (erscheint sechsmal im Jahr)
- „Journal Dampf / Heißluft", Fachzeitschrift für den Dampf- und Heißluftmodellbau, NV Neckar-Verlag Villingen-Schwenningen (erscheint viermal im Jahr)
- „Das Dampf • Modell", Herausgegeben von Dietmar M. Carsten, erschienen von ca. 1990 bis 2000
- „Mechanikus – Magazin für Bastler und Erfinder", Verlagsort Esslingen am Neckar, Zeitschrift für Mechanik-Bastler aus den 50er/60er Jahren, Die Zeitschrift ist nur noch antiquarisch zu bekommen; hier eine mögliche Bezugsquelle xPapers www.xpapers.de

1.8 Kommerzielle Baupläne

Allgemeiner Hinweis: Die Verlage Verlag für Handwerk und Technik neue Medien GmbH Baden-Baden und der NV Neckar-Verlag Villingen-Schwenningen bieten jeweils eine Anzahl von Bauplänen zum Thema Dampfmaschinen und Heißluftmotoren an. Da die Bauplanangebote ständig erweitert werden, empfiehlt es sich, die jeweils aktuelle Ausgabe der Kataloge zu beschaffen oder in den entsprechenden Internet-Onlineshops nachzuschauen.

- shop.vth.de
- webshop.neckar-verlag.de

1.9 Museen

Nachfolgend nur eine ganz kleine Auswahl, die dem Autor durch einen persönlichen Besuch bekannt sind. Es empfiehlt sich vor einem geplanten Besuch die aktuellen Öffnungszeiten zu erfragen. Im Internet, z. B. bei Google-Maps, werden im Allgemeinen die Öffnungszeiten angegeben.

- Städtische Museen Hanau
  Museum Großauheim
  Kunst und Industriegeschichte
  Pfortenwingert 4, 63457 Hanau
  Telefon: 06181/573763 (Sa./So.)

Info-Telefon: 06181/295-1799
E-Mail: museen@hanau.de
www.museen-hanau.de

Hinweis: Einmal jährlich findet/fand ein sogenannter „Dampftag“ statt, bei welchem Dampfmaschinen und ggf. auch Dampfmodelle unter Dampf vorgeführt werden (Angabe ohne Gewähr)

- Industriemuseum Lauf
  Sichartstraße 5-25
  91207 Lauf an der Pegnitz
  Telefon: 09123 / 9903 - 0
  Telefax: 09123 / 9903 - 13
  E-Mail: info@industriemuseum-lauf.de
  www.industriemuseum-lauf.de

Öffnungszeiten: Mittwoch bis Sonntag 11:00 - 17:00 Uhr

Hinweis: In den letzten Jahren fanden im Industriemuseum Lauf jeweils im November zwei Termine zu den „Laufer Dampfmodelltagen“ statt, sehr empfehlenswert!

- Hessen-Park Neu-Anspach (Freilichtmuseum im Taunus in Hessen)
  Laubweg 5
  61267 Neu-Anspach
  Tel.: 06081 5880

Hinweis: Einmal jährlich, meist im Herbst, findet eine Veranstaltung zum Thema Dampf statt

- Maschinenmuseum Kiel-Wik
  Am Kiel-Kanal 44
  24106 Kiel
  Telefon: 0431 / 580309
  www.maschinenmuseum-kiel-wik.de

- Dörp-Museum
  Münkeboe (Freilichtmuseum)
  Mühlenstraße 3A
  26624 Südbrookmerland
  Telefon: 04942 646

Hinweis: Zu besichtigen u. A. eine kleine Holzwerkstatt mit Transmission

- Freilichtmuseum Molfsee (Nähe Kiel)
  Hamburger Landstraße 97
  24113 Molfsee
  Tel.: 0431 659662

Hinweis: Zu besichtigen u. A. eine komplette Dampf-Molkerei

2 Angaben zu deutschen Herstellern von Dampfspielzeug

2.1 Allgemeine Hinweise zu dem Themengebiet

Es wird an dieser Stelle eine kurz gehaltene Übersicht über frühe, aber auch noch aktuelle Hersteller und Produzenten von Modelldampfmaschinen, Heißluftmotoren, Substitutionsantriebe und Betriebsmodellen gegeben.

Hinweis: Hersteller, die nur und ausschließlich Eisenbahnspielzeug produzierten, sind in der Aufstellung nicht aufgeführt. Die nachfolgende Auflistung erhebt keinen Anspruch auf Vollständigkeit und 100%zentige Richtigkeit.

2.2 Frühe Hersteller von Dampfspielzeug, die sogenannten „Großen Acht" (Dampfmaschinen, Heißluftmaschinen, Betriebsmodelle)

- **Gebrüder Bing**, Nürnberg; 1866 (Gustav Reder, Buch „Mit Uhrwerk, Dampf und Strom", nennt das Jahr 1863) von Ignaz und Adolf Bing gegründet, war gegen Ende des 19. Jahrhunderts einer der größten Spielwarenhersteller der Welt. Die Firma kam im Zuge der großen Wirtschaftskrise 1929/1930 in wirtschaftliche Schwierigkeiten und die Blechspielzeugsparte wurde um 1932 ausgegliedert. Werkzeuge, Maschinen und Warenbestände wurden zum Teil von den Firmen Falk, Kraus und Bub übernommen. Die Firma Bing hatte ein sehr breites, fast unüberschaubares Angebot an Spielwaren, Dampfmaschinen, Heißluftmotoren, Eisenbahnen und Betriebsmodellen im Sortiment.
- **Georges Carette & Co.**, Nürnberg. Carette gründete 1886 seine Firma: Ein französischer Staatsbürger, der in eine Nürnberger Bierbrauerfamilie eingeheiratet hatte. Carette baute sehr hochwertiges Dampfspielzeug, Dampfmaschinen, Heißluftmotoren, Eisenbahnen und Betriebsmodelle. Mit Ausbruch des Ersten Weltkriegs musste Carette Deutschland verlassen; seine Firma wurde durch den Teilhaber Paul Josephstal noch bis 1917 weitergeführt. Zu dem weiteren persönlichen Lebensweg von Georges Carette gibt es unterschiedliche, teilweise widersprüchliche Angaben. Nach Gustav Reder, Buch „Mit Uhrwerk, Dampf und Strom", verstarb Carette in den 20er Jahren, während das Buch „Dampfspielzeug" von Wolf Kaiser und Carlernst J. Baecker dafür die 50er Jahre nennt.
- **Doll & Co.**, Nürnberg; gegründet 1898 von Peter Doll und Isaak Sondhelm (Gustav Reder nennt den Namen „Sondheim"). Auch diese Firma zeichnete sich durch

einen anerkannt hohen Qualitätsstandard bei Dampfmaschinen, Betriebsmodellen und Eisenbahnen aus. Nach 1933 wurde die Firma aus politischen Gründen „arisiert“ (Umbenennung in „Fränkische Metallspielwaren - Aktiengesellschaft“) und 1935 (Anmerkung: die Angaben unterschiedlicher Quellen dazu variieren von 1935-1938) von der ebenfalls in Nürnberg beheimateten Firma Fleischmann übernommen. Da die Qualität der Dollschen Produkte einen sehr guten Ruf hatte, nutzte Fleischmann diesen Umstand zu seinen Gunsten aus und produzierte noch eine Zeitlang unter dem Doll-Logo, teilweise auch mit Doll-Werkzeugen weiter. Selbst nach dem Zweiten Weltkrieg wurden ehemalige Doll-Betriebsmodelle nahezu baugleich wie die ursprünglichen Doll-Produkte aber nun mit dem Fleischmann Firmen-Logo weiterproduziert und angeboten (z. B. Wurstmaxe, Schmied, Mann am Schleifstein etc.).

- **Josef Falk,** Nürnberg. Falk war zunächst Vertreter bei Carette gewesen und machte sich um 1895/1896 selbstständig. Der Schwerpunkt lag bei Dampfmaschinen; Heißluftmotoren und Betriebsmodellen. Falk bot u. A. die berühmte „Nürnberger Modelldampfmaschine“ an. Durch Verkauf seiner Firma im Jahre 1935 an den Plank-Nachfolger Gebrüder Schaller, konnte Falk der drohenden Enteignung im „Dritten Reich“ entgehen; es soll ihm noch rechtzeitig gelungen sein, Deutschland zu verlassen.
- **Kraus, Mohr & Co und Nachfolger,** Nürnberg. Gegründet im Jahre 1895 von Wilhelm Kraus, Johann Mohr, Emil Bell und Mathias Lechner, lag der Schwerpunkt hier bei einfacheren Dampf- und Heißluftmotoren sowie einfachen Blech-Betriebsmodellen. Nach Streitigkeiten zwischen den Inhabern kam es im Laufe der Jahre zu mehrfachen Um- und Neugründungen. Ab 1923 wurde die Firma in Wilhelm Kraus (W.K.) umbenannt und produzierte bis ca. 1938 sehr einfaches Spielzeug. Ein Teil der Werkzeuge wurden von der ebenfalls in Nürnberg ansässigen Metallspielwarenfirma Keim & Co. um 1937/1938 übernommen.
- **Gebrüder Märklin & Cie.,** Göppingen. Über die Geschichte dieser bekannten Firma, die an dieser Stelle nur ansatzweise wiedergegeben werden kann, gibt es genügend und sehr umfangreiche Literatur. Um 1859 begann Theodor Friedrich Wilhelm Märklin in Göppingen mit der Herstellung von Blechspielwaren. Der Firmengründer kam bereits 1866 ums Leben und zunächst übernahm die Ehefrau die Geschäfte, später die Söhne Wilhelm, Eugen und Karl. Schwerpunkt des Hauses Märklin waren und sind immer noch die (Modell-) Eisenbahnen. Ab 1895 kam durch die Übernahme der Firma Lutz Dampfspielzeug hinzu, welches bis in die 30er Jahre in der allseits bekannten, hohen „Märklinqualität“ produziert wurde. Nach dem Zweiten Weltkrieg – und auch schon davor – ging es mit der Dampfsparte stetig bergab und 1954 wurde das Thema zugunsten der neu aufgekommenen H0-Eisenbahn beendet. Im Jahre 2004 gab es mit der Neuauflage einer erfolgreichen Verbunddampfmaschine aus den 20er Jahren und verschiedenen Spur-1-Echtdampflokomotiven einen „Dampf-Versuch“, der aber offensichtlich nicht erfolgreich war.
- **Ernst Plank,** Nürnberg. Plank gründete seinen Betrieb im Jahre 1866 und produzierte neben optischem Gerät eine der ersten primitiven Spielzeugdampfmaschinen, den berühmten Plank-„Dreibeiner“. Plank wird auch als Pionier des Dampfspielzeugs bezeichnet. Später kamen Betriebsmodelle und auch Eisenbahnen hinzu. Ähnlich wie Bing geriet auch Plank in den Strudel der

Weltwirtschaftskrise 1929/1930 und die Firma wurde 1932 an die Gebrüder Schaller verkauft.

- **Jean Schoenner,** Nürnberg. 1875 gegründet, spezialisierte sich Schoenner auf Dampfspielzeug und physikalische Lehrmittel. Später kamen Eisenbahnen der Spuren 0 bis II hinzu. Schoenner produzierte auch für Verleger wie die Leipziger Lehrmittelanstalt von Dr. Oskar Schneider. Nach dem Tod von Jean Schoenner im Jahre 1909 ging es rasch bergab und 1917 war die Firma erloschen.

2.3 Weitere frühe Hersteller von Dampfspielzeug (Dampfmaschinen, Heißluftmaschinen, Dampfturbinen, Betriebsmodellen)

- **Wilhelm Bischoff,** Dresden (vorbildgetreue Maschinen und umfangreiches Zubehör). Bischoff bot vor dem Ersten Weltkrieg bis in die 20er Jahre sehr anspruchsvolle, vorbildgetreu ausgearbeitete Dampfmaschinen und ein sehr umfangreiches Zubehör (Gussteile, Kessel, Motoren, Armaturen, Zahnräder, Lager usw.) in ebenfalls hoher Qualität an. Die Produkte hoben sich von gewöhnlichem Dampfspielzeug qualitativ deutlich ab.
- **Heinrich Rehse,** Leipzig, Gründung um 1914 (vorbildgetreue Maschinen und umfangreiches Zubehör, Produktpalette und Qualität vergleichbar wie bei Firma Bischoff). Sowohl bei Rehse als auch bei Bischoff war eine Zusammenarbeit mit Nürnberger Herstellern belegt. So wurden z. B. Doll-Zylinderbaugruppen auch in den Rehse-Katalogen angeboten. Nach dem Zweiten Weltkrieg war es in der sowjetischen Besatzungszone für Firmen wie Rehse und Bischoff schwierig geworden, sodass beide Firmen wohl in den 50er Jahren erloschen.
- **Gebrüder Fleischmann,** Nürnberg. Gegründet im Jahre 1887 durch Jean Fleischmann wurde um die Jahrhundertwende die Produktion von Spielzeug (Schwimmtiere und Schiffe) aufgenommen. Es gab wohl auch eine Zusammenarbeit mit Carette. Mitte der dreißiger Jahre wurde der Doll-Nachfolger „Fränkische Metallspielwaren-Aktiengesellschaft“ übernommen und somit auch deren Produktpalette wie Dampfmaschinen und Betriebsmodelle. Wie bereits erwähnt, nutzte Fleischmann den guten Ruf der Doll-Produkte. Nach dem Zweiten Weltkrieg wurde das Dampfprogramm neu aufgelegt, aber die stetig sinkende Nachfrage des inzwischen immer unpopulärer gewordenen Dampfspielzeugs führte im Jahre 1969 zur Einstellung dieser Sparte zugunsten der Modelleisenbahn. Die Nachkriegsentwicklung beim Thema Dampf ist also ähnlich verlaufen wie bei der Firma Märklin, nur zeitlich etwas verzögerter.
- **Johann Andreas Issmayer,** Nürnberg. Bei dieser 1861 gegründeten Firma wurden vermutlich im Zeitraum von 1870 bis 1879 auch Dampfmaschinen und Betriebsmodelle hergestellt. Bekannt sind aber Blechspielzeug-Eisenbahnen. Mitte der dreißiger Jahre kam Issmayer wie auch viele andere Unternehmen in Schwierigkeiten, wohl, weil die Firma eng mit jüdischen Verlegern verbunden war.
- **Bernhard Köllisch,** Nürnberg. Die Firma bestand von 1880 bis 1922 und produzierte neben Haushaltsblechwaren auch Modelldampfmaschinen. Nach dem Tod des Firmengründers B. Köllisch wurde die Firma beendet.
- **Bernhard Hommola,** Zschopau in Sachsen, Betriebsmodelle und einfache Dampfturbinen der „Zschopauer Schule“.

Ab Ende des 19. Jahrhunderts wurden einfachste Spielzeugdampfturbinen sowie auch einfache Blech-Betriebsmodelle für Dampfmaschinen gefertigt. Nach Ablauf der für die Dampfturbinen erteilten Gebrauchsmuster (ein sogenanntes „kleines Patent“) wurde die Produktion beendet.

- **Ludwig Lutz,** Ellwangen (Württemberg). Die Firma begann 1846 mit der Produktion von Blechwaren, etwas später kam Blechspielzeug hinzu. In den 80er Jahren des neunzehnten Jahrhunderts waren schönes Blechspielzeug, Schiffe, Eisenbahnen, Dampfmaschinen und Betriebsmodelle im Programm. Wegen veralteter Produktionsverfahren kam die Firma aber in Schwierigkeiten, sodass diese schlussendlich an die Firma Märklin verkauft wurde.
- **Wilhelm Schröder GmbH & Co. (Wilesco),** Lüdenscheid. Im Jahre 1912 begannen Wilhelm Schröder und Ernst Wortmann mit der Produktion von Aluminium-Haushaltsgeschirr im Kokillengussverfahren. Später kam auch Puppengeschirr dazu. Nach dem Zweiten Weltkrieg, 1950, begann man mit der Produktion von Dampfspielzeug und Betriebsmodellen. Wilesco produziert Dampfmaschinen, Zubehör und Ersatzteile bis heute und erweitert bzw. verändert seine Produktpalette ständig. Auch klassisches Blechspielzeug ist inzwischen hinzugekommen. Man kann sagen, dass Wilesco heutzutage der weltweit größte Hersteller von Dampfspielzeug ist.
- **Willy Honsel,** Werdohl in Westfalen (Vakuummotoren, sogenannte „REBI-Motoren“). Wie die Firma Wilesco produzierte auch Honsel Aluminiumgussteile im Kokillengussverfahren. Ende der 50er Jahre kamen sehr gut arbeitende Vakuummotoren dazu, die unter der Bezeichnung „REBI-Motor“ angeboten wurden. Vermutlich waren diese aber kein Verkaufserfolg, sodass die Produktion Anfang der 60er Jahre eingestellt wurde.

2.4 Frühe Hersteller von Betriebsmodellen

Die nachfolgend genannten Hersteller produzierten nach aktuellem Kenntnisstand unter anderem auch Betriebsmodelle, aber keine Dampfmaschinen:

- **Karl Arnold,** Nürnberg (Betriebsmodelle naiver Art, werden baugleich von Wilesco noch angeboten). Die Firma wurde 1906 gegründet. Es wurden u. A. einfache Betriebsmodelle, aber keine Dampfmaschinen produziert. Später, nach dem Zweiten Weltkrieg spezialisierte man sich Uhrwerkmodelle (Schiffe) und noch später auf Eisenbahnen der Kleinstspuren. Anfang der 80er Jahre gab es eine Neuauflage von Handwerkerbetriebsmodellen aus Blech. Später wurden solche Blechhandwerker baugleich von der Firma Wilesco angeboten. Ob es eine Zusammenarbeit zwischen beiden Firmen gegeben hat, konnte nicht ergründet werden, aber die Vermutung liegt nahe. Eine entsprechende Anfrage des Autors an die Firma Wilesco wurde nicht beantwortet.
- **Karl Bub,** Nürnberg. Bereits 1851 gegründet, gehörte diese Firma zu den ältesten Nürnberger Blechspielwarenherstellen. Um die Jahrhundertwende zum 20. Jahrhundert wurden für einen relativ kurzen Zeitraum auch Betriebsmodelle für Dampfmaschinen ins Programm mit aufgenommen, die aber über bekannte Großverleger vertrieben wurden. Später spezialisierte man sich auf Eisenbahnen; eine firmenpolitische Fehlentscheidung zugunsten der Spur „S“ = 22 mm besiegelte nach dem Zweiten Weltkrieg den Niedergang der Firma.

- **Josef Deuerlein,** Nürnberg. Ab etwa 1867 wurden einfache Blechspielwaren und später auch Betriebsmodelle für Dampfmaschinen hergestellt; der Vertrieb der Produkte lief über Verleger. Ab 1930 wurde Deuerlein von dem bekannten Spielwarenhersteller Fuchs in Zirndorf übernommen.
- **Mathias (Matthias?) Hess,** Nürnberg. Bereits 1826 wurde die Spielwarenfabrik von Mathias Hess in Nürnberg gegründet. Schwerpunktmäßig wurden einfache Spielzeuge „Groschenspielzeug" von trotzdem guter Qualität gefertigt. Bekannt ist z. B. das „Hessmobil", ein Blechauto. Nebenbei wurden auch sehr einfache Betriebsmodelle für Dampfmaschinen gebaut. Nach wirtschaftlichen Schwierigkeiten wurde zu Beginn des Zweiten Weltkriegs die Produktion eingestellt.
- **Keim & Co.,** Nürnberg. Gegründet 1866 (Gustav Reder nennt das Jahr 1886) wurden Blechspielwaren, später auch Autos, Flugzeuge und sonstiges mechanisches Spielzeug gebaut. In den späten 30er Jahren wurde die Firma Kraus übernommen. Nach dem Zweiten Weltkrieg wurde eine Reihe einfachster Betriebsmodelle für Dampfmaschinen, Wasser- und Windmühlen, Hammerwerke, figürliche Blech-Handwerkermodell („Made in U.S.-Zone") bis in die 50er Jahre angeboten.

2.5 Hersteller von Dampfmaschinen in der DDR

- **Gaselan,** Fürstenwalde. Die Firma Gaselan; VEB Chemie- und Tankanlagenbau Fürstenwalde, stellte elektrisch beheizte Dampfmaschinen in unterschiedliche Ausführungen her. Die Triebwerke der Maschinen mit Fünfspeichenschwungrad erinnern ein wenig an den westdeutschen Hersteller Wilesco.
- **VEB Pumpenbau,** Merbelsrod in Thüringen. Die Maschinen bzw. Maschinentriebwerke waren teilweise ähnlich gestaltet wie bei Gaselan. Es wurden auch feststoffbefeuerte Maschinen (für Trockenbrennstoff wie z. B. „Esbit") hergestellt.

2.6 Hersteller von Betriebsmodellen in der DDR

- **VEB Prefo,** Werke in Dresden und Glashütte. Es wurden Betriebsmodelle in Aluminium-Kunststoffbauweise für die Metall- und die Holzbearbeitung angeboten. Die Modelle konnten jeweils auf einer Kunststoffgrundplatte mit Transmission und Elektromotor montiert werden. In den 80er Jahren waren Prefo-Modelle teilweise auch in den westlichen „Vedes"-Spielwarengeschäften erhältlich.
- **EKT,** Dresden. EKT steht für „Elektro-Kleintechnik". Ursprünglich wurde die Firma 1921 gegründet, ab 1951 begann man mit der Produktion von „Lehr-Modellmaschinen" und 1972 erfolgte die Eingliederung in den VEB „Modell- und Plastespielwarenkombinat Annaberg-Buchholz". Die Betriebsmodelle mit Aluguss- oder Bakelitkörper und waren recht vorbildähnlich ausgeführt.
- **Rudolf Oesterwitz,** Jüterbog, war in der DDR ein weiterer Hersteller von Betriebsmodellen. Die Modelle sind ähnlich gestaltet wie die von EKT. Gemeinsam ist auch die Aluminium-Bakelitbauweise. Manchmal werden EKT und Oesterwitz in einem Zuge genannt. Dieser Umstand legt die Vermutung nahe, dass es eventuell eine Kooperation zwischen beiden Firmen gegeben haben könnte.

- **Geschmi.** Über diesen Hersteller war nichts Näheres herauszufinden. Ähnlich wie bei den übrigen DDR-Betriebsmodellherstellern wurden die Modelle in Aluminiumgussbauweise erstellt, in der Ausführung nur etwas grober. Der Autor besitzt eine kleine Werkstattausrüstung mit Originalkarton, der außer dem Verkaufspreis (in Ostmark) keine weiteren Daten nennt. Es kann aber nicht mit letzter Sicherheit nachgewiesen werden, ob es sich bei der Firma um einen DDR-Betrieb handelte.

2.7 Neuere Hersteller von Dampf- und Heißluftmaschinen, auch von Betriebsmodellen

Für einige der hier genannten Hersteller gibt es auch spezielle Lieferantenfirmen, die an dieser Stelle nicht aufgeführt sind.

- **Roland Reichelt,** Chemnitz (Heißluftmotoren, einfache Dampfmaschinen und einige Betriebsmodelle, ca. 1990-2018). Bereits zu Zeiten der DDR hatte Roland Reichelt mit dem Bau von einfachen Dampf- und Heißluftmotoren begonnen. Es wurden auf der Basis von Eisen- und Aluminiumgussteilen, aber auch mit „gelaserten“ Teilen sehr schöne Heißluftmotoren, einfache Dampfmaschinen und Betriebsmodelle konstruiert und als „Einmannbetrieb“ gebaut. Gussteil-Materialbausätze wurden ebenfalls angeboten. Altersbedingt hat Herr Reichelt die arbeitsintensive Eigenproduktion inzwischen beendet. Reichelt-Baupläne werden jetzt im Verlag für Technik und Handwerk neue Medien GmbH, Baden-Baden, angeboten.
- **Tucher & Walther,** Nürnberg. Die Nürnberger Firma Tucher & Walther produzierte von 1979 bis 2009 sehr schöne Blech-Betriebsmodelle im naiv-figürlichen Stil. Die Ausführung der Blechfiguren war ähnlich wie bei der „Handwerkerserie“ von Wilesco, nur wesentlich hochwertiger. Alle Modelle wurden aufwändig handbemalt und mit einem Zertifikat versehen.
- **Lutz Hielscher,** Wuppertal (kleinere Dampfmaschinen für den Funktionsmodellbau und zur Selbstmontage, bis ca. 2018). Hielscher (früher „Metafot“) vertrieb auch englische Modelldampfmaschinen wie z. B. Maxwell Hemmens und Stuart. Später kamen als Eigenentwicklung kleinere System-Dampfmaschinen (z. B. Modell „Andreas“ für Modellschiffe und Lokomotiven) sowie Bausätze hinzu, die ohne großen Aufwand selbst montiert werden konnten. Inzwischen hat Lutz Hielscher seine Arbeit altersbedingt beendet.
- **Kleinemeier Modellbau,** Verl (einfache Dampfmaschinen in Kleinserie). Die Firma baut seit einigen Jahren, einfache, aber gut gelungene Dampfmaschinen mit oszillierendem Zylinder in Tradition der frühen deutschen Hersteller. Die Modelle können im Handel oder über das Internet erworben werden.
- **Daniel Kassner,** Frankfurt/Oder (Heißluftmotoren und Dampfmaschinen). Kleinere Dampfmaschinen, auch für den Schiffsmodellbau, werden angeboten. Auch größere und leistungsfähige Stirlingmotoren sind im Programm. Einige Eigenentwicklungen hat Kassner patentrechtlich schützen lassen.
- **Rauhut KG,**Bremen, Apparatebau. Es wird unter anderem ein Bausatz zu einem nostalgischen Stationär-Modellmotor sowie eine sehr schöne Stationärlokomobile angeboten.
- **Meier mechanic,** Berlin. Es werden verschiedene, präzise Modellmotoren angeboten, die mit Gas betrieben werden.
- **Bengs Modellbau,** Bückeburg. Die Firma bietet Materialbausätze zu Dampfmaschinen und Heißluftmotoren an, die mit

einer vergleichsweise „kleinen“ Werkstatt gebaut werden können. Zusätzlich ist reichhaltiges Zubehör für den Dampfmodellbau im Programm.

- **TS Modelldampfmaschinen,** Kurort Seiffen. Liefert Gussteile für Modelldampfmaschinen und Modellmotoren, auch Gussteile für Transmissionen; auf Anfrage auch Fertigmodelle.
- **Regner Dampf- und Eisenbahntechnik,** Aurach. Baut Dampfmaschinen, Dampfeisenbahnen (Spur G) und Dampf-Zubehör in hoher Qualität, hauptsächlich als Bausatz. Gegründet von Manfred Regner im Jahre 1978.
- **Böhm Stirling-Technik GmbH,** Neustadt/Aisch. Liefert Bausätze von Stirlingmotoren und Betriebsmodellen in hoher Qualität.

2.8 Einige Hersteller aus dem Ausland

- **Stuart Turner,** England, Henley-on-Thames (Gussteile zu Dampfmaschinen und vorbildgetreuen Betriebsmodellen). Gegründet von Sidney Marmaduke Stuart Turner um 1898 wurden – ähnlich wie bei Bischoff oder Rehse in Deutschland – hochwertige, vorbildgetreue Modelldampfmaschinen, Modell-Werkzeugmaschinen und auch größere Dampfmaschinen für manntragende Boote hergestellt. In den letzten Jahrzehnten wurde die Firma mehrfach um- und neugegründet. Inzwischen produziert Stuart wieder an einem neuen Standort in Bridport, England. Stuart-Gussteilsätze, das Hauptabsatzgebiet der Firma, werden auch über diverse Händler in Deutschland angeboten. Stuart Turner ist bekannt als der hochwertige Klassiker der Dampfmodellbausparte.
- **Mamod,** Birmingham, England (einfache Dampf- und Betriebsmodelle). Gegründet 1936 und bis in die 70er Jahre als Familienbetrieb zunächst erfolgreich geführt, kam Mamod in den 80er Jahren wohl in wirtschaftliche Schwierigkeiten. Die Firma existiert noch, ist aber nicht mehr im Besitz der Gründerfamilie Malins. Mamod stellte einfache Dampfmaschinen mit oszillierendem Zylinder, Dampfautomobile, Dampfwalzen und -Traktoren her. Besonders erfolgreich war z. B. der Nachbau eines Foden-Dampflastwagens. Auch Schiffsdampfantriebe waren im Programm. Bei den Betriebsmodellen wurden nur vier Modelle, auch als Werkstatt mit Transmission angeboten.
- **Signalling Equipment Ltd.,** Potters Bar. In den 50 und 60er Jahren wurden einfache Dampfmaschinen auch für die Firma Mamod hergestellt. Von der Bauart her waren die Modelle ähnlich einfach gehalten wie bei der Firma Mamod.
- **Alga,** Schweden. Die Dampfmaschinen aus den 70er Jahren erinnern ein wenig an entsprechende Erzeugnisse der Firma Mamod (oszillierender Zylinder mit Handhebel-Umsteuerung). Eine Lochung auf der Grundplatte ermöglicht wie bei den Mamod-Maschinen eine Kombination mit Metallbaukästen oder zur Montage von Antriebsmodellen.
- **Weeden,** USA (Dampfmaschinen und Eisenbahnen); gegründet 1882. Baute Dampfmaschinen, Schiffe und Feuerspritzen. Die Firma war im U.S.-Bundesstaat Massachusetts in New Bedford beheimatet. Von etwa 1884 bis zum Jahre 1952 wurden Spielzeugdampfmaschinen hergestellt. Es wurden in diesem Zeitraum wohl über hundert Varianten vom Spielzeugdampfmaschinen hergestellt.
- **Jensen,** USA (Dampfmaschinen). Seit 1923 werden in einer kleineren Manufaktur in Jeannette, Pennsylvania verschiedene Dampfmaschinen und Zubehör

hergestellt. Die „Jensen Manufacturing Company Inc.“ wurde 1932 gegründet.

2.9 Quellenangaben

1. Buch „Dampfspielzeug“ von Wolf Kaiser und Carlernst J. Baecker, Battenberg Sammler - Kataloge (Blechspielzeug) Battenberg Verlag München, 1983, ISBN 3-87045-214-5.Hinweis: das Buch ist nur noch antiquarisch zu bekommen.
2. Erläuterung zur „Nürnberger Modelldampfmaschine“: eine stehende Lokomobile mit kunstvollem Gusssockel, die von verschiedenen Herstellern in verschiedenen Größen, aber weitgehend baugleich produziert wurde. Herstellerfirmen waren Schoenner, Falk, Doll und Plank. Zeitraum der Produktion: ca. 1905 (Plank) bis ca. 1930 (Falk).
3. Buch „Mit Uhrwerk, Dampf und Strom“ von Gustav Reder, Alba Publikation Alf Teloeken GmbH + Co. KG. Düsseldorf, 1988, ISBN 3-87094-455-2; Verzeichnis und Kurzbiographien der bis 1939 tätigen Spiel- und Modellbahn - Hersteller, u. A. „Carette“, Seite 243.
4. Quelle: http://www.ekt-modelle.de/Geschichte.htm
5. Buch „The Story of Malins Models“ von Malins, P.S., Mamod Sales & Service, PO Box 17 Mortimer, Berks R67 3UF, ISBN 0 9529237 0X
6. Quelle: https://americanhistory.si.edu/collections/search/object/nmah_847038
7. Quelle: www.jensensteamengines.com steamtoy@aol.com
8. Sonstige Quellen: Diverse Fachzeitschriften und Eigenrecherchen des Autors. Prospekte und Kataloge der Firmen Rehse, Wilesco, Mamod, EKT, Prefo.

3 Allgemeine Hinweise zum Betrieb von Modelldampf-und Heißluftmotoranlagen

3.1 Allgemeines

Der Betrieb von Modelldampfmaschinen mit „Echtdampf“ ist immer mit gewissen Gefahren für Gesundheit, Leib und Leben des Betreibers und der Zuschauer behaftet, dessen sollte man sich stets bewusst sein. Brennstoff, Feuer, Hitze, Verbrühungsgefahr, Dampf und Druck sind Dinge mit Gefahrenpotenzial, über die man Bescheid wissen muss, bevor man eine Modellmaschine in Betrieb setzt. Wer unsicher ist oder Zweifel hat, sollte einen sogenannten „Substitutionsantrieb“ (z. B. einen Elektromotor) als Antriebsquelle für mechanische Modellanlagen verwenden.

Sicherheit, Brandschutz und Unfallverhütung haben immer die höchste Priorität!

Auf sogenannten „Echtdampftreffen“ werden aus diesen Gründen meist nur druckluftbetriebene Modelldampfmaschinen gezeigt, um dem Betrachter etwas Bewegung vorzugaukeln, aber das ist eben auch kein „Echtdampfbetrieb“. Zu diesem, in der Vergangenheit bereits heiß diskutiertem Themenbereich, mag sich jeder eine eigene Meinung bilden. Für diejenigen, die sich vorbildgetreu mit Dampf und Feuer befassen möchten, seien hier einige Hinweise aufgezählt, die zu beachten sind.

Die Verantwortung und Haftung bei möglichen Unfällen durch unsachgemäßen oder fahrlässigen Umgang mit den genannten Medien liegen immer beim Betreiber.

Gleichermaßen sollen an dieser Stelle allgemeine Betriebs- und Wartungshinweise gegeben werden, welche die Funktionsfähigkeit der Modellmaschine bzw. der Modellanlage erhalten. Bei ein wenig Pflege und Wartung werden die Maschinen ihre Besitzer mit einiger Sicherheit überleben.

3.2 Hinweise für den Umgang mit Feuer bei Modelldampfmaschinen oder Heißluftmotoren

- Die Sicherheitsratschläge des Brennstoffherstellers (Spiritus, Bio-Ethanol, Trockenbrennstoff, Brennpaste, Gas) sind stets zu beachten.
- Es ist geeignetes Löschmaterial in greifbarer Nähe für den Fall aller Fälle bereit zu halten (Handfeuerlöscher, Löschdecke, Wasser; gegebenenfalls auch Brandsalbe).
- Eine Feuerstelle ist stets zu beobachten und niemals ohne Aufsicht zu lassen
- Auf die Sicherheit der Zuschauer/Betrachter ist besonders zu achten. Gebenenfalls eine Sicherheitszone mit Sicherheitsabstand zur Brennstelle einrichten.

- Feuerstellen nur durch Erwachsene betreiben, die sich der möglichen Gefahren bewusst sind.
- Brennstoffbehälter (z.B. Spiritusflasche, Gasbehälter) stets verschlossen halten und außerhalb des Wirkbereichs der eigentlichen Brennstelle sicher lagern.
- Brennstofftank (Spiritustank am Brenner; Pastenbrenner) nie überfüllen. Füllmenge maximal 2/3 des möglichen Inhalts, besser nur zur Hälfte befüllen.
- Gasbehälter nie der direkten Sonnenstrahlung oder der Hitzestrahlung der Brennstelle aussetzen.
- Für ausreichende Luftzufuhr bei der Verbrennung sorgen. Ein Betrieb im Freien ist am Sichersten.
- Brenner erst nachfüllen, wenn dieser vollkommen erloschen und abgekühlt ist. Achtung, bei Spiritus und Brennpaste ist die Flamme bei hellem Tageslicht unter Umständen kaum zu erkennen.
- Brennstoffmenge mit dem Wasserinhalt des Kessels abstimmen. Mit einer Brennstofffüllung darf der Kessel nicht trocken geheizt werden. Erforderliche Brennstoffmenge am besten durch Versuche ermitteln (Brenndauer mit einer Brennstofffüllung; Wasserinhalt; Restwasser im Kessel nach Ende der Brenndauer notieren).
- Probebetrieb des Brenners in einer größeren Metallschale. Vor dem Einsatz im Dampf-/Heißluftmodell sollte der Brenner vorher ausgiebig getestet werden, besonders, wenn dieser selbst konstruiert wurde.
- Für den Betrieb von Feuerstellen ist die Verwendung von hitzebeständigem Handschuhen und schwer entflammbarer Kleidung zu empfehlen. In der Nähe der Feuerstelle keine leicht entflammbaren Dinge lagern.
- Beim Hantieren mit feuergefährlichen Dingen nicht rauchen!

Testlauf eines selbstgebauten Spiritusbrenners in einer Metallschale. Ein unkontrollierter Brand kann sich durch die untergestellte Metallschale nicht ausbreiten

3.3 Allgemeine Hinweise für den Betrieb von Modelldampfmaschinen

- Dampfmaschine beim Betrieb auf feuerfester Unterlage aufstellen; Gleiches gilt für den Betrieb von Heißluftmotoren.
- Kessel mit mineralarmen Wasser betreiben (Regenwasser, destilliertes Wasser mit einem Zusatz von 10% Leitungswasser).
- Kessel nicht überfüllen. Wasserfüllung mit ca. 2/3 des maximalen Kesselinhalts.
- Kessel nie trocken heizen. Tatsächlichen Wasserstand beim Betrieb immer prüfen. Auch ein hartgelöteter Kessel wird beim Trockenheizen Schaden erleiden.
- Beim Nachlegen von Brennstoff immer den Wasserstand im Kessel prüfen. Gegebenenfalls Kesselwasser nachfüllen oder nachspeisen, bevor Brennstoff nachgelegt wird.
- Den zulässigen Betriebsdruck niemals überschreiten. Zu empfehlen sind z. B. die Sicherheitsventile von der Firma Wilesco, die den Druck wirksam auf ~ 1,5 bar begrenzen.

- Das Sicherheitsventil niemals festsetzten oder durch eine sonstige Schraube ersetzen. Defekte Sicherheitsventile sind zu entsorgen und durch Neue zu ersetzen.
- Sicherheitsventil oder Schraubarmaturen nicht mit einer Zange festziehen oder lösen. Gegebenenfalls Zwischenlage aus Leder oder geeignetem Dichtungsmaterial verwenden, um Beschädigungen der Armatur beim Auf- /Zudrehen zu vermeiden. Gewinde von Sicherheitsventil und Einfüllschraube mit etwas Armaturenfett (Sanitärhandel) einfetten, um ein Festsetzen zu vermeiden.
- Brenner bei Fest- Flüssig- oder Pastenbrennstoff niemals überfüllen. Am sichersten nur zur Hälfte befüllen.
- Für die Schmierung von Kolben und Zylinder stets Heißdampföle verwenden. Normale Öle können verseifen, was das Gegenteil bewirkt.

3.4 Allgemeine Wartungshinweise für Modelldampfmaschinen

- Nach Betriebsende Kesselwasser restlos ablassen. Wasserreste mit einer Einwegspritze und Schlauch aus dem Kessel absaugen. Kessel offenlassen, damit noch vorhandene Restfeuchtigkeit verdunsten kann.
- Triebwerk ebenfalls von Wasser befreien. Gegebenenfalls den Zylinder mit Druckluft durchblasen, bis kein Wasser mehr austritt. Danach etwas Konservierungsöl in den Zylinder geben (besonders bei Grauguss-Zylindern; z. B. Maschinen der Fa. Stuart).
- Bei Walzenkesseln/Siederohrkesseln Kesselunterseite von Ruß und Verbrennungsrückständen befreien.
- Schmutz und Feuchtigkeit von der Maschine entfernen; Maschine mit einem Küchentuch trocken putzen.
- Einschraubarmaturen (Sicherheitsventil/Einfüllschraube): Gewinde mit ein wenig Armaturenfett (aus dem Sanitärhandel) einschmieren, damit diese nicht festkorrodieren.
- Bewegliche Teile und Lager mit einem geeignetem mineralischen Öl ölen. Bei Kupferlegierungen (Messing) kein Ballistol verwenden, da dies in seiner Eigenschaft als Waffenöl Nichteisenmetalle anlöst.
- Blanke Metallteile mit Korrosionsschutzöl konservieren.

3.5 Allgemeine Wartungshinweise für Heißluftmaschinen

- Arbeitskolben nur sparsam mit dünnflüssigem Öl ölen. Graphitkolben benötigen keine Schmierung.
- Verdrängerkolbenstange sparsam mit mineralischem Öl ölen. Beim Betrieb etwa jede halbe Stunde einen winzigen Tropfen auf die Stange geben.
- Nach Betriebsende Verbindung von Arbeits- und Verdrängerzylinder trennen (wenn möglich), damit kein Öl in den Verdrängerzylinder gezogen wird.
- Verdrängerzylinder/Heizfläche nach Betriebsende von Ruß befreien, falls erforderlich.
- Bewegliche Teile und Lager mit geeignetem mineralischen Öl ölen. Bei Kupferlegierungen kein Ballistol verwenden, da dies in seiner Eigenschaft als Waffenöl Nichteisenmetalle anlöst.
- Blanke Metallteile mit Korrosionsschutzöl konservieren.

3.6 Allgemeine Wartungshinweise für mechanische Modellanlagen

- Modellanlagen vor Staub schützen. Staub ist der größte Feind solcher Dinge. Nach Betriebsende Anlage in einem geschlossenen Behältnis aufbewahren oder in einer geschlossenen Vitrine lagern. Wirksamen Schutz vor Staub können auch ein größerer Müllsack oder eine Plastikfolie bewirken.
- Regelmäßige Inspektion der Modellanlage auf eventuelle Lagerungsschäden oder Korrosionserscheinungen. Es empfiehlt sich eine Inspektion pro Jahr.
- Modellanlagen trocken und geschützt lagern, um Feuchtigkeitsschäden und Korrosion zu vermeiden. Direkte Sonnenbestrahlung vermeiden, damit die Farben nicht ausbleichen.
- Gelegentlicher Probebetrieb, um die Funktionsfähigkeit zu erhalten.

4 Das „Dreigeteiltes Maschinensystem“ – Grundprinzip für (dampf-) betriebene Werkstätten

4.1 Grundlagen des „Dreigeteilten Maschinensystems“

Die weitere Entwicklung der Dampfmaschine in der zweiten Hälfte des 18. Jahrhunderts führte zur Umwandlung der bislang nur gradlinigen Bewegung des Kolbens – was vorher nur bei Pumpen nutzbar war – in eine rotierende Bewegung mittels Planetengetriebe und Schwungrad. Eine weitere Anwendung aus dieser Zeit war der Fliehkraftregler, mit welchem die von der Dampfmaschine gewonnene Drehbewegung in gewissen Grenzen konstant gehalten werden konnte. Diese Neuerungen bzw. deren praktische Umsetzung werden dem Schotten James Watt (1736-1819) zugeschrieben.

Für den Antrieb von Werkzeugmaschinen, Textilmaschinen und Maschinen aller Art, die rotierende Bewegungsenergie benötigen, hatte man nun endlich einen zuverlässigen Antrieb, welchen die vorher bekannten Antriebsquellen (Wasser-/Windrad, Göpel) nicht bieten konnten. Dieser technologische Schritt wird in neuerer Zeit als „industrielle Revolution 1.0“ bezeichnet.

In den Fabriken und Betrieben galt es, die stabilisierte, rotierende Bewegungsenergie von der Antriebs-Dampfmaschine (Energiequelle) an die einzelnen Werkzeug oder Arbeitsmaschinen zu verteilen. Dies geschah durch sogenannte Transmissionen (Verteilerwellen / Energieverteiler), die ihre Energie meist über Leder- oder Seilriemen von der Antriebsmaschine erhielten und über ebensolche an eine Vielzahl von Werkzeugmaschinen (Energiesenken) weitergaben.

Dieser Form der Bewegungsenergieweitergabe besteht aus den eingangs erläuterten drei Komponenten: Dampfmaschine, Transmission und angetriebene Werkzeugmaschinen. Man bezeichnet diese Kombination deshalb als sogenanntes „Dreigeteiltes Maschinensystem“.

Bei kleinerem Leistungsbedarf von Werkstätten wurde an Stelle der Dampfmaschine später auch Heißluftmaschinen als Antriebsquellen eingesetzt. In Deutschland waren z. B. die unproblematischen „Heinrici“-Heißluft-Kleinmotoren aus Zwickau sehr verbreitet, bis Anfang des 20. Jahrhunderts der Elektromotor diese Antriebsart verdrängte.

Teilweise wurden bei kleineren Transmissionswerkstätten Anfang bis Mitte des 20ten Jahrhunderts Verbrennungs- oder Elektromotor als zentraler Antrieb eingesetzt und die dadurch ausgestattete Anlage – weiterhin ein „Dreigeteiltes Maschinensystem“ – konnte sich so noch einige Zeit halten.

Bezogen auf die heutige Zeit könnte man das in der Elektro-/Energietechnik mit der Anordnung Kraftwerk/Umspannwerk ▶ Niederspannungsnetz ▶ Endverbraucher/Haushalt/Betrieb oder in der IT-Technik mit einem „Hub“ (Sternverteiler) oder „Switch“

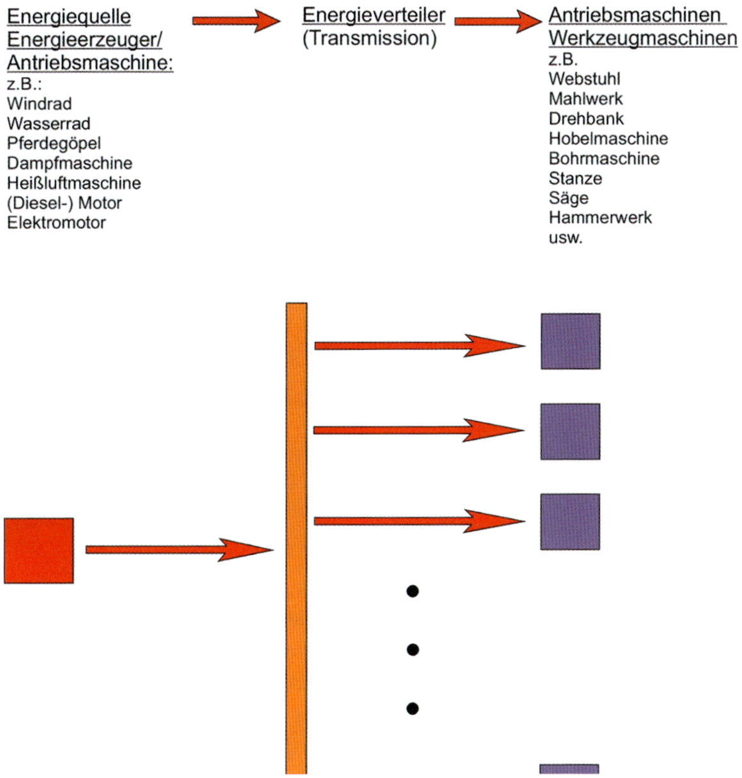

Grundprinzip des „Dreigeteilte Maschinensystems“. Bewegungsenergie wird mechanisch verteilt

vergleichen, der mehrere Rechner oder „Clienten“ mit einem zentralen Server verbindet, auch wenn die Vergleiche vielleicht ein wenig hinken mögen.

Die Form dieser Energieverteilung hatte sich in manchen Betrieben, welche nicht so sehr modernisiert wurden, bis ins 20. Jahrhundert erhalten. Heute kann man solche Anordnungen fast nur noch in Industriemuseen besichtigen.

Durch die Einführung der Elektrotechnik in den industriellen Produktionsprozessen (sogenannte „industrielle Revolution 2.0“) konnten die Antriebe dezentral an den Werkzeugmaschinen direkt in Form von Elektromotoren angebracht werden, was aufwendige Transmissionen in den Fabriken überflüssig machte.

Der Dampfantrieb als zentraler Energieerzeuger einer Fabrik hatte sich noch einige Zeit lang gehalten, nur wurde jetzt die Bewegungsenergie durch einen Generator – oftmals ein Schwungradgenerator – in elektrische Energie umgewandelt und über das betriebsinterne Stromnetz zu den Bearbeitungsmaschinen weitergeleitet.

Das „Dreigeteilte Maschinensystem“ ist die Grundlage für den Modellbau von historischen Werkstätten; es findet sich auch und besonders bei „Spielzeugdampfmaschinen“, wenn diese mehrere Antriebs-/Betriebsmodelle antreiben sollen.

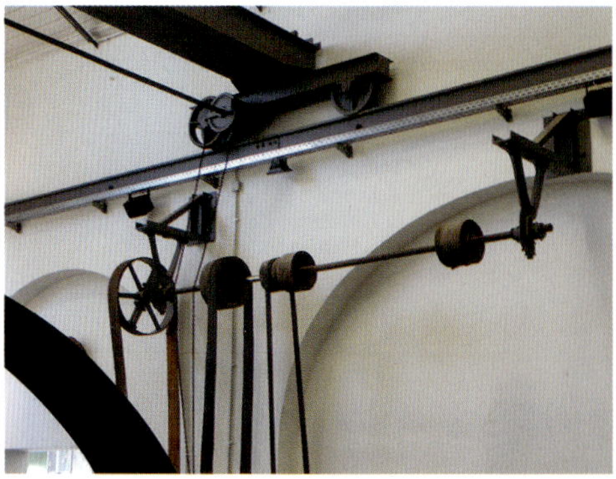

Transmission im Industriemuseum Hanau-Großauheim. Die geteilten Riemenschieben waren meist aus Holz oder Gusseisen gefertigt. Die Scheiben mit der breiten Lauffläche dienten dem Riemenwechsel von der Leerlaufscheibe auf die Antriebsscheibe bei den angetriebenen Maschinen. Die Lager sind hier als nachstellbare Hängelager ausgebildet

Das „Dreigeteilte Maschinensystem" im Modell und Spielzeug; hier bei zwei kleineren Anlagen mit wenig vorbildgetreuer Bocktransmission. Im Hintergrund eine Eigenkonstruktion des Autors und im Vordergrund eine kleine Wilesco-Werkstatt

In der Realität waren Transmissionen meist als Wand- oder Deckentransmissionen ausgeführt; niedrige Bocktransmissionen fanden nur als Vorgelege zum Ein- /Auskuppeln des Antriebs oder zum Drehzahlwechsel der angetriebenen Maschine Anwendung.

Man kann sich vorstellen – und so war es leider auch so – dass in damaligen Fabriken die Unzahl der laufenden Räder und Antriebsriemen eine beträchtliche Unfallgefahr darstellten und bereits kleine Unachtsamkeiten schwerste Unfälle verursachen konnten.

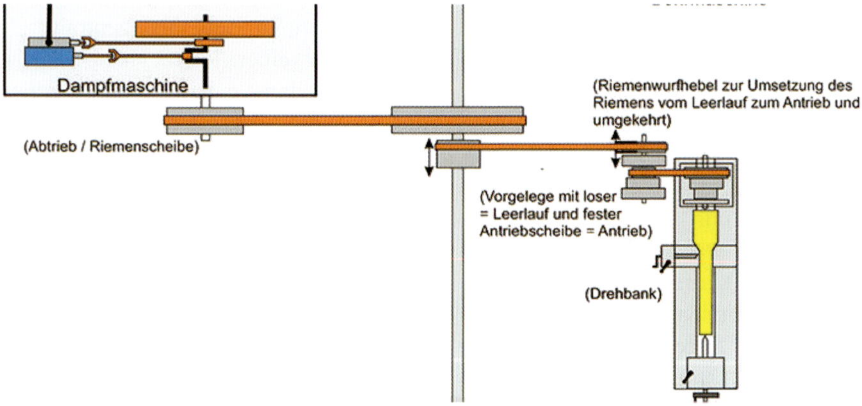

Vorgelege an einer Drehbank mit Leerlauf und Stufenscheiben zum Drehzahlwechsel. Für das Umlegen des Riemens von der Leerlaufscheibe auf die Antriebsscheibe der Werkzeugmaschine ist die Riemenscheibe auf der Transmissionswelle extra breit ausgeführt

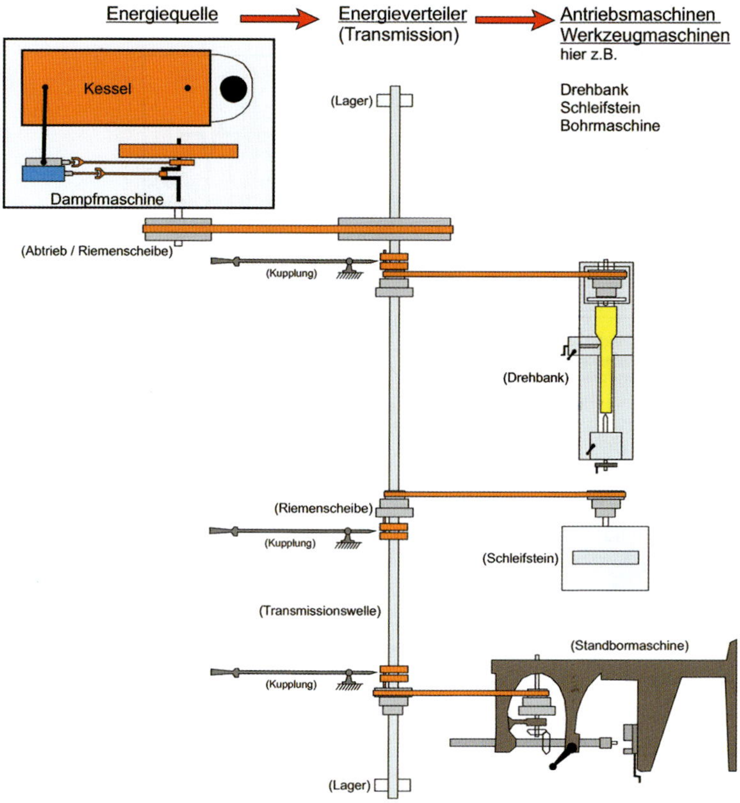

Grundprinzip „Dreigeteiltes Maschinensystem"; auskuppelbare Antriebsmaschinen

4.2 Antriebs- Dampfmaschinen des „Dreigeteilten Maschinensystems"

Die klassische Antriebsmaschine für Fabriken war die liegende Ein- oder Mehrzylinder-Dampfmaschine, mit welcher höhere Drehzahlen als bei der ursprünglichen Watt-Balanciermaschine erzielbar waren. Zur besseren Ausnutzung der Dampfenergie wurden vielfach auch Verbund- oder Compoundmaschinen in den verschiedensten Bauweisen eingesetzt. Der Dampf entspannte sich hierbei stufenweise: Hochdruckzylinder mit vergleichsweise geringem Durchmesser, Mitteldruckzylinder mit größerem Durchmesser und abschließend im Niederdruckzylinder mit großem Durchmesser. Der verbleibende Dampf konnte im Betrieb als Prozesswärme zum Trocknen oder Heizen verwendet werden, was die Gesamteffizienz noch einmal etwas erhöhte.

Höhere Drehzahlen, etwa zur Stromerzeugung, waren mit Dampfmotoren möglich.

Mobile Lokomobilen trieben Antriebsmaschinen wie Dreschkästen, Sägen, Pumpen, Steinbrecher, Generatoren usw. meist direkt, das bedeutet ohne zwischengeschaltete Transmission, an. Man könnte deshalb hier von einem „Zweigeteilten Maschinensystem" sprechen.

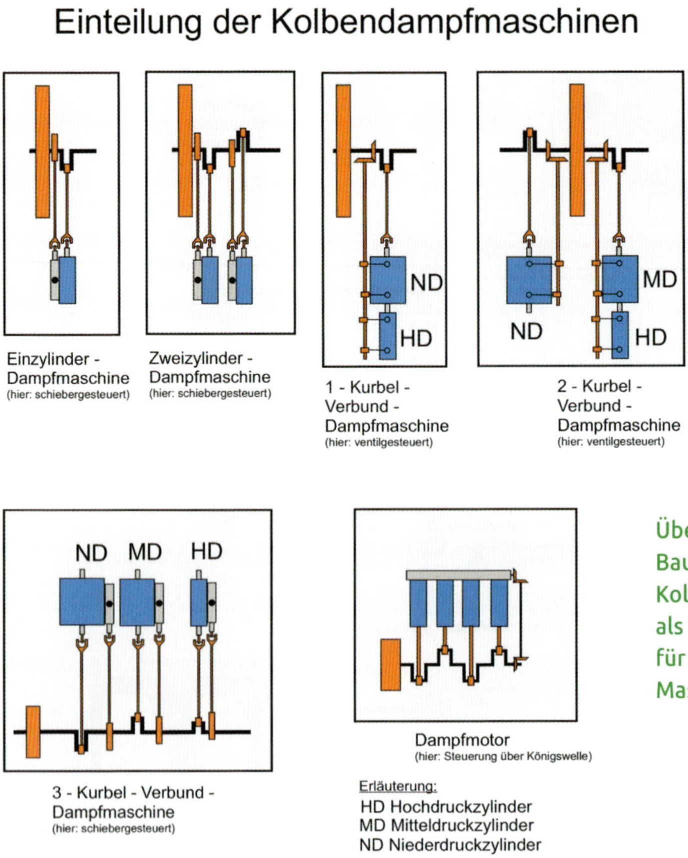

Überblick der wichtigsten Bauformen der Kolbendampfmaschine als Antriebsquelle für das „Dreigeteilte Maschinensystem"

Liegende „MAN"-Einzylinder-Dampfmaschine zum Antrieb von Maschinen; Industriemuseum Hanau-Großauheim. Im Hintergrund eine stationäre „ASTO"-Lokomobile. Beide Maschinen werden bei Vorführungen („Dampftage Großauheim"), Stand 2018, mit Dampf (!) betrieben.

4.3 Anwendung des „Dreigeteilten Maschinensystems" im Modellbau

In der einfachsten Form treibt eine kleine Dampfmaschine, ein Heißluft- oder Elektromotor über eine Transmission mehrere Antriebs- /Betriebsmodelle an.

Der modellhafte Nachbau ist bei diesem Beispiel schon eher als vorbildähnlich zu bezeichnen. Bei einer vorbildgetreuen Anlage müssten einzelne Details noch mehr herausgearbeitet werden. Trotzdem sind alle wesentlichen Merkmale einer kleinen Dampffabrik vorhanden.

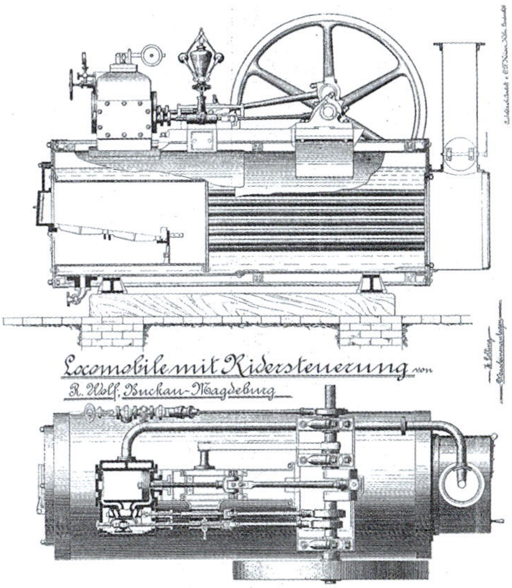

Darstellung einer mobilen „Wolf“-Lokomobile (aus einer alten Zeitungsanzeige)

Darstellung einer stationären „Wolf“-Lokomobile. Bei der Lokomobil-Bauart ist das Triebwerk direkt an den Kessel angebaut. Es ist eine besonders platzsparende Version des Dampfantriebs und fand besonderes in mittelgroßen Betrieben und Sägewerken seine Anwendung. Lokomobile wurden bis Anfang der fünfziger Jahre des zwanzigsten Jahrhunderts gebaut. In Sägewerken konnten stationäre Lokomobile durch die anfallenden Holzabfälle und Sägespäne besonders wirtschaftlich betrieben werden, womit sie sich relativ lang als Antriebsmaschine halten konnten. Auch im Spielzeug oder Modell finden sie sich oft wieder

Eigenbau-Kompaktwerkstatt des Autors mit Dampfmaschine, Deckentransmission und handelsüblichen Betriebsmodellen; der Antrieb ist auskuppelbar. Alle Modelle wurden hier verfeinert und modifiziert. Zusätzliche Ausstattungsmerkmale und ein reichhaltiges Zubehör beleben die Anlage. Eine nähere Beschreibung findet sich im Kapitel „Kompaktwerkstatt“

◀ Elemente des „Dreigeteilten Maschinensystems“ als historisches Dampfspielzeug: Stehende Dampfmaschine von Doll, einfache Blechtransmission, Holzsäger und Windmühle. Die Windmühle ist neueren Datums. Alles in einfachster Blechbauweise. Solche Modelle wurden von allen bekannten Herstellern produziert und waren auf Grund der billigen Bauweise für breite Kundenkreise erschwinglich. Auf einem einfachen Holzbrett konnte so eine kleine Anlage nach Belieben montiert werden

5 Antriebsmaschinen für Modellwerkstätten

5.1 Allgemeines

Die Antriebsmaschine ist Teil Eins des „Dreigeteilten Maschinensystems“. Sie ist die Energiequelle, deren Rotationsenergie über eine Verteilung, die sogenannte Transmission, an verschiedene Arbeitsmaschinen in einer Fabrik weitergegeben wird.

Es wird auf diese Komponente – wie auch auf die beiden anderen Komponenten des „Dreigeteilten Maschinensystems“ – ein wenig näher eingegangen.

Die Anwendung des „Dreigeteilten Maschinensystems“ (zentrale Antriebsmaschine - Energieverteilung - dezentrale Antriebsmaschinen) war ein grundlegendes Prinzip der Mechanisierung von Betrieben in der ersten Phase der Industrialisierung.

Später, Ende des 19./Anfang des 20. Jahrhunderts, wurde durch die allgemeine Einführung der Elektroenergie (oftmals auch als industrielle Revolution 2.0 bezeichnet) das „Dreigeteilte Maschinensystem“ überflüssig, da Werkzeugmaschinen mit separaten Elektroantrieben wirtschaftlicher und auch

Eine sehr einfache Form einer „Antriebsmaschine“: Ein Pferdegöpel, mit dem einzelne Maschinen direkt oder auch Transmissionen angetrieben werden konnten (Industriemuseum Hanau/Großauheim). An den zwei Hebelarmen liefen Zugtiere im Kreis und die so gewonnene Drehbewegung wurde durch ein Winkelgetriebe mit einer angeschlossenen horizontalen Welle weitergegeben. Große Ansprüche an die Drehzahlkonstanz und eine permanent gleichmäßige Energieabgabe konnten hier nicht gestellt werden

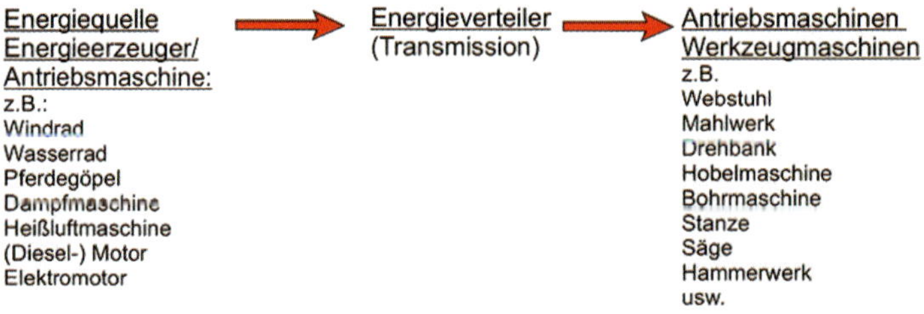

Komponenten des „Dreigeteilten Maschinensystems“

sicherer zu betreiben waren, als die umständlichen, teuren, unfallträchtigen und wartungsintensiven Riementransmissionen.

Die Energieverteilung übernahm ab diesem Schritt nicht mehr das „Riemenwerk“ an der Decke der Fabrik, sondern das Elektronetz des Betriebs mit Schalteinrichtungen und Verteilungen. Vielfach wurde der Strom dafür durch eine große zentrale Betriebsdampfmaschine über einen angeschlossenen Generator erzeugt; bei größeren Fabrikanlagen war dies meist ein Schwungradgenerator.

5.2 Vorbilder und Originale von Antriebsmaschinen

Ein alter Dieselmotor des Autors als Antriebsquelle für Stationäranwendungen. Dieser Universalmotor (Fabrikat Klöckner-Humboldt-Deutz AG, Köln, Typ MAH 711) konnte z. B. in kleineren Werkstätten als zentrale Energiequelle genutzt werden und war im Gegensatz zu einer Dampfmaschine sofort betriebsbereit:
Leistung: 6 PS, Drehzahl: 1.500 U/min
Ein interner Fliehkraftregler sorgte für eine Drehzahlkonstanz innerhalb gewisser Grenzen

Der klassische Antrieb von umfangreicheren Fabrikationsanlagen, hier eine größere Tandem-MAN-Zweizylinder-Ventildampfmaschine (Industriemuseum Hanau/Großauheim):
Baujahr: 1910
Leistung: 700 PS
Drehzahl: max. 109 U/min
Dampfverbrauch: 5 t/h Heißdampf
Dampfdruck: 12 Atü
Gesamtgewicht: 52 t
Sonstiges: Die Maschine war bis 1976 bei einer Nürnberger Brauerei im Einsatz. Größere Betriebsdampfmaschinen wurden meist als Verbundmaschinen mit Hoch- Mittel- und Niederdruckzylinder ausgeführt, um den Dampf bestmöglich auszunutzen. Der entspannte Restdampf konnte noch für Prozess- oder Heizzwecke verwendet werden, was die Wirtschaftlichkeit des Betriebes weiter erhöhte

5.3 Allgemeines zu Antriebsmaschinen im Modell bzw. Spielzeug

Betrachtet werden Modell- bzw. Spielzeugdampfmaschinen sowie sonstige motorische Antriebe, die für den Antrieb von Modellwerkstätten oder sonstige Betriebsmodellanordnungen in Frage kommen:

- Dampfmaschine
- Dampfturbine
- Heißluftmaschine (Stirlingmotor)
- Elektromotor
- Verbrennungsmotor

Aufgrund der Vielfalt und Vielzahl der möglichen Antriebsarten ist an dieser Stelle nur ein sehr beschränkter Überblick möglich. Die nachfolgenden Aufstellungen, die sich an vorhandenen Maschinen des Autors orientieren, sind nur beispielhaft zu sehen und können deshalb keinen Anspruch auf Vollständigkeit erheben.

In der einschlägigen Literatur (Kaiser, Wolf und Baecker, Carlernst J.; Buch „Dampfspielzeug“) werden alternative Antriebsmaschinen wie Elektro-, Heißluft- und Verbrennungsmotoren als „Substitutionsantrieb“ bezeichnet. Die Dampfmaschine war und ist beim Antrieb von modellhaften Betriebsmodell-Anlagen jedoch dominierend.

Der Vollständigkeit halber wird auch die Dampfturbine genannt, die sich aber im Modell und Spielzeug aufgrund der ungünstigen Druckverhältnisse nicht wirklich dursetzen konnte. Seit einiger Zeit hat die Firma Wilesco eine brauchbare Dampfturbine im Programm, die zum Antrieb von Betriebsmodellen geeignet ist.

Beispiel für ein Gaselan – Produkt

5.4 Dampfmaschinen als Antriebsquelle im Modell und Spielzeug

5.4.1 Deutsche Modell- bzw. Spielzeugdampfmaschinen

5.4.1.1 Modelldampfmaschinen aus der DDR

Dass in der DDR kommerziell beachtenswerte Modelldampfmaschinen produziert wurden, war dem Autor als gebürtigem „Westdeutschen“ vor der Wende nicht bekannt. Diese Leistungen sind umso höher zu bewerten, da die Randbedingungen und das Produktionsumfeld in der sowjetischen Besatzungszone bzw. DDR nach dem Zweiten Weltkrieg vollkommen anders als in den Westzonen bzw. der BRD waren. Auch war es für DDR-Modellbauer wesentlich schwieriger, bestimmte Materialien, Produkte und Werkzeuge zu bekommen, sofern man nicht die entsprechenden Beziehungen hatte. Es musste mit Ideenreichtum improvisiert und organisiert werden.

Erst unmittelbar nach der „Wende“ tauchten vermehrt entsprechende Ost-Produkte im Westen auf. Leider verschwanden die speziellen Hersteller in der Zeit kurz nach „Wende“, wurden reprivatisiert, oder der Treuhand zugeführt, was meistens das Ende bedeutete. Inzwischen haben sich Sammlermärkte für „Ostalgie“-Produkte“ aller Art gebildet.

5.4.1.1.1 Gaselan-Maschinen

Die Gaselan-Dampfmaschine des Autors ist elektrisch beheizt. Schwungrad und Triebwerkgestänge aus Druckguss sind ähnlich wie bei Wilesco-Maschinen ausgeführt. Das Fundament besteht aus Aluminiumguss und der Kessel ist aus Stahl (!) geschweißt und vernickelt. Die elektrische Aufnahmeleistung beträgt bei 220 V 300 W. Die Maschine ist voll betriebsfähig.

Diese Maschine wurde im Laufe der Produktionszeit auch in abgeänderten Versionen hergestellt.

Interessante Angaben auf dem Originalkarton der Maschine:

- Gaselan
- VEB Chemie- und Tankanlagenbau Fürstenwalde
- DDR-1240 Fürstenwalde
- Straße der Befreiung 49
- Telefon 620, Telefax 168 623
- HSL Nr. 5446 300 258 00001
- ELN Nr.- 18234630
- EVP: -

Hinweise zu den hier verwendeten Abkürzungen auf dem Originalkarton:

HSL - Nummer: Die Handelsschlüssellistennummer (abgekürzt HSL Nr.) und der Einzelhandelsverkaufspreis bzw. Endverbraucherpreis (abgekürzt EVP) waren in der ehemaligen DDR die staatlich vorgeschriebenen Bezeichnungen für auszeichnungspflichtige Einzelhandelswaren.

ELN-Nummer: „Erzeugnis- und Leistungsnomenklatur“, eine Schlüsselnummer in der ehemaligen DDR, bestehend aus acht Ziffern für alle im Inland produzierten und vom Ausland importierten Erzeugnisse und Leistungen (Quelle: Wikipedia.org).

Aufdruck auf dem Originalkarton, Vorderseite

Aufdruck auf dem Originalkarton der „Gaselan“-Maschine, Rückseite

Eine Maschine des VEB Geräte- und Pumpenbau, Merbelsrod, (hier Nr. 2305, Type D15)

5.4.1.1.2 VEB Geräte- und Pumpenbau, Merbelsrod (Thüringen)

Mit einem Fünfspeichen-Schwungrad und dem Gestänge aus Aluminiumguss erinnert die Maschine ebenfalls ein wenig an eine Wilesco-Maschine. Diese Teile und auch die Zylindereinheit sind nahezu identisch mit denen der zuvor beschriebenen Gaselan-Maschine. Eventuell gab es zwischen beiden Firmen eine Kooperation oder einen Austausch, aber das ist nur eine Spekulation des Autors. Der Kessel ist wie bei der „Gaselan" aus Stahl, wird aber hier mit Trockenbrennstoff beheizt. Insgesamt ist die Ausführung etwas massiver und stabiler als bei den vergleichbaren, westdeutschen Wilesco-Maschinen.

5.4.1.2 Vorkriegs- und Nachkriegs-Modelldampfmaschinen aus (West-) Deutschland

5.4.1.2.1 Doll/Fleischmann

Die Nürnberger Firma Fleischmann hatte in den 30er Jahren die ebenfalls in Nürnberg ansässige Firma Doll & Co. übernommen; über die genauen Gründe für die Übernahme kann an dieser Stelle nur spekuliert werden. Da die Doll-Produkte bei den Kunden offenbar einen sehr guten Ruf hatten, wurden diese zunächst, zu mindestens teilweise, unter dem gleichen Namen von Fleischmann zunächst weiterverkauft. Nach dem Zweiten Weltkrieg war Fleischmann im Westen einer der wenigen Hersteller, was Dampfspielzeug anbetraf. Die Herstellung von Dampfspielzeug lief bei Fleischmann etwa um 1969 aus.

Nach der Übernahme durch Fleischmann wurde teilweise bis in die 50er Jahre mit alten „Doll"-Werkzeugen produziert oder noch

Kartonbild einer Doll-Dampfmaschine. Ein ähnliches Kartonbild wurde später von Fleischmann verwendet

Einfache Doll-Dampfmaschine mit oszillierendem Zylinder und weichgelötetem Stehkessel aus dünnem Messingblech. Ein Modell der unteren Preisklasse von Doll

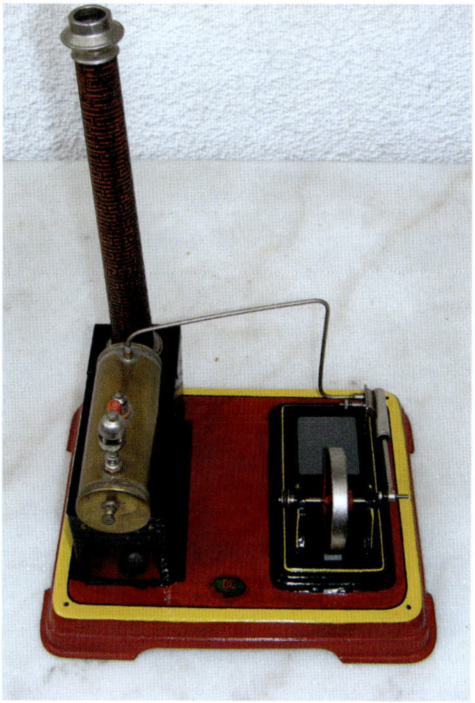

Eine kleinere Doll-Dampfmaschine in liegender Ausführung. Die Dampfpfeife ist nicht original (Wilesco). Das „DC"-Zeichen (Doll & Co) wurde bis etwa 1936/1938 verwendet

vorhandene „Doll"-Komponenten weiterverwendet. Das trifft besonders für die „naiven" Betriebsmodelle zu (Schmied, Wurst-Maxe, Schöpfbrunnen usw.).

Der ursprünglich weichgelötete Kessel der großen Fleischmann-Maschine war innen durch selektive Korrosion geschwächt und musste durch einen neuen, hartgelöteten Kessel, ersetzt werden.

Auch das Schwungrad und die Lagerböcke aus Zinkdruckguss waren von der „Zinkpest" – einer besonderen Korrosionserscheinung, die bei Zinklegierungen auftreten kann – befallen und mussten erneuert werden. Es empfiehlt sich deshalb, ältere Fleischmann-Produkte, das gilt besonders auch für Eisenbahnen (Lokgehäuse), auf derartige Korrosionserscheinungen zu prüfen, bevor man kauft.

Große Fleischmann-Dampfmaschine des Autors mit original „Doll"-Manometer. Da diese Maschine mit Spiritus beheizt wird (Vergaserbrenner links neben dem Aggregat), dürfte sie wohl aus den frühen 50er Jahren stammen. Spätere Modelle wurden mit Trockenbrennstoff („Esbit") beheizt

Eine nachträglich veränderte Fleischmann der mittleren Preisklasse. Manometer und Pfeife sind nicht original (Wilesco); es wurde hier eine Gasheizung nachgerüstet

5.4.1.2.2 Falk

Josef Falk war zunächst bei Georges Carette angestellt und begann um 1895 mit einer eigenen Spielzeugfabrikation. Es wurde eine große Vielfalt an Dampfmaschinen und Betriebsmodellen hergestellt, darunter auch die berühmte „Nürnberger Modelldampfmaschine", eine stehende Lokomobile, die baugleich auch von anderen Nürnberger Spielzeugfabrikanten (Schoenner, Plank, Bing) hergestellt und angeboten wurde. Nach dem Niedergang der Firma Bing im Jahre 1932 wurde von Falk ein Teil der Bing-Werkzeuge übernommen. Falk verkaufte seine Firma 1935 und entkam so der drohenden Enteignung auf Grund der politischen Verhältnisse der damaligen Zeit.

Falk-Dampfmaschine Nr. 487/3 mit ummanteltem oszillierendem Zylinder um 1932 und geprägtem Maschinensockel aus Blech. Der Schornstein ist nicht original

Das Zeichen „JF BW" erinnert an die Übernahme von Werkzeugen der Firma Bing ab diesem Zeitraum

5.4.1.2.3 Wilesco

Wilesco war ab 1950 der einzig größere kommerzielle Hersteller von Dampfspielzeug, wenn man von Märklin (bis etwa 1954) und Fleischmann (bis etwa 1969) einmal absieht. Bis heute wird produziert und in alle Welt exportiert. Inzwischen ist die Firma Wilesco der weltweit größte Hersteller dieser Produkte. Das Angebot an Maschinen und Betriebsmodellen wird ständig erweitert und geändert; sogar Heißluftmotoren, Dampfturbinen und Blechspielzeug werden inzwischen angeboten. Auch eine Dampflokomotive „Lukas" für die Spur G sowie das Dampfboot „African Queen" waren kurzzeitig im Programm. Die Geschichte der Firma ist in den aktuellen Wilesco-Katalogen nachzulesen. Dort werden auch nützliche Hinweise gegeben, wie eine einfache Dampfwerkstatt aufgebaut werden kann.

Leider ist man von der ursprünglich etwas solideren Bauweise inzwischen ein wenig abgekommen. Es gibt nur noch das weniger vorbildgetreue Fünfspeichen-Schwungrad und bei den Hähnen z. B. werden Plastikküken an Stelle von soliden Messingküken eingesetzt. Auch bei den Betriebsmodellen ist ein deutlicher Trend zu mehr Plastikteilen zu bemerken, wo früher solide Aluminiumgussteile verwendet wurden. Plastik und Kunststoffe passen nicht so recht zum

Restaurierte Wilesco D 32 el des Autors aus dem Jahre 1966. Der Wilesco-Generator mit Lampe wurde nachträglich ergänzt. Ein anspruchsvolles Modell mit vielen Details wie Speisewasserpumpe, kuppelbare Transmission, Drehzahlmesser und Schaltpult

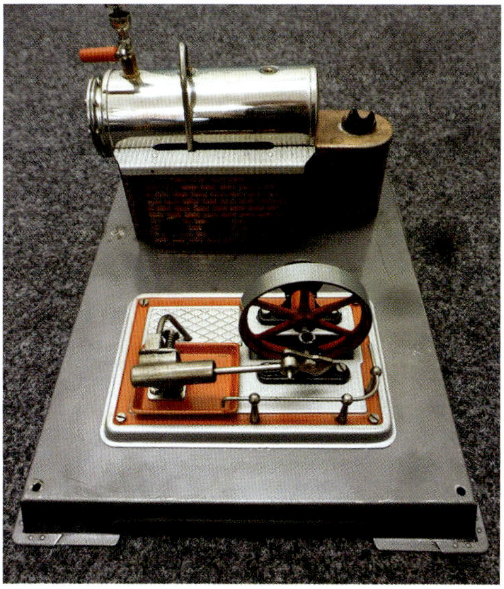

Eine ältere Wilesco-Dampfmaschine (Modell D 12) mit Schwingzylinder und Sechsspeichen-Schwungrad im dezenten Industriegrau als Beispiel. Dieses Modell, das inzwischen nicht mehr hergestellt wird, stammt wohl aus den sechziger Jahren und ist nach einer „Neubekesselung“ wieder voll funktionsfähig. Der aufsteckbare Kamin ist hier abgenommen

Nur für kurze Zeit wurde diese farbenfrohe D 8 angeboten. Inzwischen wird dieser Typ (leider) nicht mehr hergestellt. Wilesco warb seinerzeit mit dem Slogan „mehr Dampfspaß mit Farbe“

Die wohl kleinste Maschine von Wilesco, mit der etwas angetrieben werden kann (Modell D 3). Die „Kraft“ reicht hier aber nur für ein sehr leichtgängiges Antriebsmodel aus

althergebrachten Thema „Dampf“; eine Rückbesinnung auf traditionelle Materialien wäre aus Sicht der Sammler wünschenswert.

Einige ältere Wilesco-Maschinen, wie z. B. das bekannte „Atomkraftwerk“ aus den 60er Jahren oder die größte Dampfmaschine (D 32 el; angeboten bis etwa 1980/1981), haben sich inzwischen zu gesuchten Sammlerobjekten entwickelt.

Die größte Maschine des Wilesco-Programms, Modell D 32 el, wurde nach einer Produktionspause von rund 40 Jahren kürzlich in einer limitierten Auflage (500 Stück; Stand 2018) zu einem allerdings sehr hohen Verkaufspreis wieder angeboten.

Dampfwerkstatt mit der neu aufgelegten Wilesco D 32 el bei einer Vorführung in der Öffentlichkeit (Dampftag im Industriemuseum Hanau/Großauheim im Jahre 2018). Es handelt sich um die Anlage eines Wilesco-Firmenvertreters. Die Werkstatt in einem Steingebäude ist mit Wilesco-Betriebsmodellen sehr vorbildgetreu aufgebaut.

Zum Abschluss des „Wilesco-Dampfmaschinen-Themenbereiches“ eine ältere D 5 mit Sechsspeichen-Schwungrad, die vom Autor aufgearbeitet wurde. Das Kesselhaus ist innen mit dünnem Edelstahlblech ausgekleidet und der Kessel erneuert. Auch diese unscheinbare Maschine ist wieder voll betriebsfähig

5.4.1.3 Ältere und neuere Modelldampfmaschinen

5.4.1.3.1 Märklin

Die Geschichte der Firma Märklin füllt separate Bücherbände; es gibt umfangreiche Literatur zu diesem Thema. Dampfmaschinen und Dampfspielzeug spielten bei Märklin aber eher eine Nebenrolle, Hauptsparte

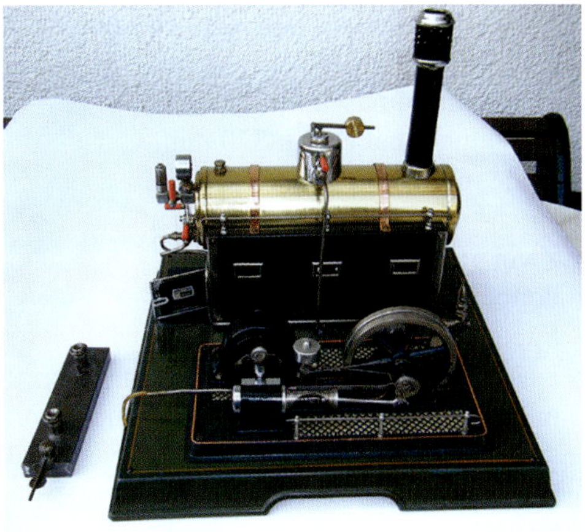

Typische Märklin-Dampfmaschine, wie sie bis in die 50er Jahre des letzten Jahrhunderts hergestellt und vertrieben wurde. Hier mit Generator und Speisewasserpumpe. Der Fliehkraftregler ist, wie bei den meisten Modelldampfmaschinen, nur eine Attrappe. Links im Bild ist der Spiritus-Vergaserbrenner zu sehen. Das Fundament für das Aggregat besteht aus feinkörnigem, detailliertem Eisenguss (!); so etwas wird heutzutage kommerziell leider nicht mehr produziert. Der hartgelötete Kessel ist als Flammrohrkessel ausgebildet und besitzt alle notwendigen Armaturen. Ein anspruchsvolles Modell der gehobenen Klasse, das auch heute noch von Liebhabern gesucht wird.

war (und ist) die Modelleisenbahn. Es bleibt aber festzuhalten, dass die Dampf-Produkte der Firma Märklin (Dampfmaschinen, Heißluftmotoren, Betriebsmodelle) qualitativ sehr hochwertig waren und deshalb heute gesuchte Sammlerobjekte sind.

Ein genereller Hinweis: Beim Echtdampfbetrieb alter Maschinen ist der Kessel aus Sicherheitsgründen vorher gründlich zu prüfen. Im Zweifel empfiehlt es sich den alten Kessel durch einen hartgelöteten Neubaukessel zu ersetzen. Dadurch ist die Maschine zwar nicht mehr „original“, aber wieder einigermaßen betriebssicher.

Eine kleinere Märklin vom Typ 4097/91/5. Kesseldurchmesser 52 mm, Kessellänge 142 mm, Schwungraddurchmesser 70 mm, Sockelmaße 280×280 mm. Im Vordergrund der originale Spiritusbrenner. Der einfache Messing-Walzenkessel ohne Flammrohr ist gefalzt und weichgelötet.
Der Generator ist hier selbstgebaut; Magnet und Spule stammen von einem alten Fahrraddynamo. Man beachte auch die Hebeöse aus Edelstahl am Generator. Diese Maschine ist, obwohl einfachwirkend, sehr leistungsstark und kann umfangreiche Anlagen antreiben. Ein wirklich gelungenes Märklin-Produkt, das auch für „Normalverdiener“ erschwinglich war.

5.4.1.3.2 Märklin „Neudampf“

Unter dem Slogan „Wir machen echt Dampf!“ hat die Firma Märklin um 2004 versucht, die Echtdampfsparte mit eigenen Produkten beim Kunden wieder zu beleben. Es wurden Echtdampflokomotiven der Spur 1 (z. B. die Baureihe 18.4 der Deutschen Bundesbahn und die T3 der preußischen Länderbahnen) angeboten.

Märklin Replika-Maschine 16051 aus dem Jahre 2004. Nachbau einer Verbunddampfmaschine aus den 20er und 30er Jahren

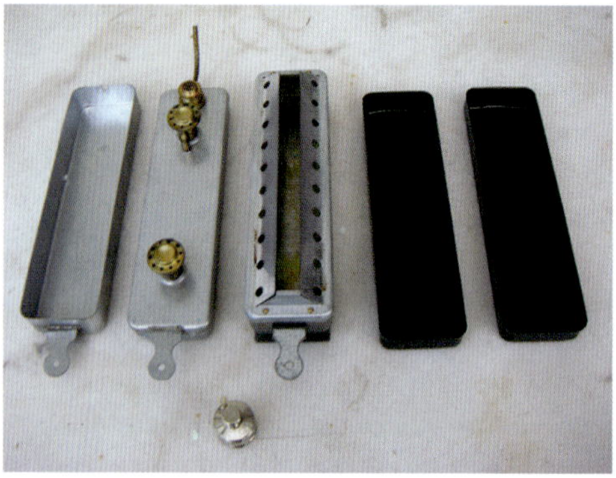

Das Brennerzubehör, ein Spiritusvergaserbrenner und ein Pastenbrenner für Sicherheitsbrennpaste

Die abgebildete Verbunddampfmaschine war einst ein Erfolgsmodell des Herstellers und wurde 2004 über die „Märklin-Händler-Initiative" für ganze 999 € angeboten; ein Preis, der für eine derartig aufwändige Maschine eigentlich nicht zu hoch gegriffen ist. Zum Vergleich: die neuaufgelegte, limitierte Wilesco D 32 el kostete im Jahre 2018 ca. 2.300 €.

Man bekam sogar ein persönlich ausgestelltes Zertifikat für die neuaufgelegte Märklin-Verbunddampfmaschine (Modell 16051):

- Fundamentmaße 370×370 mm,
- Höhe mit Kamin 340 mm
- Hoch- und Niederdruckzylinder
- Zwei große Schwungräder
- doppelt gekröpfte Kurbelwelle
- Speisewasserpumpe
- Kessel hartgelötet mit Flammrohr, Manometer, Dampfpfeife, Wasserstand mit Ablasshahn, Gewichts-Sicherheitsventil und Dampfdom
- Spiritusvergaserbrenner und alternativ Pastenbrenner
- Maschinenfundament aus Guss (Aluminiumguss statt wie beim Original Gusseisen)

Nach Ansicht des Autors ist dies eine sehr ansprechende, „klasse" Maschine. Man kann damit eine schöne Dampfanlage ausgestalten. Es soll aber nicht verschwiegen werden, dass von Seiten einiger Käufer dieser Replika-Maschine Mängel aufgezeigt wurden, die bei dem Exemplar des Autors bisher nicht in Erscheinung getreten sind.

Ein Modellbaukollege hatte die Maschine in eine größere Werkstattanlage integriert (ein ausführlicher Bericht findet sich in der Fachzeitschrift „Journal Dampf Heißluft", Neckar - Verlag, „Projekt Methusalem", Große Werkstattanlage mit neuer Märklin-Compoundmaschine, Ausgabe 3/2011). In Ausgabe 4/2019 der genannten Zeitschrift wurden diverse Mängel beschrieben, die sich auf die Funktion der Nachspeisung und des Pastenbrenners beziehen.

Es wurden von Märklin sogar noch Replika-Betriebsmodelle in Aussicht gestellt (Butterfass, Bohrmaschine), aber offenbar ist es nicht mehr dazu gekommen, eigentlich schade!

5.4.2 Ausländische Modell- bzw. Spielzeugdampfmaschinen

Hinweis: Auch bei der nachfolgenden Aufstellung handelt es sich nur um eine Auswahl aus dem Fundus des Autors.

5.4.2.1 Mamod-Dampfmaschinen

Mamod ist ein Kunstwort (abgeleitet Malins Models). Die englische Fima, gegründet Mitte der dreißiger Jahre von der Familie Malins, wurde von deren Nachkommen zunächst weitergeführt. In den letzten Jahrzehnten mehrfach um- und neugebildet, ist die Firma wohl nicht mehr im Besitz der Gründerfamilie Malins. Mamod wäre nach Wilesco dann der weltweit zweitgrößte Hersteller von Dampfspielzeug.

Die Geschichte von Mamod/Malins ist in dem sehr empfehlenswerten Buch „The story of Malins Models“ von P.S. Malins (ISBN 0 9529237 0X) nachzulesen (Text in Englisch). In dieser Quelle werden auch die meisten Dampfmaschinen-Produkte angesprochen, die im Laufe der Jahre angeboten wurden.

SP 2 und eine ältere SP 1 des Autors. Die SP 1 rechts im Bild hat noch den originalen Spiritusbrenner und ist, wie die hier gezeigte SP 2, absolut neuwertig. Am Originalkarton der SP 2 ist der damalige Verkaufspreis von 149 DM (1996 gekauft bei Firma Hobby-Haas in Frankfurt/Main) aufgeklebt

Neuwertige Mamod SP 4 mit Zubehör. Der Schwingzylinder ist über einen Handhebel umsteuerbar

Mamod-Dampfmaschinen und -Betriebsmodelle können über das Internet oder den Fachhandel bezogen werden. Die Dampfmaschinen sind recht einfach gehaltene Modelle mit oszillierendem Zylinder, doch kann man ihnen einen gewissen Charme nicht absprechen. Nachfolgend werden hier einige Stationär-Maschinen genannt:

- Steam Power Engine SP 1; Kesselmaße 90×38 mm, Maße 180×80×160 mm; „A low-priced engine for driving smaller

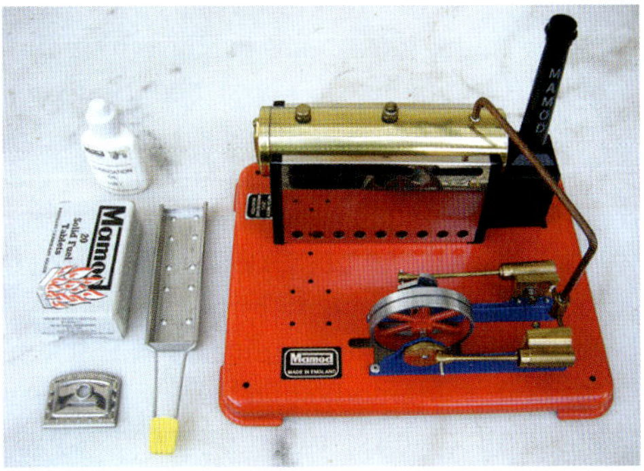

Mamod SP 5 mit Zubehör aus dem Jahre 2000. Das ist die größte Mamod-Stationärdampfmaschine; hier eine nicht umsteuerbare Version workshop models. Fittet with water level plug“ (Originaltext); Lokomobilbauweise.

- Steam Power Engine SP 2; Kesselmaße 102×45 mm, Maße 210×170×198 mm; „Powerfull, compact engine capable of driving larger workshop models. Fittet with boiler sight glass“ (Originaltext); Lokomobilbauweise.
- Steam Power Engine / Meccano SP 3; Kesselmaße 102×45 mm, Maße 310×130×160 mm; „The perfect complement to Meccano construktion sets, this engine is remakably versatile and can be incorporated into many different models. Fitted with whistle, boiler sight glass, reserve controll and Meccano sized pinion ans sproked“ (Originaltext); Baukastendampfmaschine für Meccano-Metallbaukästen.
- Steam Power Engine SP 4; Kesselmaße 102×45 mm, Maße 260×210×195 mm; „This splendid engine is also capable of driving larger workshop models. Fittet with whistle, boiler sight glass, reserve controll and exhaust to chimney“ (Originaltext); klassische Bauweise.
- Steam Power Engine SP 5; Kesselmaße 148×45 mm, Maße 285×265×205 mm; „The Classic oft he stationary engines, this powerfull design will drive much larger workshop models. It feaetures twin cylinders with reverse control, whistle, boiler sight glass and exhaust to chimney“ (Originaltext); klassische Bauweise in Zweizylinderausführung.

(Die Originaltexte wurden aus einem älteren Mamod-Prospekt entnommen)

Bis etwa Mitte der 70er Jahre wurden Mamod - Maschinen mit Brennspiritus beheizt; danach kam der sicherere Trockenbrennstoff („Mamod solid fuel“; eine Art englischem „Esbit“) zum Einsatz, der allerdings unangenehm riecht und rußt. Der Kessel der älteren Maschine hat an Stelle des heute gebräuchlichen Wasserstandsglases eine Wassereinfüllschraube, die verhindert,

Die Firmen-Prüfbescheinigung von Mamod auf der Unterseite der Basisplatte aufgeklebt.

Eine ältere Mamod mit umsteuerbarem Schwingzylinder und Spiritus-Flächenbrenner

dass der Kessel überfüllt wird. Kessel- und Brennerfüllung waren aufeinander abgestimmt und bei Beachtung der Betriebsanleitung konnte eigentlich nichts passieren. Die Lochung an der Grundplatte ermöglicht die Kombination mit Meccano-Metallbaukästen.

5.4.2.2 Alga

Die Maschine des schwedischen Herstellers schaut ein wenig wie eine Kreuzung aus dem Wilesco-Atomkraftwerk (Kessel) und einer Mamod-Maschine (oszillierender Zylinder mit Handhebel-Umsteuerung) aus. Die Lochung auf der Grundplatte ermöglicht wie bei den Mamod-Maschinen eine

Zum Abschluss der Mamod-Betrachtung eine etwas „verbastelte" Mamod SP 1. Die Zylindereinheit ist aus reibungstechnischen Gründen abgeändert und das Schwungrad vergrößert. Damit läuft die kleine Maschine etwas geschmeidiger

Eine schwedische Alga-Maschine aus den 70er Jahren. Typ „John Ericsson" mit den Sockelmaßen 340×255 mm, Schwungraddurchmesser 60 mm. Weitere Angaben auf der Maschinenunterseite: AB ALGA, Made in Sweden, Prod. Nr.: 109 000, Tillv. Nr.: 05141

Kombination mit Metallbaukästen oder zur Montage von Antriebsmodellen.

Man beachte die beiden Handgriffe, die die Handhabung erleichtern. Saugfüße an der Grundplatte sorgen für Haftung auf glatten Untergründen. Das sind praktische Ergänzungen, die man sonst nicht bei Spielzeugdampfmaschinen findet.

5.4.2.3 Weeden (USA)

Die Firma war im US-Bundesstaat Massachusetts in New Bedford beheimatet. Von etwa 1884 bis zum Jahre 1952 wurden Spielzeugdampfmaschinen hergestellt. Es wurden in diesem Zeitraum wohl über hundert Varianten von Spielzeugdampfmaschinen hergestellt.

Einfache Weeden-Lokomobile des Autors mit elektrischer Beheizung (115 V). Obwohl der Sockel massiv aus Gusseisen besteht, ist das oszillierende Aggregat recht wackelig und fragil ausgebildet. An Armaturen sind ein Wasserstand, eine Dampfpfeife und ein Gewichtssicherheitsventil vorhanden

Quelle: https://americanhistory.si.edu/collections/search/object/nmah_847038

Hier die Angaben auf dem Typenschild der abgebildeten Maschine:
Trade WEEDEN Mark WEEDEN MFG. CO. REG. U.S. PAT. OFF. NEW BEDFORD. MASS
VOLTS 115 W WATTS 350 CAT.NO. 702

5.4.2.4 Jensen (USA)

Seit 1923 werden in einer kleineren Manufaktur in Jeannette, Pennsylvania verschiedene Dampfmaschinen und Zubehör hergestellt. Die „Jensen Manufacturing Company Inc." wurde 1932 gegründet. Jensen-Dampfmaschinen werden wohl noch gebaut; auf der Betriebsanleitung sind die Homepage und eine e-mail-Adresse angegeben:

www.jensensteamengines.com
steamtoy@aol.com

Die einzelnen Produkte werden mit einem Hashtag und einer Nummer bezeichnet, so wie die hier vorgestellte #75. Auch

Neuwertige Jensen-Dampfmaschine mit funktionierender Kulissensteuerung. Die Grundflächenmaße betragen 280×255 mm; Kesseldurchmesser 2,5 Zoll, Kessellänge 6 Zoll. Der Kessel ist sehr solide gearbeitet

diese Maschine wird mit Trockenbrennstoff beheizt:

„DRY FUEL FIRED STEAM ENGINE
STYLE #75 CAUTION: BOILER, STEAM PIPE, CYLINDER, FIREBOX HOT - DO NOT TOUCH DURING OR AFTER HEAT IS APPLIED
JENSEN MFG. CO., INC.
JEANETTE, PA. 15644
(Originalschrift auf der schwarzen Plakette vor dem Aggregat)

5.5 Dampfturbinen

Dampfturbinen als Spielzeug bzw. Modell wurden bereits von den frühen Dampfspielzeugherstellen (Märklin, Plank, Bing) angeboten. Sie sollten den technischen Fortschritt der Dampftechnik um die Jahrhundertwende vom Neunzehnten in das Zwanzigste Jahrhundert auch im Kleinen widerspiegeln.

Kraftwerke, Kriegsschiffe und moderne Schnelldampfer (z. B. die „Mauretania") wurden seinerzeit mit Parsons- oder Laval-Dampfturbinen ausgestattet, die bei hohen

Eine neuere Wilesco-Dampfturbine vom Typ T 90. Die Turbine ist kugelgelagert und untersetzt für eine verwertbare Kraftentfaltung. Der Kessel hat auf der Unterseite eine vergrößerte Oberfläche, die einen Dauerdampfdruck von 1,5 bar ermöglicht. Das genügt für den Antrieb einer mittleren Modellwerkstatt oder mehrerer Betriebsmodelle. Inzwischen bietet Wilesco eine noch stärkere Dampfturbine an, die gleichzeitig einen Generator antreibt (Modell T 125)

Dampfdrücken und der weiten Dampfexpansion einen besseren Wirkungsgrad und höhere Leistungen als Kolbendampfmaschinen ermöglichten.

Leider traf das nicht auf die kleinen Dampfturbinen-Modelle zu, da hier nur mit sehr begrenzten Drücken gearbeitet wurde und die Kraftentfaltung dementsprechend gering war. So verschwand die Dampfturbine im Modell und Spielzeug nach einem kurzen Intermezzo spätestens in den zwanziger Jahren des letzten Jahrhunderts.

5.6 Heißluftmaschinen (Stirlingmotor)

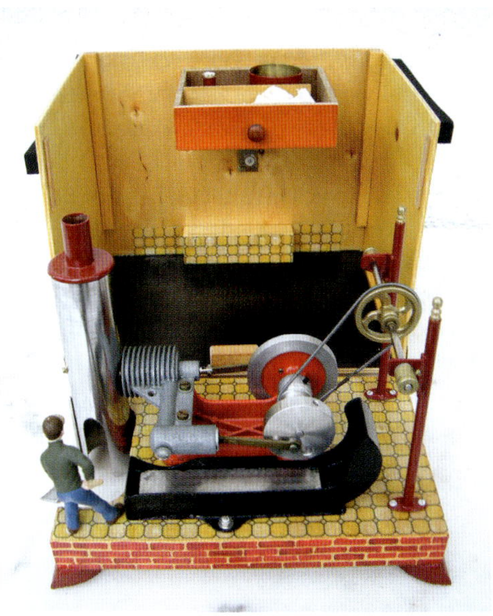

Ein einfacher, kleiner handelsüblicher Stirling, der modellmäßig etwas aufgewertet wurde. Das Modell stammt aus den USA und wurde durch die Firma E. Schmidt, Oberursel; Internet: www.Stirlingmotor.com.) verkauft. Ein „Heizhaus" und eine Hochtransmission sind zusammen mit dem Stirling auf einer „fliesenbelegten" Grundplatte nachträglich aufgebaut. Der Sockel ist im Mauerwerk-Läuferverband bemalt

Ein Eigenbau-Heißluftmotor des Autors mit Hochtransmission in klassischer Bauweise. Die Maschine kann aus dem umgebenden „Gebäude", das reichliches Zubehör wie Ersatzzylinder, Brenner, Aufsteckschornstein und Modellwerkzeug enthält, entnommen werden. Das „Heizhaus" war in diesem Fall ein alter Seifenspender. Der Sockel ist aus 1,5 mm starkem Stahlblech gefaltet und an den Ecken hartverlötet. Das mit Klarlack versiegelte „Mauerwerk" besteht aus einzeln aufgeklebten Kartonziegelsteinen. Eine Abdeckhaube (im Bild nicht zu sehen) zum Schutz vor Staub und Beschädigungen ist anschraubbar

Eine Besonderheit unter den Heißluftmaschinen ist der sogenannte Vakuummotor oder „Flammenfresser", der heiße Luft ansaugt, abkühlt und durch das so entstandene relative Vakuum Arbeit leistet. Allerdings ist die „Kraftentfaltung" bei diesen Maschinen sehr gering, sodass ein Antrieb von Betriebsmodellen nur sehr beschränkt möglich ist. Der gezeigte Motor ist ein kommerzielles Produkt aus den 90er Jahren (Firma Wanitscheck), welches betrieblich etwas geändert wurde. Ein Edelstahlbehältnis schützt die empfindliche Flamme vor Zugluft

◀ Ebenfalls ein Eigenbau ist dieser Konservendosen-Stirling, der nach einer Bauanleitung von Dieter Viebach („Der Stirlingmotor, einfach erklärt und leicht gebaut", Ökobuch Verlag, 1998) gebaut ist. Dieser Motor kann ohne Drehmaschine mit einfachem Werkzeug nachgebaut werden; eine Empfehlung des Autors. Der Kolben ist ein gefalteter Faltenbalg aus Papier; nach über zwanzig Jahren funktioniert der Teelicht-betriebene Motor immer noch einwandfrei

5.7 Elektromotoren

Elektromotoren sind als sauberer, unkomplizierter Substitutionsantrieb für viele

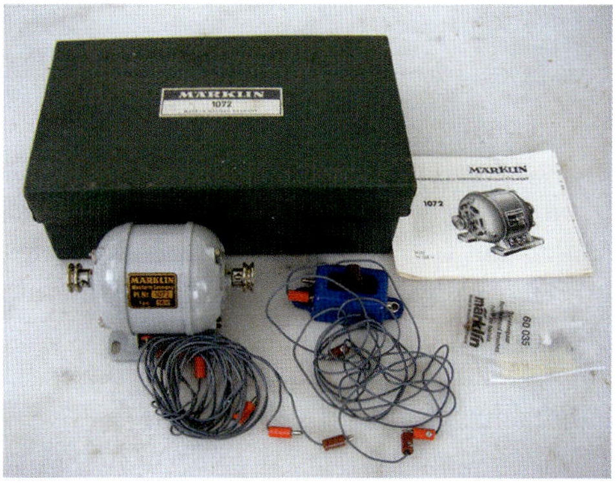

Märklin - Elektromotor mit Zubehör und Originalverpackung. Dieses Modell (1072) mit einer Betriebsspannung von 16 V besitzt zwei gegenläufige Riemenscheiben, deren Drehzahl durch ein Zahnradgetriebe untersetzt wird. Durch das graue Gussgehäuse mit Typenschild wirkt der Motor recht vorbildähnlich

Noch etwas nostalgischer wirkt dieser Spielzeugmotor der Firma VEM (VEM Elektromotorenwerk, Göllingen) in offener Bauweise. Der Sockel und die Lager bestehen aus Bakelit. Die Maße betragen 110×90 mm, Höhe 55 mm. Auch hier ist die originale Verpackung noch vorhanden

Elektromotor Satan

Anwendungen, wie z.B. Metallbaukästen, aber auch Modellwerkstätten sehr geeignet.

Ein Elektromotor der ganz besonderen Art ist der ebenfalls abgebildete der Firma

Satan. Rein äußerlich könnte man meinen, es handele sich um einen „Diesel“ oder eine Schiffsdampfmaschine.

Nach Auskunft des Verkäufers – der Motor wurde vor über 20 Jahren von einem Blechspielzeughändler erworben – ist es ein Produkt der Firma Satan, Kappeln an der Schlei („Elektro-Diesel“). Die Drehbewegung wird durch einen Kurbeltrieb erzeugt, der von einem eisernen Kolben über zwei Elektromagnete im Zylinder bewegt wird. Über die vom Verkäufer genannte Firma Satan konnte leider nichts mehr ausfindig gemacht werden.

Solche „Elektromotoren“, die eher an eine Dampfmaschine oder einen Verbrennungsmotor erinnern, gab es tatsächlich in den Anfängen der Elektrotechnik, doch die Bauweise konnte sich nicht durchsetzen.

Hier ein paar Angaben zu dieser interessanten Elektro-Antriebsmaschine, die wohl aus den frühen 50er Jahren stammt:

Das Fundament (145×100 mm) und der „A“ Zylinderträger bestehen bei diesem Modell sehr solide aus Gusseisen. Die Gesamthöhe beträgt ca. 200 mm. Der Trafo ist als regelbarer „Spartrafo“ ausgebildet und hat einen Durchmesser von 95 mm. Der Schwungraddurchmesser beträgt 72 mm, wobei der Antrieb zwecks größerer Kraftleistung im Verhältnis 1:2 untersetzt ist. Die originale elektrische Anlage entsprach nicht mehr den aktuellen VDE-Vorgaben und wurde um die Schutzklasse 1 (mit Schutzleiter) erweitert, sodass ein gefahrloser Betrieb möglich ist. Trafo und Maschine wurden nachträglich auf einer gemeinsamen eisernen Grundplatte mit den Maßen 190×155 mm untergebracht. Zur Verschönerung sind ein konservatives Fliesenmuster, eine Galerie, ein Schaltpult, sowie zwei Maschinenarbeiter von Wilesco, ergänzt.

Alles in allem handelt es sich um einen mittelkräftigen Antrieb, der z. B. die Wilesco-Werkstatt M 56 antreiben kann.

5.8 Verbrennungsmotoren

Verbrennungsmotoren, Gas- oder Explosionsmotoren dürften wohl eher die Ausnahme beim Antrieb von Modellwerkstätten darstellen. Im Betrieb, der am besten im Freien erfolgen sollte, sind sie im Gegensatz zum Dampfantrieb eher rau und lärmintensiv. Auch die ungesunden Abgase sind nicht jedermanns Sache.

Eine Alternative sind die Gasmotoren der Berliner Firma Maier mechanic, die mit Feuerzeuggas relativ sauber und umweltfreundlich betrieben werden.

Modell-Viertakt-Verbrennungsmotor in offener Bauweise. Der Bausatz für diesen Motor stammt aus England und wurde in Deutschland über die Firma Rauhut KG, Bremen, vertrieben. Der Betrieb erfolgt mit Modellflugzeugkraftstoff (Methanol)

6 Transmissionen für Modellwerkstätten – ein historischer Rückblick und Tipps für den Modellbau

6.1 Allgemeines zu dem Begriff „Transmission“

Eine Transmission ist der zentrale Energieverteiler des „Dreigeteilten Maschinensystems“. Die Bewegungsenergie einer Antriebsmaschine wurde an mehrere Betriebs- oder Werkzeugmaschinen an verschiedenen Lokalitäten innerhalb einer Fabrik oder eines Betriebes verteilt; das war der Stand der Technik von Beginn der industriellen Revolution bis Anfang des 20. Jahrhunderts.

Eine Transmission ist nicht erforderlich, wenn nur eine einzelne Maschine angetrieben werden soll. In diesem Fall müsste man folgerichtig von einem „Zweigeteilten Maschinensystem“ sprechen.

Deckentransmission einer ehemaligen Wagnerwerkstatt (Freilichtmuseum Hessenpark, Neu-Anspach im Taunus). Die Hängelager sind hier an der Decke bzw. den Deckenbalken befestigt

6.2 Die Transmission als Komponente des „Dreigeteilten Maschinensystems“ im Vorbild

Bei der Wandtransmission sind die Hängelager durch Befestigungswinkel an der Wand befestigt. Die gezeigte Form der Hängelager, ein Gusskörper mit verstellbarem Lagerteil, war in der Praxis am meisten vertreten, weil damit leichte Fluchtungsfehler ausgeglichen werden konnten. Man beachte die breiten hölzernen Riemenscheiben, die durch seitliches Verschieben des Riemens den Wechsel von

Wandtransmission im Industriemuseum Hanau-Großauheim

Beim Abtrieb einer einzelnen Maschine, hier ein Schleifstein, ist keine Transmissionsverteilung notwendig. Dampfvorführung im Industriemuseum Hanau-Großauheim im Jahre 2018 (hier ein „Zweigeteiltes Maschinensystem")

der Leerlaufscheibe auf die Antriebsscheibe der angetriebenen Maschine ermöglichen.

Transmissionen wurden im Vorbild fast immer als Hochtransmission (Wand- / Deckentransmission) ausgebildet.

6.3 Historische Spielzeug-Modelltransmissionen

Aus der Vielzahl der historischen Spielzeug-/ Modelltransmissionen wird an dieser Stelle eine einfache Bocktransmission mit festen Riemenscheiben gezeigt. Die Lagerböcke

Einfache Bocktransmission mit festen Riemenscheiben

Eine Hochtransmission, gebaut mit Märklin-Eisengusssäulen und Märklin-Transmissionsrädern aus Eisenguss. Leider wird eine derartige Qualität heutzutage nicht mehr kommerziell angeboten. Die Anlage ist auf einem soliden Eichenholzfundament montiert, das aus alten Holzbalken eines Abrisshauses geschnitten wurde

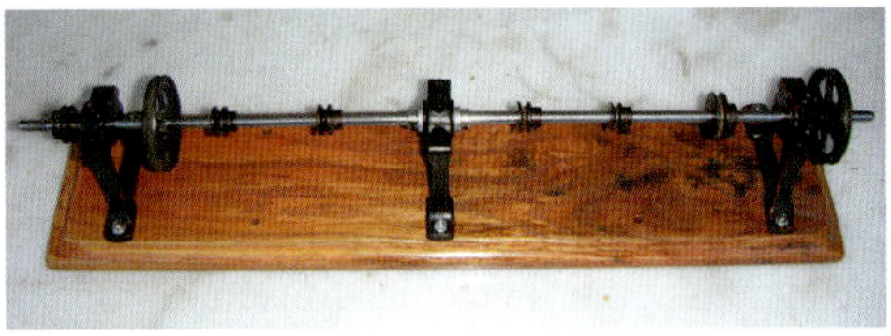

Große Bocktransmission mit massivem Lagerböcken aus Gusseisen. Solche gut gestalteten Lagerböcke und Transmissionsräder wurden seinerzeit – vor dem Zweiten Weltkrieg – unter anderem von den Firmen Rehse und Bischoff angeboten

und auch die Räder sind aus Kompositionsguss (eine Bleilegierung), während der Sockel aus Blech gestanzt ist. Das sehr einfach gehaltene Modell ist handlackiert.

Solche Transmissionen wurden seinerzeit bei den allermeisten Dampfspielzeug-Anwendungen verwendet und von allen Herstellern bis heute angeboten, weil sie vergleichsweise einfacher zu produzieren waren als die aufwändigeren Hochtransmissionen.

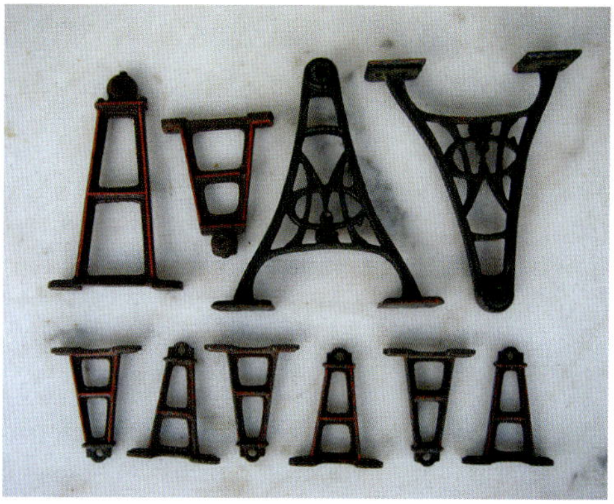

Schöne alte „A"-Eisengussteile für Transmissionen in unterschiedlichen Größen und Ausführungen von Rehse, Bischoff und Märklin. Bei den Märklin-Lagern ist das Firmenlogo (G. M. & Cie.) mit eingegossen

Eine einfache Hochtransmission unbekannter Herkunft mit Säulen und Rädern aus Kompositionsguss (Bleilegierung). Zur Stabilisierung haben die Säulen einen Stahlstift als Kern. Die 5-mm-Welle ist mit einer Nut versehen, sodass die Transmissionsräder mittels Keil vorbildgetreu festgestellt werden können; es handelt sich also um eine formschlüssige Verbindung von Rad und Welle im Gegensatz zu den kraftschlüssigen Befestigungen, wo das Rad durch eine Madenschraube auf der Welle festgeklemmt wird

Fleischmann-Transmissionen in unterschiedlicher Farbgebung. Diese Transmissionsart wurde baugleich von der Firma Doll & Co. hergestellt, die in den dreißiger Jahren von Fleischmann übernommen wurde. Der Schmied links im Bild ist ebenfalls ein Fleischmann-Produkt.

6.4 Aktuelle Modelltransmissionen

Transmissionen als fertiges Zubehör für den Dampfmodellbau werden heutzutage leider nur noch in einem sehr überschaubaren Rahmen angeboten.

Meist sind es die wenig vorbildgetreuen Bocktransmissionen, von denen die bekannte Firma Wilesco einige im Programm hat, auch eine Winkeltransmission. Damit kann man eine kleine Dampfanlage aufbauen, die aber nicht weiter vorbildähnlich ist.

Transmission von Mamod

Von Wilesco können aber einfache Lagerböcke aus Zinkdruckguss bezogen werden, mit denen z. B. individuelle Hochtransmissionen realisierbar sind.

Eine etwas „höhere" Transmission wird von dem britischen Hersteller Mamod angeboten; leider ist es hier das einzige Modell der Firma Mamod. Die Lagerböcke und das große Rad sind aus Zinkdruckguss gefertigt. Die linke Säule wurde überarbeitet, da sie von der „Zinkpest" befallen war. Bislang hat die „Reparatur" ca. 15 Jahre gehalten.

6.4.1 Hinweise zum Phänomen der „Zinkpest":

„Zinkpest" oder Zinkkorrosion war ein Thema bei einigen zinklegierten Druckgusserzeugnissen der Nachkriegszeit, insbesondere bei Modelleisenbahnen. Über die genauen Ursachen, z.B. fehlende Legierungsbestandteile oder Temperaturschwankungen, streiten auch heute noch diverse Experten. Auf der anderen Seite konnte der Autor bei älteren Zinkdruckguss-Modellfahrzeugen der Firma „Siku" keine derartigen Zerfallserscheinungen feststellen, wohl aber bei entsprechenden Märklin- und Fleischmannprodukten, dort, wo man es eigentlich gar nicht erwarten sollte.

Das Auftreten von „Zinkpest" lässt sich an Rissen in den Gussteilen erkennen, die mit der Zeit größer werden. Irgendwann wird das befallene Gussteil so spröde, dass es zerfällt (z.B. Schwungräder, Riemenscheiben, Lagerböcke, Lokomotivgehäuse). Man kann Reparaturversuche unternehmen, in dem man die Risse mit einem geeigneten Modellbauharz (Epoxidharz) ausfüllt und das Ganze danach neu lackiert. Wie dauerhaft diese Reparaturversuche sind, kann an dieser Stelle allerdings nicht beantwortet werden. Eine dauerhafte Reparatur wird nach eigener Erfahrung nur dann erreicht, wenn das betroffene Gussteil neu, mit anderen Materialien „nachgebaut", oder neu nachgegossen wird.

6.5 Allgemeines zum Bau von Modeltransmissionen

Wenn man eine Modellanlage plant und baut, ist man beim Thema Transmission fast immer auf Eigeninitiative angewiesen. Das hat im Wesentlichen zwei Gründe: einmal passen die kommerziell angebotenen, sehr einfach gehaltenen Standardtypen in den wenigsten Fällen zu individuell entworfenen Modellanlagen, zum anderen lassen sich die erhältlichen Standardtypen kaum individuell anpassen. Aber das ist eigentlich nicht weiter tragisch, auch im Vorbild wurden die Transmission oder die Transmissionen den örtlichen Gegebenheiten bzw. dem Betrieb angepasst.

Kaufen kann man im Fachhandel Lagerböcke und Räder oder Gussteile dazu, Wellen und sonstige Halbfabrikate wie Stangenmaterial für Transmissionssäulen.

Ansonsten muss man sich auf den Selbstbau rückbesinnen. Wer gießt einem aus Gusseisen die schönen Lagerböcke, Räder und Transmissionssäulen, die früher einmal von den Firmen Märklin, Rehse und Bischoff angeboten wurden? Richtig geraten, keine

Beispiel für eine Wand-/Hochtransmission, hier gebaut mit Wilesco-Lagerböcken. Die Transmissionsräder aus Holz sind vorbildähnlich und stammen aus der „Eigenproduktion"

Ein weiteres Beispiel für eine Wand-/Hochtransmission mit käuflichen Wilesco-Lagerböcken in einer Modellanwendung. Es ist die Werkstatt einer modifizierten Wilesco D 161

Firma! Es sei denn, man erstellt die Gussmodelle selbst und ordert inen großen Mengen bei einer Eisengießerei, was bei heimischem Modellbau aber vollkommen realitätsfremd wäre. Zudem finden sich in Deutschland

▼ Bei der Transmissionsanwendung an einer dampfbetriebenen Werkstattanlage des Autors müssen die Lederriemen nach „Betriebsende" abgenommen werden, weil diese sich sonst weiten würden. Räder und Transmissionsteile sind hier „gebaut". Durch die Verwendung von Metall- und Holzrädern wirkt das einigermaßen realistisch, weil solche Kombinationen oft im Vorbild anzutreffen waren. Man beachte auch die Kupplung mit Handhebel, mit der der Antrieb von der Transmission getrennt werden kann. Die Drehbank im Hintergrund kann über einen Handhebel separat ein- oder ausgekuppelt werden. Die Bohrmaschine nach einem Vorbild von Herrn Bayreuther aus Rhauderfehn/Klostermoor hat einen fußbetätigen Riemenwurfhebel mit loser und fester Antriebsscheibe.

Vorbildgetreue Deckentransmission mit Hängelagern an einer Modellanwendung des Autors

immer weniger Eisengießereien, die zu einem solchem „Kunstguss“ willens und in der Lage sind.

Transmissionssäulen, Lagerböcke und Riemenscheiben lassen sich aus Halbfabrikaten „bauen“ und nach einer Lackierung könnte der Eindruck entstehen, als wenn sie aus Gussteilen erstellt wären.

Vor fast 30 Jahren wurden einmal entsprechende Gussteile mit den dazugehörigen Plänen von einem Herrn Bayreuther aus Rhauderfehn / Klostermoor angeboten, aber leider nur für eine sehr kurze Zeit. Herr Bayreuther bot seinerzeit auch Pläne für vorbildgetreue Betriebsmodelle an.

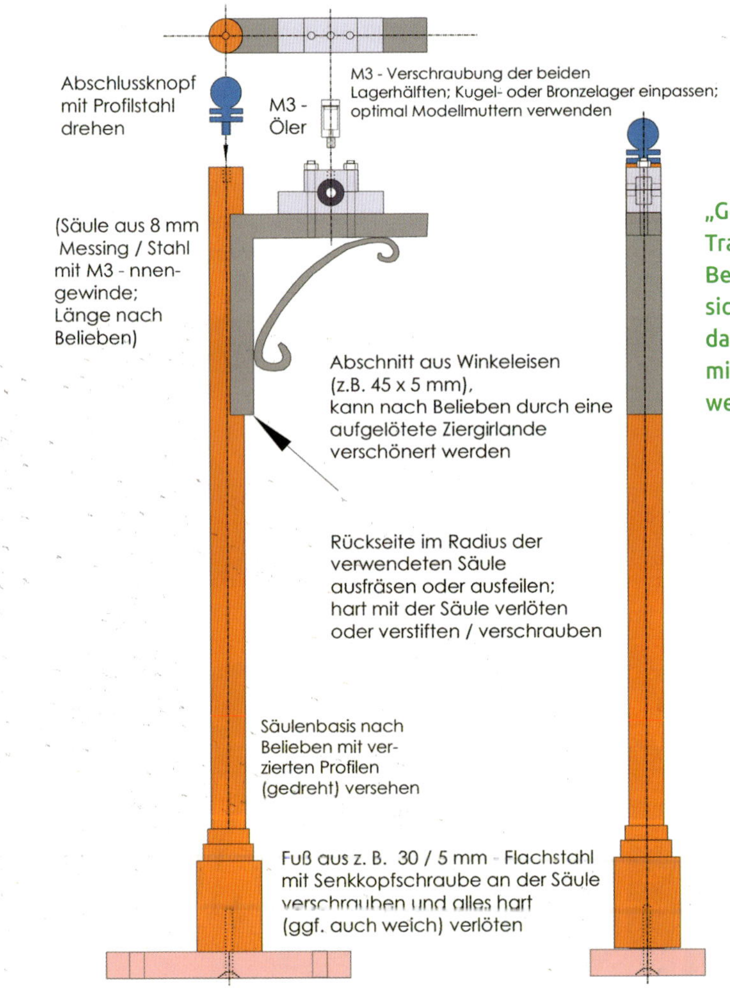

„Gebaute“ Transmissionssäule als Beispiel. Es empfehlen sich lötbare Materialen, damit alles dauerhaft miteinander verbunden werden kann

6.5.1 Bau von Transmissionsteilen

6.5.1.1 Transmissionssäulen

In der Praxis waren Transmissionen meist als Decken- oder Wandtransmissionen ausgeführt; bei älteren Modell-/Spielzeuganwendungen findet man oft als Form der Hochtransmission die Säulentransmission. Das Lager ist an einer stabilen (Guss-) Säule angebracht und das Ganze wird über einen breiten Säulenfuß mit der Anlagengrundplatte verschraubt. Bei Märklin-Transmissionssäulen z. B. sind Säule und Lager in einem Gussteil vereint.

Nach dem Zeichnungsmuster gebaute Transmissionssäule an einem Heißluftmotor-Schmiedewerk. Das Lager ist hier abweichend aus einem gerade verfügbaren Stahlstück, nicht geteilt, erstellt. Im Inneren des Lagers befindet sich ein 8/4-mm-Miniaturkugellager. Hinweis: Der Winkel, ausgesägt aus passendem Winkelstahl, kann ohne Säule auch direkt an der Werkstattwand angeschraubt werden, sodass sich damit eine Wandtransmission aufbauen lässt

Gebaute Transmission auf einem massiven Eichenholzfundament montiert. Die beigefügten Betriebsmodelle stammen von EKT und Märklin. Als Besonderheit sind bei diesem Beispiel die Transmissionsträger aus Doppel-„T"-Stahl 200×100 mm per Hand (!) gesägt und zur Zierde mit einer angelöteten Stützstrebe versehen. Die Abschlussknöpfe sind mit einem Profilstahl gedreht. Die Transmission ist durch Ihr Eigengewicht schwer genug, um z. B. bei Ausstellungen variable Anordnungen zu realisieren. Das Eichenholzfundament stammt aus einem Balken eines Abbruchhauses und wurde von einer befreundeten Schreinerei gesägt und gehobelt

Dem Modellbauer bietet sich die Möglichkeit, derartige Säulen individuell aus Halbfabrikaten nachzubauen.

6.5.1.2 Hängelager

Bei Deckentransmissionen werden Hängelager verwendet. Im Vorbild haben diese ein Lagerteil, das in dem Lagerkörper innen verstellbar aufgehängt ist und somit den örtlichen Gegebenheiten angepasst werden kann.

Da das komplizierte Gussteil derartiger Lager nicht so ohne weiteres als Modell nachgebaut werden kann (es hindert einen jedoch niemand daran, es zu versuchen), empfiehlt sich in der Modelbaupraxis eine einfachere Variante aus gebogenem Flachstahl.

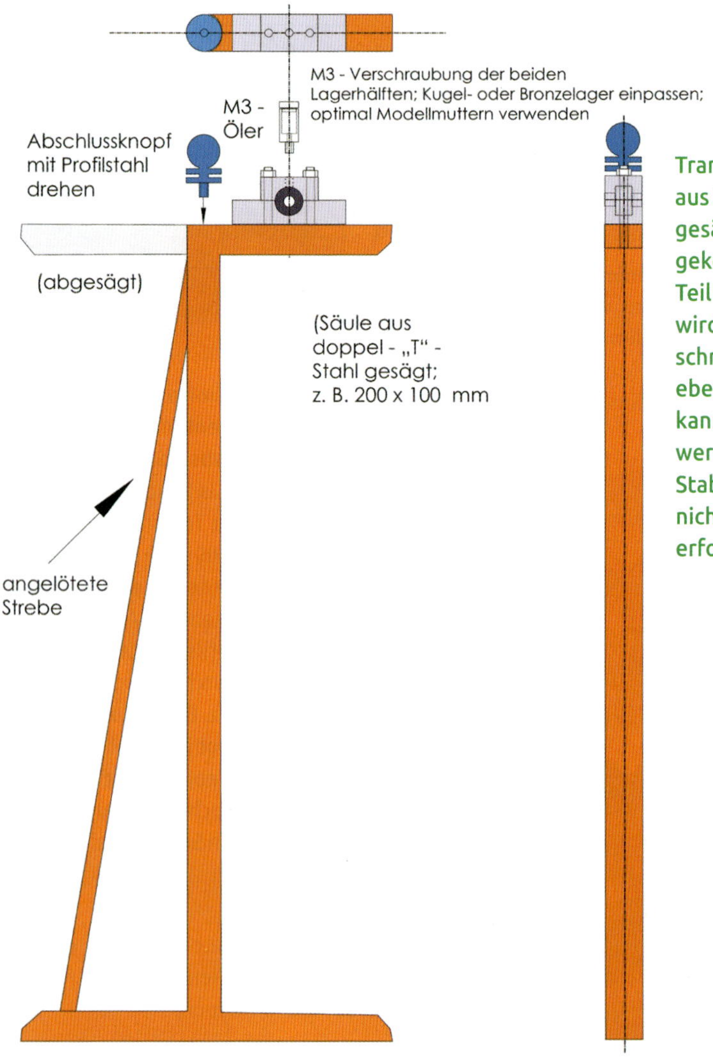

Transmissionsträger aus Doppel-„T"-Stahl gesägt. Der grau gekennzeichnete Teil oben links wird entfernt. Die schräge Strebe, ebenfalls aus Stahl, kann hart angelötet werden, ist aber aus Stabilitätsgründen nicht unbedingt erforderlich

6.5.1.3 Transmissionsräder

6.5.1.3.1 Holzräder

Die allermeisten Transmissionen waren im Vorbild mit gebauten Holzrädern bestückt. Diese sind in der Mitte geteilt und konnten durch zwei Befestigungsverschraubungen auf der Transmissionswelle kraftschlüssig festgeklemmt werden.

Holzräder im Modell sägt man am besten mit der guten, alten Laubsäge aus hochwertigem, wasserfest verleimtem Sperrholz aus (Flugzeugsperrholz). Die Mittenteilung des Vorbilds kann angedeutet werden. In diesem Fall wird eine Nabe aus einer durchbohrten Schraube (M6 bei 4-mm-Welle, M8 bei 5-mm-Welle) mit Hartkleber (empfohlen wird „Uhu-Hart") eingeschraubt. In den Holzrohling wird ein entsprechendes Gewinde geschnitten. Optional kann mit einer Gegenmutter gesichert werden. Für Modellanwendungen ist das ausreichend

Das bewegliche Lager befindet sich dann unterhalb des Lagerträgers. Auch im Vorbild waren derartige Varianten der Hängelager anzutreffen

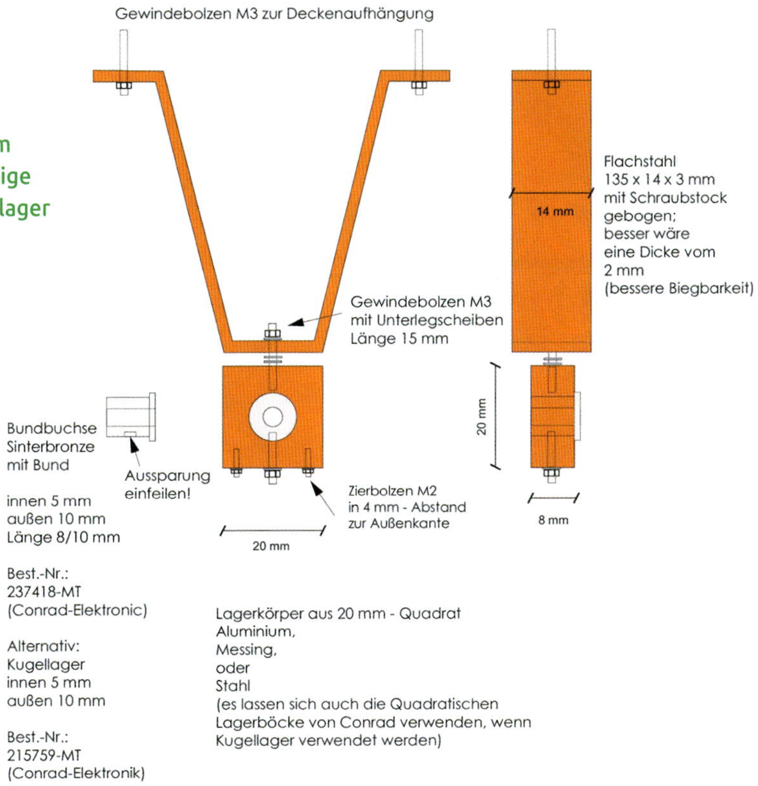

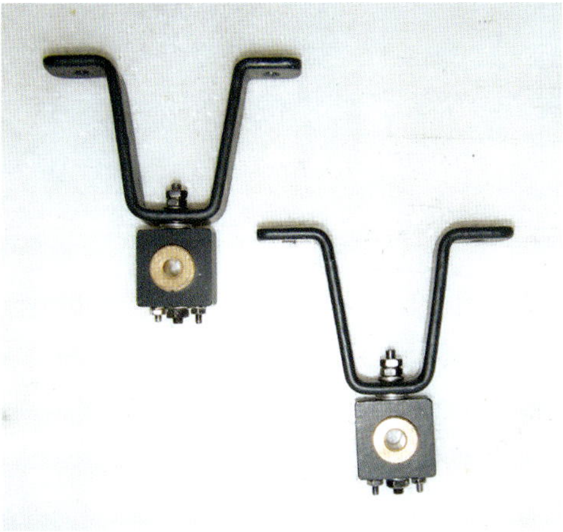

Hängelager, gebaut nach dem Zeichnungsmuster. Für das Biegen des Flachstahls ist ein stabiler Schraubstock erforderlich. Die Lagerbefestigung ist durch Kontermuttern gesichert

fest. In den Schraubenkopf wird ein M3/M4-Gewinde eingebracht, womit das Rad auf der Welle mittels einer entsprechenden Madenschraube (M3, M4) festgesetzt wird.

Achtung, ein wichtiger Hinweis: An der betreffenden Stelle, an der das Transmissionsrad auf der Transmissionswelle platziert werden soll, ist eine kleine Vertiefung auf der Welle ein zu feilen, damit Welle und das Rad auch künftig demontierbar bleiben. Durch die Madenschrauben (diese sind meistens gehärtet) wird die Welle beschädigt und kann ansonsten bei einer Kugel- oder Sinterbronzelagerung nicht mehr abgezogen werden, ohne das Kugel- oder Sinterbronzelager zu beschädigen.

Das Holzrad wird abschließend mit einem scharfen Drehstahl überdreht und ganz nach Belieben mit Rillen (für Spiralriemen)

Ein originales Holz-Transmissionsrad mit aufgelegten, kleinen Modell-Nachbauten. In der Nabe des Originals befindet sich ein ebenfalls geteilter Holzeinsatz, der eine Anpassung an einen kleineren Wellendurchmesser ermöglicht

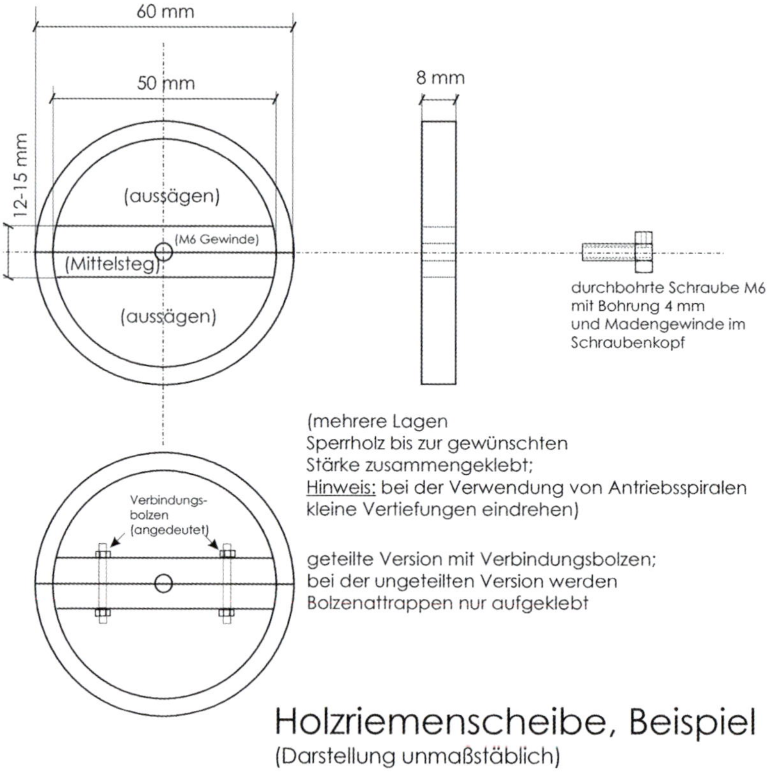

Beispiel für den Nachbau eines Holztransmissionsrads

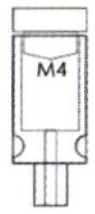

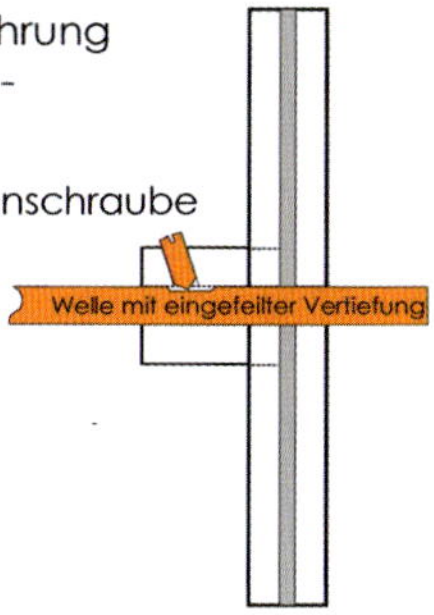

Bei der Verwendung von Befestigungsschrauben empfiehlt es sich, wie bereits erwähnt, an der betreffenden Stelle der Transmissionswelle, wo das Rad platziert werden soll, eine kleine Vertiefung ein zu feilen. Das macht zwar etwas mehr Mühe, aber das Rad, die Lager und die Welle werden es durch bessere Demontierbarkeit danken

Die gehärteten Madenschrauben beschädigen die Wellenoberfläche der Transmissionswelle. Durch eine ca 0,5 mm eingefeilte Vertiefung wird das verhindert und die Räder lassen sich bei Bedarf problemlos von der Welle abziehen.

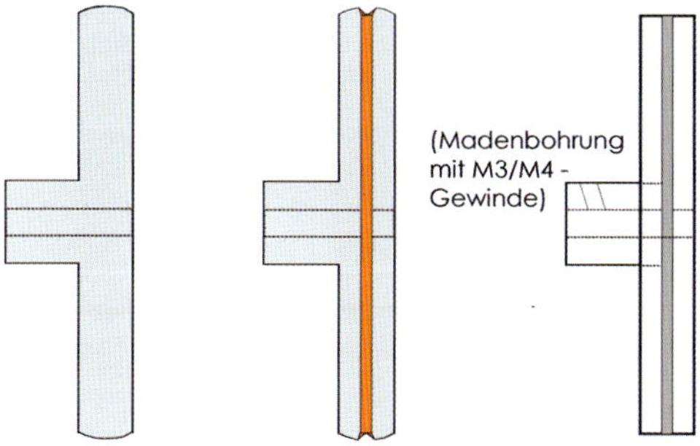

Riemenscheibe herrichten für die Verwendung von vorbildgetreuen Flachriemen und Antriebsspiralen

Gestaltung der Riemenscheibenoberfläche je nach Verwendungsbedarf, Flachriemen oder Antriebsspirale versehen oder bei der Verwendung von vorbildgetreuen Flachriemen leicht ballig gedreht.

Die Verbindungsverschraubung im Radinnenteil kann als Imitation aufgeklebt werden, wenn das Rad nicht wie das Original geteilt ist. Damit sieht der Nachbau einigermaßen vorbildähnlich aus.

6.5.1.3.2 Metallriemenscheiben

Metallriemenscheiben waren im Original fast immer aus Gusseisen oder Gussstahl hergestellt. Oftmals mit geschwungenen Speichen; das hatte wohl mehr gießereitechnische Gründe, um Schwundrisse zu vermeiden. Im Modell/Spielzeug waren z.B. die Märklin-Gussräder sehr kunstvoll ausgeführt. Einfachere Modell-/Spielzeugriemenscheiben wurden früher aus Kompositionsguss, einer Art Bleilegierung, gegossen.

Leider werden für Modellbauer entsprechende (Eisen-) Gussteile kaum noch angeboten. Aber man kann derartige Räder aus Einzelteilen auch „bauen", die nach einer Endbearbeitung und Lackierung fast wie echte Gussteile ausschauen.

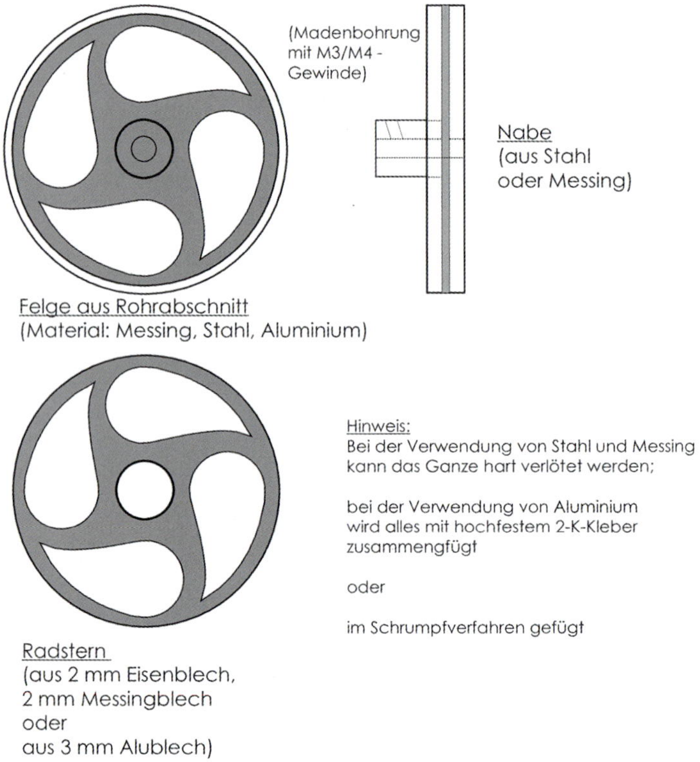

„Bau" von Gussrädern aus Einzelteilen. Zu den genannten Erläuterungen ist eigentlich nichts hinzuzufügen

Ausgesägte Radeinzelteile aus unterschiedlichen Materialien

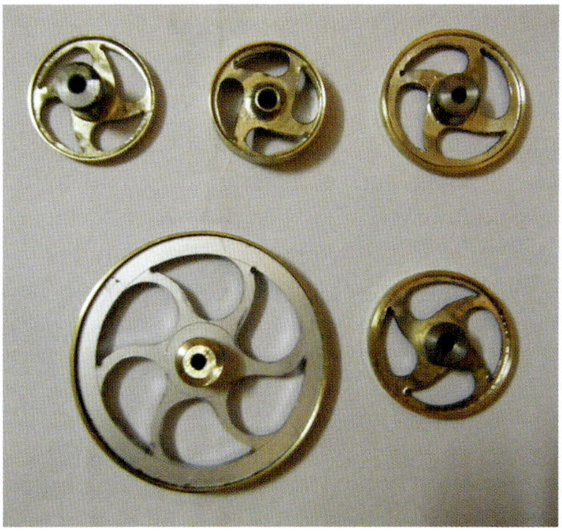

Radrohlinge gefügt und verlötet oder geschrumpft (großes Rad unten links)

Bearbeitung der Speichen nach der Verlötung. Die Speichen werden im Querschnitt oval bis rund gefeilt

Fertig lackiertes Transmissionsrad. Wurde es etwa aus Gussteilen erstellt?

7 Betriebsmodelle für Modellwerkstätten

7.1 Allgemeines

Das Thema Betriebs- oder Antriebsmodelle ist mindestens genauso weit gefächert wie der Themenbereich Antriebsmaschinen oder Transmissionen. Es ist nicht möglich, alle Modelle, alle Varianten aller Hersteller im Rahmen einer begrenzten Ausarbeitung vorzustellen und zu beschreiben. Es soll jedoch wieder auf einige gängige und bekannte Modelle aus der kleinen Sammlung des Autors etwas näher eingegangen werden.

Bei den Betriebs-/Antriebsmodellen – nachfolgend Betriebsmodelle genannt – unterscheidet man im Kleinen „modellhafte" (Drehbank, Bandsäge, Bohrmaschine, Stanzen usw.) und „naive" Ausführungen (einfache Blechmodelle, Farbenräder, „Handwerkermodelle", Brunnen, Mühlen usw.). Erstgenannte orientieren sich an den direkten Vorbildern und sind meist auch vorbildähnlich bis vorbildgetreu ausgeführt. „Naive" Betriebsmodelle bestehen meist aus Blech, sind einfach, aber oftmals auch recht originell gehalten und appellieren mehr an den Spieltrieb. Manchmal ist der Übergang zwischen den beiden Ausführungsarten auch fließend, wie z.B. bei Hammerwerken, Riesenrädern und anderen Anwendungen aus dem Schaustellerbereich.

Arbeitsmaschine (hier eine alte Bügelsäge) im Original, die nachträglich „elektrifiziert", also mit einem dezentralen Elektroantrieb versehen wurde, was die Transmission als zentralen Energieverteiler in mechanischen Werkstätten letztlich ablöste

Vorbildgetreue Betriebsmodelle aus hochwertigen oder schwierig zu bearbeitenden Materialien waren entsprechend teuer und wurden auch nicht von allen Herstellern angeboten (Firma Doll Stanze/Bohrmaschine aus Eisenguss; Firma Märklin Stanze/Bohrmaschine/Drehmaschine/Fallhammer aus Eisenguss usw.).

Nachfolgend werden beispielhaft einige Betriebs-/Antriebsmodelle aus dem Fundus des Autors besprochen, die kommerziell hergestellt wurden bzw. werden. Auch Modifikationen, Aufarbeitungen und eigene Konstruktionen werden erwähnt.

7.2 DDR-Betriebsmodelle

In den einschlägigen Publikationen über diesen Themenkomplex wurde bislang das in der DDR hergestellte Dampfspielzeug weitgehend vernachlässigt. Es wird dabei vergessen, dass auch im anderen Teil Deutschlands beachtenswerte Dampfmodelle und Zubehör, wie vorbildähnliche Betriebsmodelle hergestellt wurden und das zu wesentlich ungünstigeren Randbedingungen, als es im „Westen" nach dem Krieg der Fall war. Aus diesem Grund wird hier mit der Vorstellung solcher Produkte begonnen, denn sie haben es nach Ansicht des Autors verdient!

7.2.1 Prefo

Prefo – die Abkürzung kommt von Pressformwerk – ein „Volkseigener Betrieb" (VEB) der ehemaligen DDR produzierte in zwei Werken vorbildähnliche Betriebsmodelle im ungefähren Maßstab 1:12

Die Modelle wurden in Aluminium - Kunststoffbauweise erstellt. Die Achsen sind natürlich aus Stahl. Der verwendete Kunststoff ist leider relativ empfindlich und brüchig.

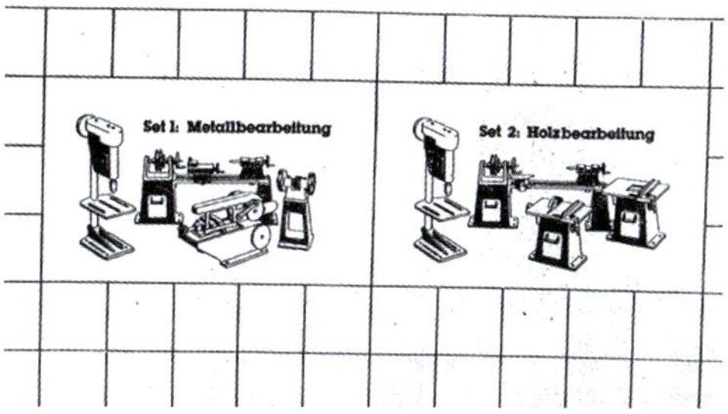

Prefo-Prospekt auf einer Originalverpackung. Es wurden das Set 1 „Metallbearbeitung" und das Set 2 „Holzbearbeitung" angeboten

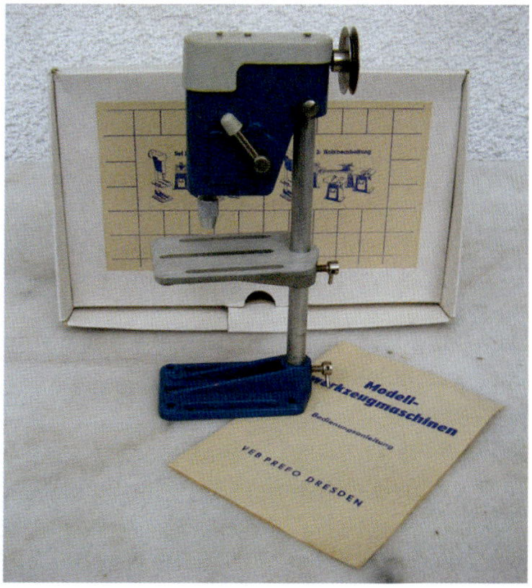

Eine neuwertige Prefo-Bohrmaschine mit Originalkarton und Bedienungsanleitung. Das Modell ist im Wesentlichen in Aluminiumguss ausgeführt

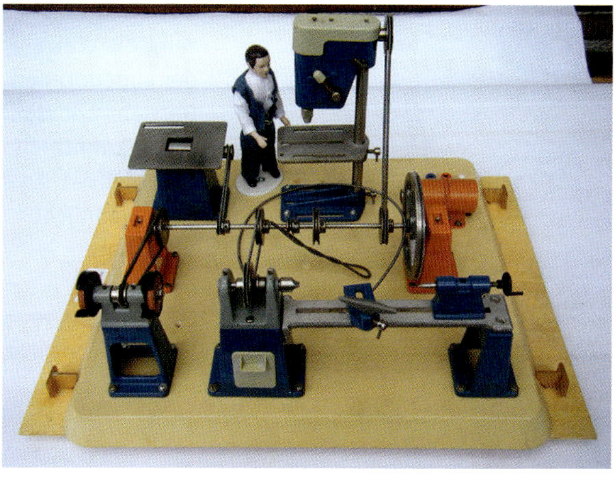

◂ Prefo-Modellplatte mit Prefo-Betriebsmodellen; hier das Set „Holzbearbeitung" mit Drechselbank, Schleifbock, Fräse, Bohrmaschine, Transmission und Elektromotor. Die spröde Kunststoff-Grundplatte wurde an der Unterseite zur Stabilisierung mit GFK-Harz ausgegossen. Ansonsten bilden sich leicht Risse in dem empfindlichen Material. Zum Schutz vor UV-Strahlung (Sonnenlicht) bekam die Platte noch einen hochwertigen Klarlack - Überzug.

7.2.2 EKT

EKT steht für „Elektro-Kleintechnik“, Dresden. Es handelt sich ebenfalls um einen Betrieb der ehemaligen DDR. Es gab wohl auch einen EKT-Vertrieb in München, Diplom-Volkswirt Franz Reipert, (Stempel auf einem Originalprospekt).

Gedankt sei an dieser Stelle Herrn Ernst Neuhaus aus Braunschweig, der dem Autor eine Kopie eines EKT-Firmenprospektes bereits im Jahre 2002 hat zukommen lassen.

Ursprünglich wurde die Firma 1921 gegründet, ab 1951 begann man mit der Produktion von „Lehr-Modellmaschinen“ und 1972 erfolgte die Eingliederung in den VEB „Modell- und Plastespielwarenkombinat Annaberg-Buchholz“ (Quelle: http://www.ekt-modelle.de/Geschichte.htm).

Schöne EKT-Stanze aus Aluminiumguss. Die Modelle wurden meist in dunkelblauer Farbgebung ausgeliefert

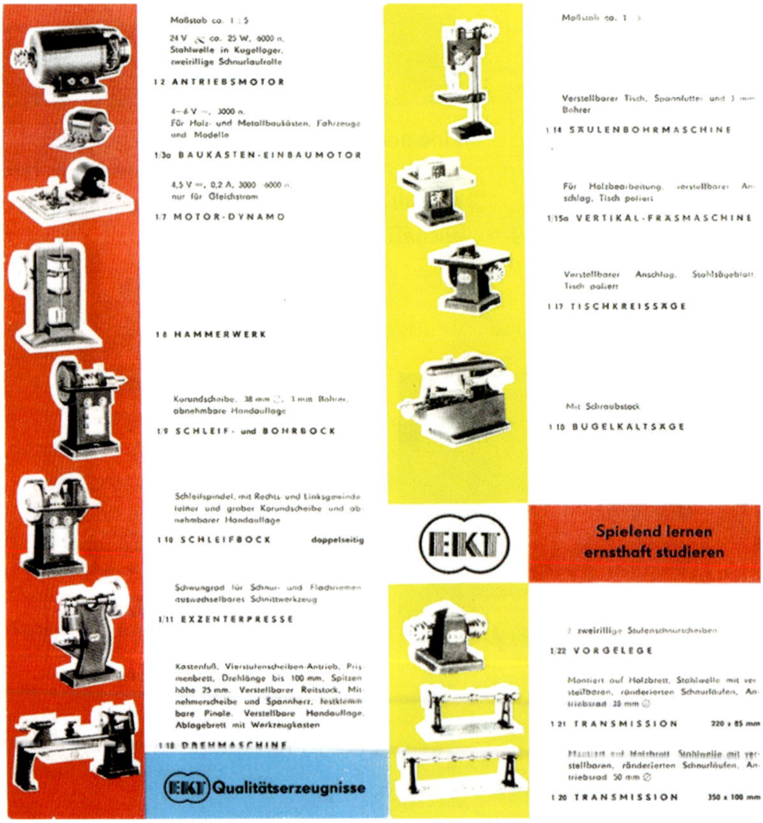

Der Pfrospekt zeigt die Vielzahl der angebotenen Betriebsmodelle. Damit konnte man eine recht vorbildähnliche Werkstatt aufbauen. Schade, dass so etwas heute nicht mehr produziert wird.

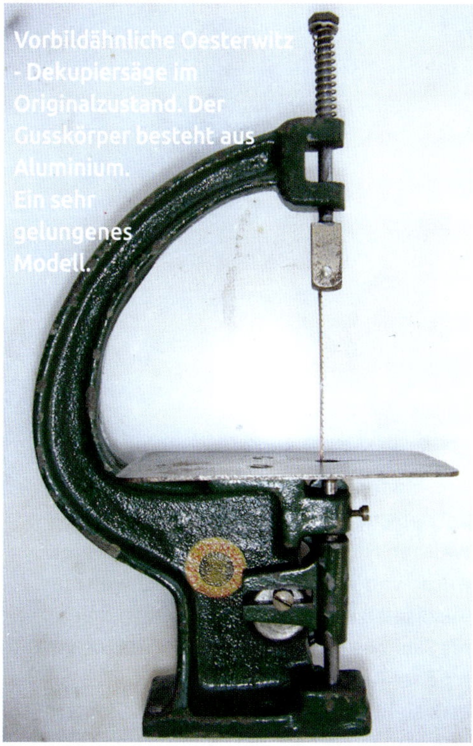

Vorbildähnliche Oesterwitz - Dekupiersäge im Originalzustand. Der Gusskörper besteht aus Aluminium. Ein sehr gelungenes Modell.

Die Betriebsmodelle hatten meist einen Alugusskörper und waren recht vorbildähnlich ausgeführt. Bei manchen Modellen wurde auch spröder Kunststoff, in seinen Eigenschaften ähnlich wie Bakelit, verwendet.

7.2.3 Oesterwitz

Rudolf Oesterwitz aus Jüterbog war in der DDR ebenfalls ein Hersteller von Antriebsmodellen. Die Modelle sind ähnlich gestaltet wie die von EKT. Gemeinsam ist auch die Aluminium-Bakelitbauweise. Manchmal werden EKT und Oesterwitz in einem Zuge genannt. Ob es eine Zusammenarbeit zwischen beiden Firmen gegeben hat?

7.2.4 Geschmi

Ob es sich tatsächlich um ein DDR-Produkt handelt, konnte mit Sicherheit nicht nachgewiesen werden. Die vier Betriebsmodelle mit

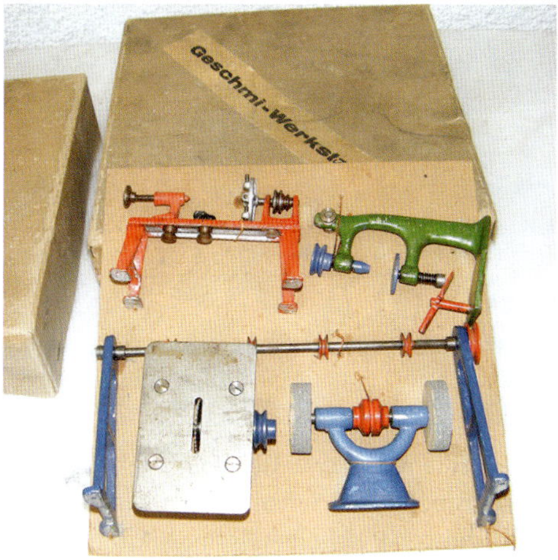

„Geschmi"-Werkstatt mit Originalkarton

Transmission sind mittels einer Schnur auf einer gemeinsamen Papp-Platine befestigt. Die Modelle bestehen, wie viele ähnliche DDR-Produkte, aus Aluminiumguss. Auf der Rückseite des Kartons sind handschriftlich die Preise in Ostmark notiert: 16,80 Ostmark gesamt; 3,50 für ein Einzelstück. Leider sind auf dem Originalkarton keine weiteren Daten aufgeführt.

Die Maße der Einzelmodelle betragen ca.

Transmission:	230×112 mm
Tischkreissäge:	90×60×50 mm
Bohrmaschine:	65×35×110 mm
Drehbank:	110×40×80 mm
Schleifbock:	90×40×65 mm

Über den Hersteller waren leider keine weiteren Informationen zu bekommen.

7.3 Neuere und ältere Betriebsmodelle

7.3.1 Reichelt

In Chemnitz baute der Heißluftmotorenkonstrukteur Roland Reichelt von ca. 1990 bis 2018 sehr gefällige Heißluftmotorenmodelle,

Modellanlage mit zwei Reichelt-Betriebsmodellen „Schaukel“ und einem modifizierten Reichelt-Adlermotor. Die Figuren auf den Betriebsmodellen wurden nachträglich ergänzt

Teilweise waren die Reichelt-Betriebsmodelle an der Unterseite von Roland Reichelt persönlich handsigniert

ein paar einfach gehaltene Dampfmaschinenmodelle und auch einige originelle Betriebsmodelle der naiven Art.

Bereits zu DDR-Zeiten hatte Herr Reichelt mit der Konstruktion von Modellmaschinen begonnen und mit Talent und Ideenreichtum ständig Neues entworfen; inzwischen hat er seine Arbeiten altersbedingt eingestellt. Neuerdings werden über den Verlag für Technik und Handwerk (www.vth.de) Reichelt-Baupläne angeboten.

Es wurden unter anderem folgende Betriebsmodelle angeboten: Schaukel, Wasserbrunnen, Transmission, Spirale.

Ein wunderschönes, handlackiertes Betriebsmodell aus Blech der Fa. Tucher & Walther, Nürnberg. Bis vor einigen Jahren wurde von Tucher & Walther hochwertiges Blechspielzeug („nicht zum Spielen, nur für Sammler“, so der Hersteller) inklusive schöner Antriebsmodelle hergestellt. Man sieht hier anschaulich den fließenden Übergang vom naiven zum modellhaften Betriebsmodell

Weitere gut gestaltete Tucher & Walther-Betriebsmodelle mit Originalkarton und Zertifikat. Hier ein Anstreicher, ein Dreschmotor-Wagen…

7.3.2 Tucher & Walther, Nürnberg

Die Nürnberger Firma Tucher & Walther produzierte von 1979 bis 2009 auf älteren

...und ein Holzspalter

Zum Abschluss der Tucher & Walther-Betrachtung eine künstlerisch gut gelungene Schmiedewerkstatt „T 422“ mit zwei bewegten Arbeitern. An der Rückseite ist eine Rädertransmission angebracht, die die beiden „Kollegen“ mit Bewegung versorgt. Das Modell, eigentlich schon eine eigenständige Werkstatt, ist nach subjektiver Ansicht des Autors als ein „Glanzlicht“ des naiven Betriebsmodellbaus zu bezeichnen

Frühe Wilesco-Betriebsmodelle mit Aluminiumgusskörper. Die „biegsame Welle“ rechts im Bild wird schon seit Längerem nicht mehr hergestellt. Die Stanze hat noch ein Sechsspeichen-Antriebsrad und die Bohrmaschine hat im Gegensatz zu heute einen recht rundlich ausgebildeten Gusskörper

„Naive“ Betriebsmodelle der „Handwerker-Serie“ von Wilesco mit Originalverpackungen. Die Handwerkerfiguren sind fast identisch mit denen von Tucher & Walther oder Arnold, zumindest was die Blechfiguren betrifft. Ob es hier einen Austausch gegeben hat? Eine entsprechende Anfrage wurde leider nicht beantwortet. Insgesamt sind die lithographierten Wilesco-Modelle etwas einfacher als die aufwändig handbemalten Exemplare von Tucher & Walther ausgeführt

Werkzeugen, welche von Firmen überlassen wurden, die die „Blechsparte“ inzwischen verlassen hatten. Es bleibt zu hoffen, dass dieser schöne Handwerkszweig vielleicht irgendwann wiederbelebt wird.

7.3.3 Wilesco

Seit Beginn der Spielzeugdampfmaschinenproduktion im Jahre 1950 wurden von Wilesco auch Betriebsmodelle angeboten. Man wollte ja für die neu angebotenen Dampfmaschinen etwas zum Antreiben haben. Wie bei den Dampfmaschinen, so wurde und wird auch das Angebot der Betriebsmodelle ständig geändert. Anfangs waren die Betriebsmodelle noch in schlichtem Industriegrau gehalten.

Wilesco-Riesenrad, das nachträglich modifiziert wurde. Der Antrieb kann wahlweise über den auf der Grundplatte montierten Elektromotor oder eine externe Dampfmaschine – z. B. die „Showman´s-Engine" – erfolgen

Relativ spät kamen originelle, farbefroh - naiv gestaltete Antriebsmodelle hinzu („Handwerker-Serie"), die an fast baugleiche Modelle des Nürnberger Herstellers Arnold erinnern.

7.3.4 Märklin

Der Name Märklin steht nicht nur für die bekannten Modelleisenbahnen, sondern auch für hochwertiges Dampfspielzeug, das bis Anfang der 50er Jahre produziert wurde. Schwerpunkt bei der Firma Märklin war jedoch stets die Modelleisenbahn.

Anfang der 2000er Jahre wurde versucht, die Echtdampfsparte mit der Replika einer Modelldampfmaschine aus den 20/30er Jahren und diversen Echtdampflokomotiven

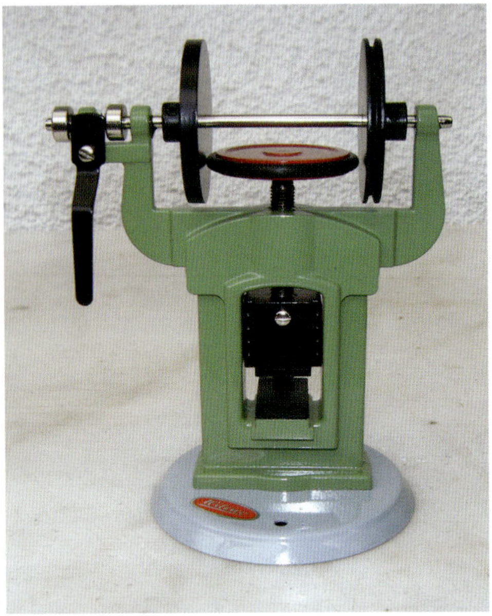

Ein neueres Modell von Wilesco, die Spindelpresse M 93. Alles ist sehr solide und massiv aufgebaut. Eine starke Grundplatte (1-mm-Blech) trägt einen schweren Gusskörper mit gedrehten Stahlrädern. Solche Betriebsmodelle wünscht man sich als Sammler; es wäre erfreulich, wenn die Firma Wilesco diesen Weg weiterverfolgen würde. Inzwischen wird dieses schöne Modell leider nicht mehr angeboten

der Spur 1 (45 mm) wieder zu beleben. Es war auch geplant, Replika-Betriebsmodelle für Modelldampfmaschinen neu aufzulegen. Offenbar waren diese Bemühungen kein großer Erfolg, denn es wurde nach diesem Exkurs wohl nichts mehr aufgelegt und angeboten. Vielleicht war auch der potenzielle Kundenkreis zu klein; das Betreiben von gediegenen Echtdampfmodellen (mit Echtdampf; nicht mit Druckluft!) und dazu passenden, vorbildähnlichen Betriebsmodellen als Hobby und im Modellbau bleibt wohl eher eine Nische für wenige „Experten".

Gängige Märklin Betriebsmodelle mit Eisengusskörper in verschiedenen Ausführungen. Die jüngeren Modelle lassen sich anhand der hellgrünen Farbgebung identifizieren, während bei den älteren Ausführungen dunkelgrüne oder blaue Farbtöne dominierend sind. Es wurden abweichend aber auch andere Farben verwandt

7.3.4.1 Märklin-Gussmodelle

Viele Gussmodelle, wie Schleifbock, Ventilator, Bohrmaschine oder die Bandsäge, wurden in unterschiedlichen Größen und Ausführungen angeboten.

7.3.4.2 Märklin-Blechmodelle

Zu den Blechmodellen ist anzumerken, dass Märklin Anfang der 90er Jahre die einst so erfolgreiche Blechsparte früherer Zeiten mit der Spur 1 „Maxi"-Bahn und den ehemals sehr beliebten Metallbaukästen ebenfalls reaktivieren wollte. Offenbar waren auch diese Bestrebungen kein wirtschaftlicher Erfolg für die Firma.

7.3.5 Bing

Die Firma Bing wurde 1866 von den Brüdern Adolf und Ignaz Bing in Nürnberg gegründet. Das Unternehmen expandierte rasch und war vor dem Ersten Weltkrieg eine der größten Spielwarenfabriken Deutschlands. Nach dem kriegsbedingten Einbruch führte

Märklin-Blech-Antriebsmodelle, meist in hellgrüner Farbgebung, wurden vermehrt in der Endphase des Märklin-Dampfspielzeugs angeboten, da sie billiger als die aufwändigen Gussmodelle anzufertigen waren. Bei der mittleren Kreissäge ist die Lackierung nicht mehr original. Auch die Antriebsräder, in früheren Zeiten kunstvoll gegossen, sind hier recht einfach aus Blech geprägt. Das Ende der „Dampfzeit" wurde Anfang der 50er Jahre bei Märklin eingeläutet; Dampfspielzeug war im aufkommenden „Space-Age" nicht mehr zeitgemäß

der Sohn von Ignaz Bing, Stephan Bing, das Unternehmen zunächst weiter. Im Zuge der Weltwirtschaftskrise von 1929 kam es zu finanziellen Schwierigkeiten und ca. 1932 musste schließlich die Spielzeugproduktion eingestellt werden, um andere Konzernteile zu retten. Ein Teil der Werkzeuge übernahmen die Nürnberger Spielwarenhersteller Bub, Falk und Kraus (Quelle: Gustav Reder, Buch „Mit Uhrwerk, Dampf und Strom").

Das Spielzeugangebot war sehr weit gefächert und von der Vielfalt her fast unüberschaubar: Eisenbahnen, Dampfmaschinen, Betriebsmodelle, Puppen, Autos usw. Vielleicht war die nahezu unüberschaubare Vielfalt der Produkte auch einer der Gründe für den Niedergang der Firma. Im Bild zwei Bing-Betriebsmodelle.

Bing-Betriebsmodelle aus Eisenguss. Bei der Buttermaschine links im Bild ist das Glas nicht original und wurde durch ein „Weck"-Glas ersetzt. Der Schleifstein ähnelt in Größe und Ausführung einem Märklin-Schleifstein

Alte Doll-Betriebsmodelle im Originalzustand. Das DC-Zeichen wurde bis etwa 1936/1938 verwendet

7.3.6 Fleischmann/Doll

In den 30er Jahren des vorigen Jahrhunderts übernahm die Nürnberger Spielwarenfirma Gebrüder Fleischmann die ebenfalls in Nürnberg beheimatete Firma Doll & Co.

Doll war bekannt für eine hohe Qualität und hatte deshalb einen guten Ruf bei den Kunden. Aus diesem Grund produzierte Fleischmann die erfolgreichen Doll-Produkte, in der Anfangszeit teileweise sogar mit dem Doll-Logo, eine gewisse Zeit lang weiter.

Fleischmann- bzw. Doll-Betriebsmodelle in „naiver" Ausführung. Der Schöpfbrunnen links im Bild stammt von Doll. Die für Doll typische Arbeiterfigur aus Masse mit beweglichen Blechärmchen wurde 1:1 von Fleischmann übernommen und in den späten Jahren nahezu baugleich in Kunststoff ausgeführt

7.4 Ausländische Betriebs-/Antriebsmodelle

7.4.1 Mamod

Die Geschichte der englischen Firma Mamod wird auch in dem Kapitel „Antriebsmaschinen" kurz angerissen. Die hier gezeigten Betriebs-/Antriebsmodelle (Exzenterpresse, Schleifbock, Aufwerfhammer, Polierbock und Transmission) waren über einen langen Zeitraum die einzigen Produkte aus der Mamod-Betriebsmodell-Sparte. Gegen Ende des Zweiten Weltkriegs bestanden die Grundkörper noch aus solidem Eisenguss („cast-iron"), während man Anfang der der fünfziger Jahre auf den leichter zu verarbeitenden Zink-Druckguss („diecast", „ZAMAK") als Standardwerkstoff überging. Das entsprach dem allgemeinen Trend der Zeit, als auch Modelleisenbahnen mit ähnlichen Technologien produziert wurden.

Kennzeichnend für frühe Mamod-Betriebsmodelle ist auch die Lochung auf der Grundplatte, um eine Kompatibilität zu bekannten Metallbaukästen zu ermöglichen.

Es gab (und gibt) die Modelle auch auf einer gemeinsamen Grundplatte montiert; diese Anordnung wurde bzw. wird dann als „Workshop“ (WS 1) bezeichnet.

Ältere Mamod-Antriebsmodelle des Autors. Man beachte die „Meccano“-Lochung auf den Basisplatten

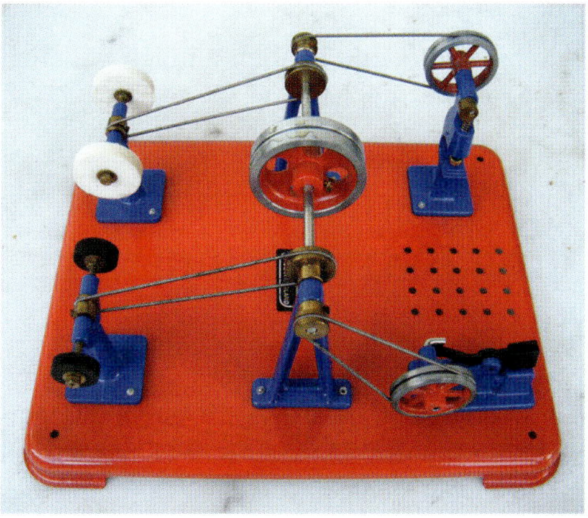

Workshop WS 1 von Mamod mit den bereits genannten Einzelkomponenten auf einer gemeinsamen Grundplatte vereint. Auf dem „Lochfeld“ der Platte kann als Substitutionsantrieb ein Elektromotor montiert werden

Ältere Mamod-Betriebsmodelle („Power Press“ und „Polishing Machine“) mit Originalkarton. Die hier abgebildeten Modelle sind fast als neuwertig zu bezeichnen. Das Vorhandensein von unversehrten Originalverpackungen steigert den Sammlerwert

SEL-Stanze, Modell No. 3050, in einfacher Ausführung mit Originalverpackung. Der Maschinenkörper ist – ähnlich wie bei manchen DDR-Modellen – aus sprödem Kunststoff (Bakelit)

7.4.2 Signalling Equipment Ltd., Potters Bar

Ein weiterer britischer Hersteller von Dampfmaschinen und Betriebsmodellen war die Firma Signalling Equipment Ltd. in Potters Bar (SEL). In den 50 und 60er Jahren wurden einfache Dampfmaschinen auch für die

Firma Mamod hergestellt. Von der Bauart her waren die Modelle ähnlich einfach gehalten wie bei der Firma Mamod.

7.5 Aufarbeiten von alten Betriebs-/Antriebsmodellen

Ältere oder auch neuere Betriebsmodelle präsentieren sich auf Sammler- oder Flohmärkten oft in einem bedauernswerten Zustand: verrostet, verdreckt und vergammelt. Geschickte Verkäufer versuchen derartige Objekte als „seltenen Dachbodenfund" oder „Rarität" an den Mann (oder die Frau) zu bringen. Wenn man so etwas erwirbt und wieder Freude daran haben will, hilft nur eine solide Aufarbeitung.

Der „ernsthafte" Sammler würde eine solche Maßnahme eher ablehnen, weil dann die Modelle eben nicht mehr „original" sind. Auf der anderen Seite können „schlechte" Originalmodelle, mit etwas Glück für wenig Bares erworben werden. Im einschlägigen Sammler-Jargon werden diese Modelle meist als „sammelunwürdig" bezeichnet.

Wenn man solche Modelle nun auf- und überarbeitet, dann sind sie zwar nicht mehr „original", aber aus technischer Sicht eindeutig besser als vorher, was zumindest die Funktion des „Originals" betrifft.

Der Autor hat z.B. einige EKT-Betriebsmodelle in stark bespieltem Zustand vollkommen aufgearbeitet, teilweise kugelgelagert und neu lackiert. Das Ergebnis ist eigentlich ganz ansehnlich.

Auch eine Prefo-Bügelsäge, deren Grundkörper aus Bakelit gebrochen war, konnte „gerettet" werden. Der gebrochene Kunststoff konnte mittels Modellbauhartkleber (UHU-Hart) zusammengefügt werden; ansonsten wurden die übrigen Originalteile beibehalten. Die Lager sind auch hier mit Messing ausgebuchst.

Ein weiteres Beispiel zeigt die Aufarbeitung eines Wilesco-Fallhammers.

EKT-Schleifmaschine vor der Aufarbeitung. Die ursprünglich dunkelblaue Farbe war hier unfachmännisch mit Silberbronze übertüncht. Ansonsten könnte man den Fund-Zustand mit dem Prädikat „stark bespielt" beschreiben

Die selbe EKT-Schleifmaschine nach der Aufarbeitung. Die Welle ist jetzt nichtsichtbar kugelgelagert, vorher lief Stahl auf Aluminium. Zusätzlich ist ein Sockel aus strukturpoliertem Edelstahlblech ergänzt. Alle Verschraubungen sind nun aus rostfreiem Material

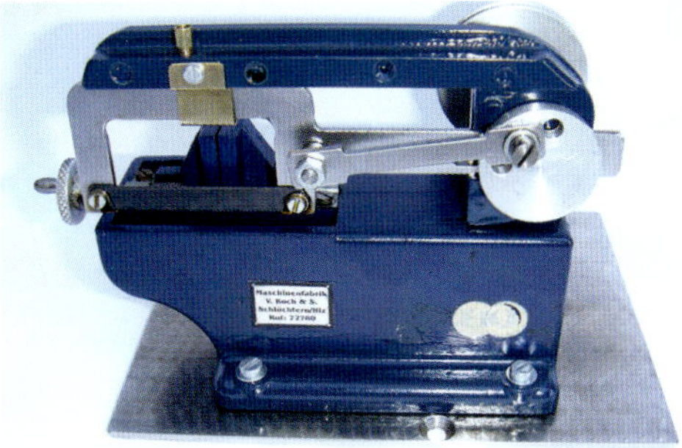

Nach der gleichen Vorgehensweise ist hier eine EKT-Bügelsäge aufgewertet worden. Der ursprüngliche Schwenkbügel aus Bakelit war gebrochen und ist durch einen neuen, aus Messing gefertigten Bügel, ersetzt worden. Weitere Änderungen:

- Exzenterhebel und Sägebügel aus Edelstahlblech, 1,5 mm stark; mit der Laubsäge (!) ausgesägt und maßgerecht gefeilt. Vorher waren diese Teile aus Aluminiumblech.
- Ein „echtes" Sägeblatt einer „Puk"-Säge, etwas gekürzt
- Messinglagerbuchsen an Stelle der direkten Lagerung auf Bakelit

Zu erwähnen wäre, dass der Maschinenschraubstock bei diesem Modell nach beiden Seiten aufgeht

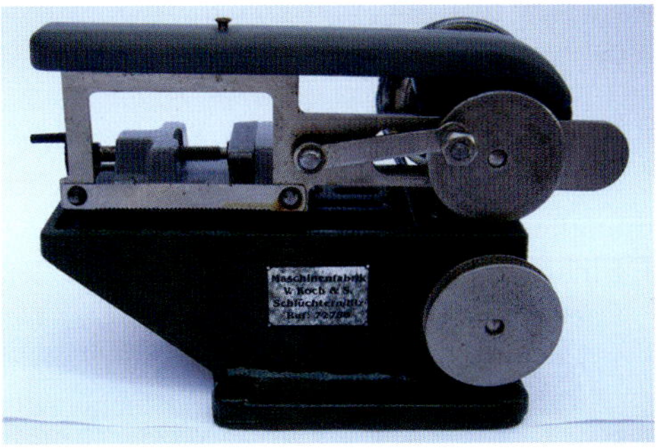

Dieses Modell hat einen besonders gut ausgebildeten Maschinenschraubstock aus Aluminium

Ein Wilesco-Fallhammer vor der Aufarbeitung, „ehrwürdig, rostig und alt" (Beurteilung frei nach Wilhelm Busch, Episode Maler Klecksel). Eigentlich ist dieses Betriebsmodell nicht „alt", da es heute noch angeboten wird

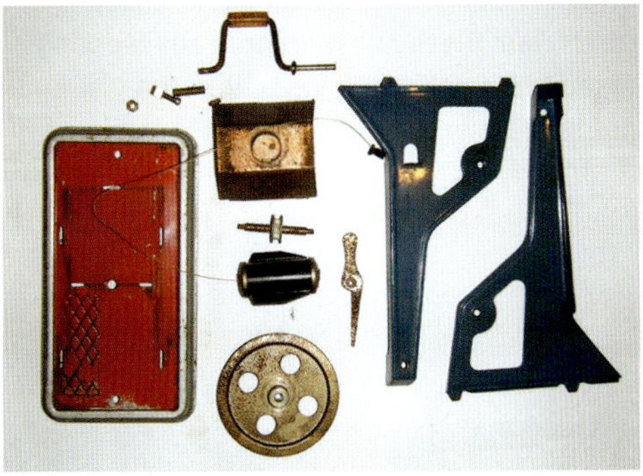

Einzelteile des zerlegten Wilesco-Fallhammers. Alles ist stark angerostet. Beim Aufbiegen der Verbindungslaschen ist vorsichtig zu arbeiten, damit diese nicht brechen. Als Zweites werden die Teile entrostet, überarbeitet (falls notwendig) grundiert und neu lackiert

7.6 Optimieren von kommerziellen Betriebsmodellen

Für den vorbildähnlichen Gebrauch zum Einsatz in selbst entworfenen Modellwerkstätten lassen sich kommerzielle Betriebsmodelle

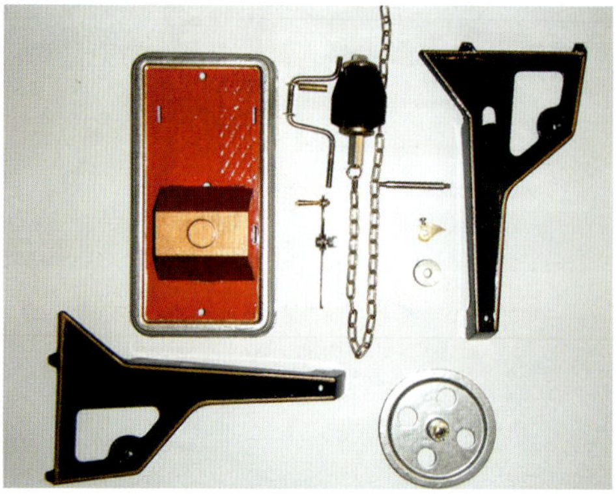

Alle Einzelteile in überarbeitetem Zustand. Die originale Perlonschnur, wenig vorbildgetreu, ist hier durch eine solide Stahlkette ersetzt worden. Die Lager sind jetzt mit Messing verstärkt, der verrostete originale Handhebel ist durch einen aus rostfreiem Blech mit Handgriff aus Messing ersetzt. Zur optischen Verschönerung ist eine goldene Linierung aufgemalt

Sieht doch so wieder ganz passabel aus, jedenfalls besser als vorher! Aber leider nicht mehr „original"

mit geringem Aufwand aufwerten und optimieren. In der Modelleisenbahnersprache nannte man das seinerzeit „supern"; heute würde man so etwas wohl als „Upgrade"

Ein alter Doll-Wasserbrunnen als ein weiteres Aufarbeitungsbeispiel. Das stark angerostete Original war ein Geschenk und wäre bei einem Sammler wohl gleich in die Tonne gewandert. Die ergänzte „Schleich"-Katze passt ganz hervorragend dazu. Das Dach fehlte und ist hier durch einen Abschnitt eines alten Kuchenblechs ersetzt. Auch die Kette und die Eimer wurden erneuert

bezeichnen. Böse Zungen bezeichnen es als „verbasteln".

Bei der gezeigten handelsüblichen Wilesco-Stanze ist Folgendes optimiert worden, was man auf den ersten Blick so gar nicht wahrnimmt:

- Ausbuchsen der Lager mit Messing (vorher lief Stahl auf Aluminium, eine eher ungünstige Lagerpaarung)
- Einbringung von Ölbohrungen an den Lagern im Gussgehäuse
- 1,5 mm starker Exzenterhebel aus Stahl anstelle des originalen dünnen Blechhebels
- Fundament aus 1,5 mm starkem, strukturpoliertem Edelstahlblech anstelle des originalen dünnen Blechsockels
- Hutmuttern aus Edelstahl zur Befestigung auf dem Fundament anstelle von wenig vorbildgetreuen Hohlnieten

Optimierte Wilesco-Stanze

Auch eine Wilesco-Hobelmaschine wurde in analoger Weise aufgerüstet

Damit ist die Stanze wesentlich besser für ihre angedachten Arbeiten, dem Stanzen von dünnem Papier, vorbereitet.

Neben den oben genannten Verbesserungen ist bei der Hobelmaschine ein kugelgelagerter Antriebsbock mit großer Antriebsscheibe vorgebaut. Auch die Handhebel-Kupplung ist etwas optimiert.

Hinweis: Die Wilesco-Hobelmaschine aus Aluminiumguss wird seit Jahren nicht mehr produziert und kann konstruktionsbedingt die Arbeitsweise einer „echten" Metallhobelmaschine („Metallshaping") nur andeuten. Trotzdem ist es nach der subjektiven Ansicht des Autors eines der schönsten Betriebsmodelle, das von Wilesco je angeboten wurde.

Ähnliche Änderungen erfuhr auch eine Wilesco-Bügelsäge. Der gesamte Bewegungsmechanismus – im Original aus dünnem Eisenblech – ist hier jetzt deutlich verstärkt ausgeführt:

- Exzenterhebel massiv aus Edelstahl
- Ein „echtes" Sägeblatt einer „Puk"-Säge, gekürzt
- Exzenterscheibe aus Rundmessing
- Bügellagerung mit Messingaufsatz und Öler
- Große Antriebsscheibe aus Vollmaterial (Edelstahl)
- Miniaturkugellager zur Lagerung der Antriebswelle im Gussgehäuse eingebracht

Ansonsten sind die Änderungen ähnlich wie bei der Stanze ausgeführt. Damit können

Auch die Bügelsäge von Wilesco wurde überarbeitet

kleinere Sägearbeiten an Balsaholz durchaus bewältigt werden.

7.7 Selbstbau von Betriebsmodellen

In dem Kapitel „Selbstbau Betriebsmodelle“ wird auf den Eigenbau von zwei recht massiven Betriebsmodellen eingegangen.

Eine Empfehlung zur Sache: Bei der Konstruktion von Eigenbau-Betriebsmodellen orientiert man sich am besten an den gerade verfügbaren Materialien und erstellt auf dieser Basis entsprechende Pläne, so wie es auch bei diesen Beispielen geschehen ist. Mit etwas Fantasie lassen sich aus Schrottmaterialien kostengünstige, schöne und gleichzeitig solide Modelle erstellen. Es gibt zwar entsprechende Modellbaupläne für Betriebsmodelle, aber das setzt meist auch den Kauf der erforderlichen Materialien und Halbzeuge voraus.

Bei der Bearbeitung von Gussteilsätzen (z. B. von der Firma Stuart) ist ein relativ hoher Maschinenaufwand (Drehen, Fräsen) erforderlich. Mit etwas Geschick lassen sich „Gussteile“ auch aus Messing oder Stahl aufbauen und hart miteinander verlöten. Diese Technik wurde bei dem Beispiel „Werkstatt Bock DM Mamod Nachbildungen“ angewandt.

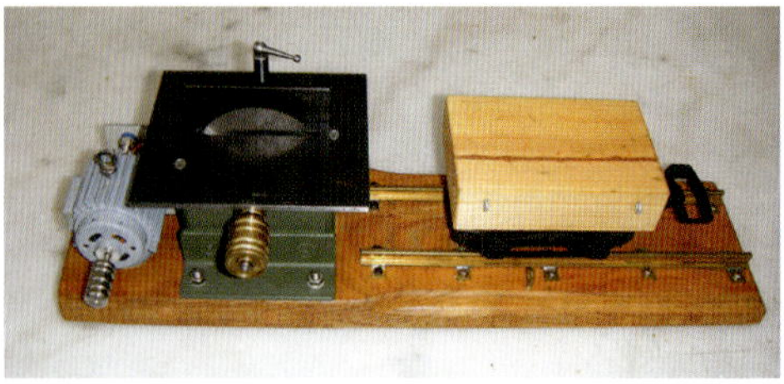

Eine Selbstbau-Kreissäge mit separatem Antriebsmotor und Wagen für das zu sägende Holz. Fast alles wurde hier aus Restmaterialien konstruiert

Der einfache Aufwerfhammer wurde ebenfalls aus Materialien gebaut, die vom Schrott stammen. Im Vorbild wurden derartige Hämmer oftmals von Wassermühlen betrieben

„Gebauter“ Grundkörper einer einfachen Stanze in Mamod-Manier. Entsprechende Stahlteile sind hier verschraubt und hart verlötet und nach dem Lackieren schaut es aus, als wäre das Modell aus einem Gussteil entstanden

8 Großer Eigenbau-Heißluftmotor zum Antrieb von Modellwerkstätten

8.1 Vorgeschichte – wie es dazu kam

Auf einem Oldtimertreffen, bei der Vorführung von Dampfmodellen, kam ein älterer Herr mit dem Autor ins Gespräch. Sichtlich angetan von der kleinen „Modellbaushow" bot er an, größere Maschinenteile in seinem Metallverarbeitungsbetrieb zu bearbeiten, falls es gewünscht wird. Dies war die Gelegenheit, aus einem Reste-40-mm-Rundstück der Qualität 1.4571 (V4A, seewasserbeständiger Edelstahl, sehr zäh und hart) einen Präzisionszylinder mit 30 mm Innendurchmesser drehen zu lassen, was mit der eigenen Kleindrehmaschine nicht möglich gewesen wäre. Als Dank bekam der freundliche Herr einige selbstgefertigte Miniaturwerkzeuge zugesandt, die er gern annahm. So kann man(n) sich helfen!

8.2 Aufbau und technische Daten

8.2.1 Grundkonstruktion

Die Basisplattform, tragendes Element für Lagerung, Verdränger- und Arbeitszylinder, ist ein 8 mm starkes Aluminiumblech. Der Lageraufsatz mit kugelgelagertem Schwungrad (Ø 100 mm, Gussstahl) steht auf massiven 20-mm-Stahlsäulen (Einschlagpfosten einer Baustelle). Alles ist sehr solide durch 25-mm-Stahlwinkel und M5-Verschraubungen miteinander verbunden.

Ein „großer" Turmmotor als Beispiel für eine Eigenkreation. Restmaterialien waren ausschlaggebend für eine, etwas abenteuerlich aussehende, doch recht eigenwillige Konstruktion

Die Basisplattform ist an zwei „A“-Trägern aus gebogenem 5-mm-Bandstahl befestigt, die auf einer hölzernen Grundplatte aus Bambusholz (Küchenschneidbrett) stehen.

Die Kugellager mit den dazugehörigen Vierkant-Lagerböcken wurden von der Firma Conrad Electronic dazugekauft. Ebenfalls aus dem „schwierigen“ Material 1.4571 sind die Kurbelstücke, die im Gegensatz zum Zylinder selbst mühsam bearbeitet wurden. Die Verdrängerstange aus 3-mm-Silberstahl läuft in einer 80 mm langen Messingführung aus 8-mm-Sechskantmessing.

Hinweis: kleinere Messingprofile und Silberstahlachsen können ebenfalls von der Firma Conrad Electronic bezogen werden.

Durch die „Turmanordnung“ werden die Normalkräfte an den Reibungsflächen (Arbeitskolben, Verdrängerkolbenstange) minimiert, was den Laufeigenschaften und der Verschleißminimierung sehr zu Gute kommt.

Die Treibwerksteile im Detail. Man beachte die massive Bauweise aus Ferrarirot lackierten Stahlelementen. Ob der Motor durch die rote Ferrari - Lackierung schneller wird?

Ein „Heizhaus“ mit Schornstein, hier ein 50-mm-Aluminiumrohr mit gebördeltem Flansch, ist aus einfachem Weißblech geformt und zu einem gefälligeren Aussehen mit einem Ziegelsteinmuster im Läuferverband verschönert, wobei die hellen „Mauerfugen“ mit einer alten Tuscheziehfeder aufgebracht wurden.

8.2.2 Technische Daten

Grundplatte	370×290 mm (Bambus-Schneidbrett; Angebot vom Discounter)
Höhe über Alles	ca. 500 mm
Arbeitskolben-Hub	38 mm
Arbeitskolben-Ø	30 mm
Arbeitskolben	Graphit (Firma Bengs; siehe Bezugsquellen)
Vedränger-Hub	38 mm
Verdrängerzylinder-Ø	50 mm (Edelstahlrohr mit hart angelöteter Kupferkappe)
Schwungrad-Ø	100 mm (Gussstahl, Tongeneratorrad einer Ruf- und Signalmaschine)
Brenner	Spiritusdochtbrenner; wahlweise Pastenbrenner (aus einem Edelstahl-Kaffeemaß)
Anheizzeit	~4 Minuten
Kühlung	Luftkühlung, angeschraubter Ring mit hart angelöteten Kupferrohr-Stücken
Leistung (geschätzt)	5 – 7 W; eine umfangreiche Modellwerkstatt kann betrieben werden
Wartung	ca. alle 20 Minuten einen winzigen (!) Tropfen Mechanikeröl an die Verdrängerstange

Der Spiritusbrenner besitzt einen beständigen 10-mm-Glasfaserdocht (Firma Bengs). Als Brennstoff kann Spiritus oder Bio-Äthanol verwendet werden.

Eine kleine Zigarillokiste aus der „Raucherzeit“ des Autors beinhaltet für den Betrieb nützliche Utensilien: Feuerzeug, Öl, Dochte, Putzlappen. Das angeschraubte Teakholzstück mit der runden Aussparung nimmt den Spiritusbrenner auf.

8.3 Transmission

Eine abnehmbare Transmission, kugelgelagert und sehr massiv aus Eisenwinkeln gebaut, erleichtert die Weitergabe der Drehbewegung von der doch sehr hoch angeordneten Schwungradwelle zu „niederen“ Anlagen. Die kleinen Räder stammen von Wilesco, während das größere Holzrad vorbildähnlich ausgeführt ist (Herstellung von Transmissionsrädern; siehe Kapitel „Transmission“). Bei Bedarf kann die Transmission durch Lösen zweier Rändelmuttern leicht entfernt werden.

Seitenansicht mit Blick auf das „Heizhaus“ und die angebaute Transmission. An den schwarzen Winkeln der Grundplatte wird ein übergestülptes Schutzgehäuse befestigt. Im Vordergrund sind die beiden Brennervarianten, Pastenbrenner links, Spiritusbrenner rechts, zu sehen. Der Pastenbrenner war mal ein Kaffeemaß aus Edelstahl

8.4 Sonstige Ausgestaltung

Die Leiter als Aufstieg zur mittleren Plattform ist aus starkem Aluminiumblech mit der Laubsäge gesägt; eine schlichte Messinggalerie mit Geländer schützt das „Betriebspersonal“ vor ungewollten Abstürzen. Zusätzliche Kühlbleche sollen den Wärmetransfer zu dem kühleren Verdrängerteil des Motors einschränken.

Die Grundfüße sind dieses Mal angeschraubte Kunststoffkorken von Spirituosenflaschen (der Autor bevorzugt Grappa ...).

Zur Transporterleichterung ist oben an der Transportkiste ein massiver Gussgriff vorhanden; Plexiglasplatten gewähren freie Sicht auf die Maschine. Zum Staubschutz kommt bei längeren Stillstandzeiten alles in eine große Plastiktüte.

Die Kiste links im Bild wird auf den Motor gesetzt und mit M6-Flügelschrauben an den Winkeln der Grundplatte befestigt. Eine „Prefo“-Werkstatt in der Bildmitte wird bei diesem Beispiel hier angetrieben

9 Eine leistungsstarke Selbstbau-Modelldampfmaschine auf der Basis von handelsüblichen Teilen

9.1 Allgemeine Informationen zur vorgestellten Maschine

Die Maschinenanlage ist auf einem massivem Eichenholzfundament mit den Maßen 275×280×55 mm errichtet, das von den Balken eines alten Abbruchhauses stammt. Auf der Unterseite wird das Fundament durch angeschraubte Querleisten verbunden und stabilisiert.

Eine Selbstbau-Modelldampfmaschine, teilweise konfektioniert mit handelsüblichen (Ersatz)-Teilen, die für den Zweck modifiziert und aufgerüstet wurden. Seit 1996 ist die Maschine bei Vorführungen im Einsatz

9.2 Kessel

Das Kesselgehäuse und der innenliegende, hartgelötete Messingkessel stammen von der größten Dampfmaschine des deutschen Herstellers Wilesco, Modell D 24 und wurden seinerzeit über den Versandfachhandel als Ersatzteile bezogen. Zum Schutz vor Wärmestrahlung bekam das dünne, mauersteingeprägte Gehäuseblech innen eine zusätzliche Edelstahlblech-Auskleidung; das Blech dafür stammt von einem alten Toaster. Auch der Kesselmantel außen wurde mit einer solchen Edelstahllage versehen;

Interessante Perspektive: Draufsicht der kompakten Maschinenanlage

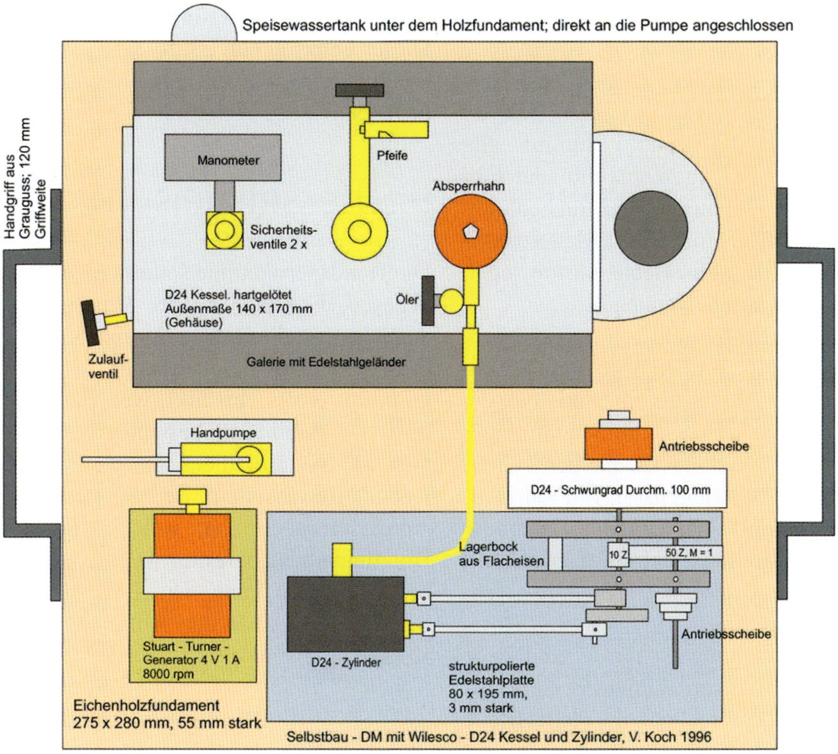

Schematische Ansicht der Maschinenanlage mit den wesentlichen Ausstattungsmerkmalen

zwischen innerem und äußerem Kesselmantel befindet sich zur Wärmeisolation eine dünne Schicht aus Steinwolle. Selbstgedrehte Galeriestangen und die Geländer aus Edelstahl tragen zur Aufwertung der Kesselanlage bei. Die Rauchkammer vorn ist ebenfalls mit einem strukturpoliertem 1,5 mm starkem Edelstahlblech belegt. Im Gegensatz zu anderen „Spielzeugdampfmaschinen" leitet der Kamin hier die Verbrennungsgase vorbildgetreu, inklusive des Abdampfs der Maschine, ab.

9.3 Brenner

Zum Heizen stehen zwei Brenner zur Verfügung; einmal für Trockenbrennstoff („Esbit") und zum anderen einer für die Verwendung von Sicherheits-Brennpaste.

Im Vordergrund die beiden Brenner. Beide sind stabil und korrosionsfest aus Edelstahl gefertigt. Beim Pastenbrenner hinten rechts wird die Brennpaste in zwei handelsübliche Teelichthalter gegeben. Die „Schublade" in der Bildmitte ist eine kleine Werkzeugbox mit Schraubschlüsseln und Ersatzdichtungen

9.4 Maschinenaggregat

Eine massive, 3 mm starke Edelstahlplatte (strukturpoliert; siehe Kapitel „Zubehör Modellwerkstatt“) nimmt alle Maschinenteile des Aggregats auf und ruht selber auf einem 40 mm hohem Buchenholzfundament, welches mit einem Mauerwerkimitat versehen ist: aufgeklebte Kartonziegel, mehrfach mit Klarlack versiegelt.

Der Lagerbock besteht aus zwei Teilen, die aus 8 mm starkem und 40 mm hohem Flacheisen gesägt und gefeilt sind. Für die Lagerung selber sind 4-mm-Miniaturlager mit beidseitigen Teflondeckscheiben (Firma Conrad Electronic) eingepasst. Ein Zahnradvorgelege, Modul 1 (Bezug der Zahnräder ebenfalls über Conrad Electronic), erlaubt es, eine reduzierte Drehzahl mit hohem Drehmoment abzugreifen.

Die Dampfzuleitung ist durch eine Lage umwickeltes Hanf-Kordel etwas isoliert.

Eine große, aus Buchenholz gedrechselte Riemenscheibe sitzt direkt auf der Schwungradnabe.

Das Schwungrad selber kann den vor dem Aggregat liegenden älteren Stuart-Turner-Generator direkt antreiben. Dieser liefert genug „Saft“ (1 A bei 4 V und 8.000 U/min), um z.B. ein elektrisch betriebenes Spielzeug-Karussell zu beflügeln.

Kaufteile sind hier der D24-Ersatzzylinder und das dazugehörige 100-mm-Schwungrad aus Aluminiumguss, beides wieder von Wilesco.

9.5 Kesselspeisung

Die Handspeisepumpe stammt ebenfalls von Wilesco (Ersatzteil zu der Maschine D21). Auch hier ist die Bewegungsmechanik – wie bei der separat beschriebenen Modelllokomobile – etwas verstärkt, weil das Original nicht so stabil und beständig wirkte. Ein alter Skalpellgriff dient nun als Handhebel. Der Speisewassertank ist in diesem Fall ein Abwasserrohr-Siphon, welches unter dem Holzfundament befestigt ist und von außen befüllt werden kann. Die Einspeisung selber geschieht über den Ablasshahn an der Kesselvorderseite.

9.6 Sonstiges

Das massive Eichenholzfundament hat an den Stirnseiten zwei ebenso massive Gusseisen-Handgriffe, die die Handhabung und den Transport sehr erleichtern. Die Maschine kann beim Tragen nicht so leicht aus der Hand fallen.

In alter Tradition des Autors sind auch bei diesem Modell Gummitürstopper als belastbare Maschinenfüße angeschraubt, das hat sich vielfach bewährt und ist für Modellanlagen aller Art zu empfehlen.

Die Transportbox aus exotischem Holz – leider nicht aus nachhaltiger Quelle – mit den Kistenmaßen 400×400×400 mm war ein Sonderangebot eines Möbelhauses. Zum Schutz bei Transporten wird die Maschine innen mit Schaumstoffkeilen festgesetzt.

Ein kleines Detail soll an dieser Stelle noch erwähnt werden: Unter dem Holzfundament befindet sich eine kleine, ausziehbare

Werkzeug-/Ersatzteilbox aus gefaltetem Stahlblech, die alles für den Betrieb Erforderliche im Bedarfsfall ohne lästige Sucherei bereithält: Schlüssel, Dichtungen, Schraubendreher.

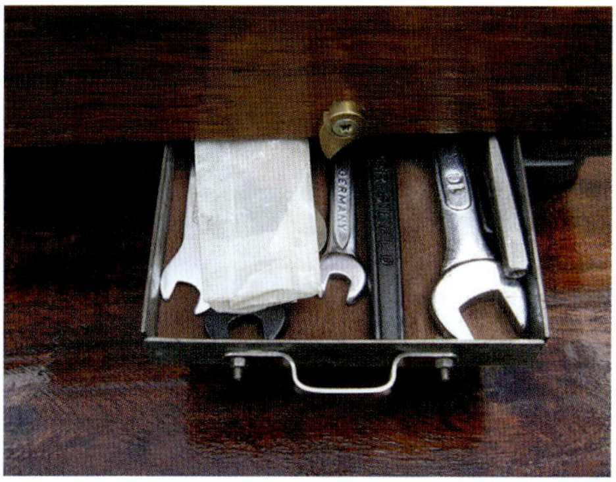

Herausschiebbare Werkzeugbox mit nützlichen Utensilien; Schraubenschlüsseln und Dichtungen. Der Messinghebel oben verhindert ein unbeabsichtigtes Herausrutschen. Innen ist die Box mit dünnem Leder belegt

10 Eine handelsübliche Spielzeugdampfmaschine, modifiziert und zusätzlich aufgerüstet

10.1 Allgemeine Informationen zur Maschine

Für den Transport und den Schutz wurde eine stabile Kiste aus Fichte-Leimholz „gezimmert.“ Dieses Material kann man in Baumärkten relativ günstig beziehen und auch millimetergenau zuschneiden lassen, wenn die Maße feststehen.

Im Inneren der Kiste, die auch hier mit Motiven des Dampzeitalters dekorativ

Hier wurde die größte und leistungsstärkste Maschine des Wilesco-Programms, Modell D24, für den Antrieb von Betriebsmodellen in einigen Punkten abgeändert. Manche Zeitgenossen würden sagen „verbastelt“, aber die hier vorgenommenen Ergänzungen sind durchaus sinnvoll und vorteilhaft, zumindest was den praktischen Betrieb betrifft. Die Maschine wurde vor über dreißig Jahren in Frankfurt am Main bei der inzwischen nicht mehr existierenden Firma Hobby-Haas beschafft („Made in W.-Germany“). Inzwischen ist die Maschine auch mit einer elektrischen Beheizung 230 V (wieder) lieferbar.

Abnehmbare Haube der Transportkiste; Blick ins Kisteninnere: Links ist der Aufsteck-Blechschornstein mit einem schwenkbaren Holzknebel festgeklemmt; unten befindet sich ein mit einer Blechlasche angeklemmter Gaskeramikbrenner und rechts der standardmäßig mitgelieferte Esbit-Brenner. Der Gaskeramikbrenner stammt aus dem Dampfmodellbauzubehörhandel (Dampfmodellbau Keifler). Auch TS-Modelldampfmaschinen bietet inzwischen Keramikbrenner für Wilesco-Dampfmaschinen an

beklebt ist, befinden sich wichtige Zubehörteile, die einerseits fixiert, aber andererseits bei Bedarf leicht entnehmbar sind.

Mit etwas gutem Willen hätten sich hier auch noch ein paar Betriebsmodelle (siehe Kapitel „Jack in the Box 2 D32") unterbringen lassen.

Auf die Änderungen soll an dieser Stelle ein wenig näher eingegangen werden.

10.2 Sauberer Brenner

Der hartgelötetet Kessel ist mit einem Mantel aus vernickeltem Messingblech überzogen; die Rauchgase werden vorbildgetreu über den Kamin ins Freie geleitet. So weit, so gut. Bei der Verwendung von Trockenbrennstoff („Esbit") bildet sich an und unter dem Kessel eine zähe Rußschicht, die nur schwer zu entfernen ist. Der Autor verwendet hierfür eine weiche Rundbürste und Spiritus zur Anlösung der Verbrennungsrückstände. Trotzdem bleibt die Kesselwartung nach dem „Feststoffbetrieb" immer noch eine recht zeitaufwändige Sache, die nicht unbedingt für Freude sorgt.

Seit einiger Zeit bieten die Dampfzubehör-Lieferanten L. Keifler und TS (Adressen siehe Liefernachweise im Allgemeinteil) sauber arbeitende Gaskeramikbrenner an, die genau in die Brenneraufnahmen der Wilesco-Dampfmaschinen passen, weil sie genau dafür konstruiert sind. Schluss mit übel riechendem Trockenbrennstoff! Die Brenner können an handelsübliche Campinggas-Kartuschen angeschlossen werden, sind regelbar, brennen gleichmäßig leistungsstark und eignen sich besonders für den Betrieb im Freien. Als Notreserve kann trotzdem noch der alte Trockenbrennstoff-Brennschieber eingesetzt werden. Wegen der höheren Heizleistung des Gasbrenners ist stets darauf zu achten, dass sich genügend Wasser im Kessel befindet und dieser nicht kaputt geheizt wird.

10.3 Automatische Speisewasserversorgung

Der Anschluss von der Pumpe zum Kessel erfolgt über das standardmäßig vorhandene Ablassventil an der Wasserstandsseite. Der Zulauf vom Speisewasserbehälter zur Pumpe ist mit einer durchsichtigen Silikonstrecke versehen, damit man sehen kann, ob die Pumpe ordnungsgemäß fördert. Die Pumpe war ein Gussteilesatz aus dem Hause Regner (Adresse siehe Liefernachweise/ Bezugsquellen im Allgemeinteil). Es versteht sich von selbst, dass nur demineralisiertes Wasser als Kesselspeisewasser verwendet wird (gefiltertes Regenwasser, destilliertes Wasser mit einem geringen Zusatz normalen Wassers, kalkarmes Wasser mit geringem Härtegrad). Mit der automatischen

Die hier verbaute Wasserpumpe hat einen Windkessel und ein regelbares Bypassventil, um die nachgespeiste Wassermenge genau zu dosieren. Über dem Pumpenzylinder befindet sich das Speisewasserbehältnis aus strukturpoliertem Edelstahl mit abnehmbaren Deckel. Die Pumpe wird über eine Riemenscheibe (hier aus massivem Edelstahl) von einer ebenfalls nachträglich beigefügten Transmission angetrieben. An der Transmission, auf die separat eingegangen wird, befindet sich eine Kupplung zum Einschalten der Wasserspeisung. Im Bild hier ist der Antriebsriemen zum Antrieb der Wasserpumpe abgenommen.

Speisewasserversorgung und dem Gasbrenner kann die Maschine sehr lange in Betrieb bleiben, wenn man hin und wieder ein wenig ölt. Das Wilesco-Wasserstandsglas erlaubt im Gegensatz zu den sonst üblichen Glasrohr-Wasserständen jederzeit eine genaue Beurteilung des tatsächlich vorhandenen Wasserstandes im Kessel.

Der Kessel wird nach Betriebsende und Abkühlung über eine große Einwegspritze mit aufgestecktem Silikonschlauch vollkommen entleert (abgesaugt), um Korrosionerscheinungen im Kesselinneren weitgehenst zu verhindern.

10.4 Transmission

Das Bild zeigt den Kupplungsteil, mit dem eine lose Riemenscheibe durch Verschieben einer Scheibe mit den beiden Mitnehmerstiften über einen Hebelmechanismus links im Bild für den Antrieb der Wasserpumpe eingekuppelt werden kann. Während die rechte und die mittlere Scheibe lose auf der Transmissionswelle sitzen, ist die linke Schiebe mit Aussparungen zur Aufnahme der Mitnehmerstifte fest fixiert. Der Riemen zum Antrieb der Wasserpumpe ist hier abgenommen.

Die Transmission ruht auf zwei stabilen, 6 mm starken Winkeleisen vom Schrott; die angeschraubten Lager sind einfache Blechlager mit eingepassten Bronze-Lagerbuchsen (Conrad Eletronic). Die drei

Das Bild zeigt den Kupplungsteil, mit dem eine lose Riemenscheibe durch Verschieben einer Scheibe mit den beiden Mitnehmerstiften über einen Hebelmechanismus links im Bild für den Antrieb der Wasserpumpe eingekuppelt werden kann. Während die rechte und die mittlere Scheibe lose auf der Transmissionswelle sitzen, ist die linke Schiebe mit Aussparungen zur Aufnahme der Mitnehmerstifte fest fixiert. Der Riemen zum Antrieb der Wasserpumpe ist hier abgenommen.

Die Draufsicht lässt die nachträglich angebrachten Ergänzungen am besten erkennen. An dem Schornsteinhaus im Bild oben links ist eine zusätzliche Galerie befestigt.

Riemenscheiben zum Antrieb einer separaten Energiesenke bestehen aus gedrechseltem Eichenholz mit einer Metallnabe aus durchbohrten Sechskantschrauben. In den Schraubenkopf ist je ein M3-Madenschraube zur Befestigung an der Transmissionswelle eingebracht.

10.5 Stromerzeugung

Passend zur Maschine ist ein älterer Wilesco-Generator (hier noch die solide Ausführung mit Aluminiumgussgehäuse) angefügt, dessen Strom über zwei kleine Bananenbuchsen vor dem „Schaltpult“ abgenommen werden kann.

10.6 Sonstiges

Bei Vorführungen kann die Maschine auf der Holzkiste (Maße 420×330×290 mm) präsentiert werden. Die Maschine hat die Sockelmaße 410×330 mm und sitzt auf einer hölzernen Grundplatte, an der das Kistenoberteil durch 6-mm-Steckstifte (M6-Inbusschrauben) befestigt wird. Halbierte Weinflaschenkorken aus Kunststoff sind als preiswerte „Gerätefüße“ unten mittels Kontaktkleber angeklebt.

Maschine auf der Transportkiste aufgestellt. Ein brauchbares Aggregat für den Antrieb von modellhaften Werkstätten bei Vorführungen. Die Kiste ist so stabil ausgeführt, dass sie „im Notfall“ auch als provisorisches Sitzmöbel nutzbar ist

11 Antrieb von Transmissionen und mechanischen Werkstätten durch eine einfache Modelllokomobile

11.1 Allgemeines

Hierbei handelt es sich um eine kleine, aber leistungsstarke Stationär-Lokomobile zu Antrieb von Transmissionen und Betriebsmodellen. Der Kessel wird hier durch Gas beheizt, was besonders bei Vorführungen im Freien vorteilhaft ist. Der Schlauch im Vordergrund wird an eine handelsübliche Gaskartusche angeschlossen.

Um es vorwegzunehmen, die hier vorgestellte Lokomobile ist kein waschechter Eigenbau; der Autor hat verschiedene Fertigkomponenten zu einer funktionellen Maschinenanlage konfektioniert.

Hierbei handelt es sich um eine kleine, aber leistungsstarke Stationär-Lokomobile zu Antrieb von Transmissionen und Betriebsmodellen. Der Kessel wird hier durch Gas beheizt, was besonders bei Vorführungen im Freien vorteilhaft ist. Der Schlauch im Vordergrund wird an eine handelsübliche Gaskartusche angeschlossen.

11.2 Kessel

Es handelt sich um einen innenbeheizten, liegenden Schiffsdampfkessel mit durchgehendem Flammrohr und drei Siederohren. Die Maße sind: Länge 180 mm, Durchmesser 100 mm; Flammrohrdurchmesser 30 mm. Der Kessel aus englischer Fertigung, der 1982 von der Firma Metafot (Lutz Hielscher, Wuppertal) bezogen wurde, ist sehr solide aus starkem Kupferblech hartgelötet.

Äußerlich ist eine Edelholzbeplankung angebracht: Die Armaturen wurden durch eine Zugdampfpfeife (Ersatzteil der Firma Wilesco) und einen Absperrhahn (ebenfalls von Wilesco) ergänzt. Das Sicherheitsventil ist verstellbar bis ca. 6 bar und bekam hier eine Rohrverlängerung, damit es in seiner zweiten Funktion als Einfüllschraube leicht abgeschraubt werden kann. Zur Speisung ist an der Wasserstandseite ein Rückschlagventil vorhanden. Das Manometer zeigt bis 6 bar an.

Der ursprünglich vorhandene, fauchende Rohrbrenner wurde im Laufe der Zeit durch einen effektiveren Keramikbrenner ersetzt.

Rückseite der Lokomobile. Man beachte diee Galeriefläche und den Treppenaufgang für den Maschinisten. Die Treppe besteht aus einem Blechstück, das mit der Laubsäge gesägt und die Stufen mit einer Flachzange gebogen wurden. Die Galeriestangen stammen aus dem Schiffsmodellzubehörhandel und das aufgeklebte Riffelblech von Conrad Electronic

11.3 Aggregat

Es wurde auf das bewährte Wilesco-Aggregat D14 zurückgegriffen, das auch bei der Walze und dem Traktor des gleichen Herstellers Anwendung findet. Ein nachträglich angebrachter Fliehkraftregler, der etwas modellhafter als ein Wilesco-Regler ausgebildet ist, fungiert hier nur als Attrappe. Die Pleuelstange, genauer gesagt das Pleuelauge, erfuhr eine geringfügige Verkleinerung. Der Zylinderöler ist durch einen Absperrhahn während des laufenden Betriebs problemlos nachfüllbar. Da keine Stopfbuchsen vorhanden sind, empfiehlt sich die Verwendung von Heißdampföl, das zusätzlich dichtet und im Gegensatz zu normalen Mineralölen nicht so schnell verseift.

Eine große, aus Eichenholz gedrechselte Riemenscheibe, überträgt die Rotationsenergie wirkungsvoll auf die anzuschließenden Modelle.

11.4 Kesselspeisung

Auch die Handspeisepumpe stammt von Wilesco (Ersatzteil für Modell D21). Für den praktischen Einsatz wurde die Bewegungsmechanik etwas verstärkt, so z.B. durch einen stabilen Handhebel aus 1,5 mm starkem

Edelstahlblech und gehärteten Bewegungsbolzen. Das Speisewasserbehältnis stammt ebenfalls von Wilesco. Am Kessel befindet sich ein Speisekopf mit Rückschlagventil.

11.5 Sonstiges

Die Maschine ruht auf einem starken Holzfundament, das mit beschichteten 4 mm starken Aluminiumplatten (Abfallmaterial aus einem Metallbetrieb) belegt ist. An den Stirnseiten sind stabile Handgriffe aus Gusseisen befestigt, um das Handling zu vereinfachen. Solide Türstopper als Maschinenfüße erlauben eine Aufstellung auf nahezu jedem Untergrund.

Der Abdampf der Maschine wird in einen Kondensatbehälter rechts neben dem Kamin geleitet.

Ein älterer Wilesco-Generator (Gehäuse aus Aluminium-Guss) kann direkt angetrieben werden. Standardmäßig wird eine Leuchte mit Strom versorgt.

Zum Schutz ist alles wieder in einer stabilen Transportbox aus Fichte-Leimholz untergebracht. Die abnehmbare Frontplatte besteht aus Plexiglas und erlaubt einen direkten Blick auf den Kisteninhalt.

Lokomobile in der Transportkiste untergebracht. Die weißen Schaumstoffblöcke links und rechts klemmen die Maschine in der Kiste fest. Unter der Maschine befindet sich eine Tupperware-Box, die Zubehör (Öl, Feuerzeug, Dichtungen, Zubehör) enthält

Vorführung in der Öffentlichkeit im Jahre 2006. Die Lokomobile treibt hier eine Selbstbau - Dampfwerkstatt (siehe Kapitel „Außen Werkstattanlage) an

12 Robuste Eigenbau-Dampfmaschine

12.1 Gründe für den Bau einer etwas gewöhnungsbedürftigen Maschine

Auf Dampftreffen werden oft Maschinen gezeigt, die zwar wunderhübsch aussehen und auch sehr vorbildgetreu gebaut sind, aber leider nur mit Druckluft betrieben

Eine einfache, etwas eigenwillige, aber funktionelle Dampfmaschinenanlage für Vorführungen unter „Echtdampf"

werden. Druckluft, zugeführt über Kunststoffschläuche von Kompressoren, hat bei weitem nicht die Ausstrahlung und das Flair eines Echtdampfbetriebes. Das mag bei Vorführungen in der Öffentlichkeit seine Berechtigung haben, wenn ein Maximum an Sicherheit garantiert werden soll. Wahrscheinlich kommen viele dieser verfeinerten Maschinen auch nie in Ihrem Leben mit „echtem" Dampf in Berührung.

Ziel war deshalb der Bau einer robusten, einfachen und zugleich wartungsarmen „Dampfe", die auch unter ungünstigen Betriebsbedingungen mit Dampf zuverlässig laufen und etwas antreiben kann. Im „Pflichtenheft" stand weiterhin, dass die Materialkosten für das „Projekt" sehr überschaubar bleiben sollten.

12.2 Materialauswahl

Die hier verbauten starken Edelstahl- und Eisenbleche stammen vom Schrott oder sind Abfälle von metallverarbeitenden Betrieben (Aggregat, Kesselverkleidung). Das trifft auch für die verwendeten Stahlwinkel und sonstige Stahlteile zu.

Der Lagerbock mit Schwungrad aus Gussstahl und Kugellagern war ein „Fertigteil" aus der Ruf- und Signalmaschine einer alten Fernsprechvermittlungsstelle, das war noch die gute alte Analogtechnik! Der Lagerbock ist fest mit einer transformatorartigen Spule verschraubt, was so als Ganzes belassen wurde und nicht mehr sichtbar ist, weil die besagte Ruftonspule unter der strukturpolierten Edelstahl - Aggregatfundamentplatte verschwindet.

Das Speisewasserbehältnis und der Schornstein aus Edelstahl sind Heizkörperverdunstungsrohre vom Discounter. Der „Generator" ist ein uralter Bosch-Fahrraddynamo.

Käuflich erworben wurden diverse Rundmaterialien (Firma Conrad Electronic), Armaturenteile (Firma Wilesco) und das 70-mm-Kesselrohr aus Messing 63 (Firma Wilms).

Das schöne Grundbrett aus Kirschenholz mit den Maßen 410×360 mm stammt vom örtlichen Schreiner und wurde in seinem Naturwuchs an einer Seite so belassen. Eine Mehrfachversiegelung mit klarem Bootslack schützt die Platte vor Feuchtigkeit. Ein angeschraubter 20×20-mm-Stahlwinkel an der Unterseite sorgt für „Verzugsfreiheit".

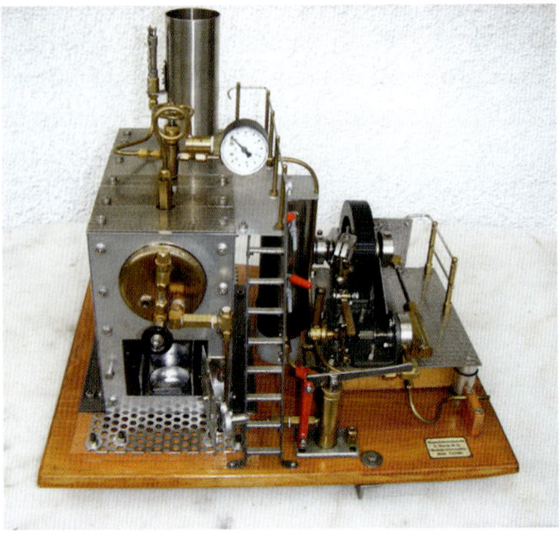

Ansicht von der vorderen Kesselseite. Man sieht bei der geöffneten Feuerungstür den Pastenbrenner mit den Teelichtbehältnissen. Nach dem Betrieb wird das Kesselwasser restlos abgelassen und der Auslassstopfen bleibt abgeschraubt, damit bei ebenfalls geöffneten Kesselarmaturen noch vorhandene Restfeuchtigkeit verdunsten kann

12.3 Beschreibung und technische Daten

12.3.1 Kesselanlage

Kesselvolumen	770 cm^3
Kesselwasserinhalt:	520 cm^3
Betriebsdruck	2 bar
Siederrohre	vier Rohre, 4/6 mm aus Kupfer, an der Kesselunterseite
Brenner	3-flammiger Pastenbrenner mit Teelichteinsätzen in einer Eisenschale eingesetzt
Armaturen	Wasserstand (Eigenbau), Speiseventilkopf (Eigenbau), Absperrhahn (Eigenbau), Ablasshahn am Wasserstand (Wilesco), Zugdampf-Pfeife (Wilesco), Sicherheitsventil (Eigenbau), Manometer (Flohmarkt)
Kesselspeisung	Handhebelpumpe mit 8-mm-Plunger; Speisewasserbehältnis aus Verdunstungsrohr Ø 50 mm mit zwei Prüfhähnen (Wilesco), die mehr der Optik dienen
Kesselausgestaltung	Ofentür mit Reiber, strukturpolierte Edelstahlapplikationen, Galerie mit Treppe, riffelblechbelegt

Das Kesselhaus steht auf einem etwas erhabenen Edelstahl-Lochblechfundament, was für ausreichend Verbrennungsluft sorgt. Die Kesseleinhausung trägt den Siederohrkessel und ist sehr stabil durch Winkeleisen innenseitig miteinander verschraubt.

12.3.2 Aggregat

Das Aggregat ist einfach, funktionell und robust aufgebaut. Die Edelstahl-Strukturpolitur passt zu dem schlichten Industrie-Stil.

Kolbenhub	30 mm
Kolbendurchmesser	12 mm
Arbeitsweise	einfachwirkend oszillierend
Schieberspiegel	40-mm-Edelstahlronde (Mat.-Nr. 1.4571) mit Ölbohrung und rostfreiem Kugellager für die 6-mm-Schwingachse (gehärtet)
Schieberspiegelhalterung	In Form gefeilter 45-mm-Stahlwinkel
Kurbel aus	40-mm-Edelstahlronde (Mat.-Nr. 1.4571)
Fundamentplatte	2 mm Edelstahlblech, strukturpoliert (Mat.-Nr. 1.4571)
Schwungraddurchmesser	100 mm (Tongeneratorrad einer Ruf- und Signalmaschine)
Lagerböcke	kugelgelagert mit der Tongeneratorspule verschraubt; Welle 7 mm Durchmesser

Der Zylinder ist in der Pendelachse schräg nach oben zur Kurbel angeordnet, damit die Schmierstoffe möglichst im Zylinder verbleiben.

Ein Fliehkraftregler mit einstellbarem Hebel wirkt auf einen Drosselhahn in der Zudampfleitung mit einem aufgesetzten Dampföler.

Das Aggregat ist einfach, funktionell und robust aufgebaut. Die Edelstahl-Strukturpolitur passt zu dem schlichten Industrie-Stil.

Die Aggregatplatte sitzt auf sechs 20-mm-Aluminium-Rundsäulen, die hier mit eingelegten schwarzen O-Ringen etwas verziert wurden. Unter der Platte befindet sich ein ausziehbarer Werkzeug-/Ersatzteilkasten mit nützlichen Utensilien wie Dichtungen und Schraubschlüsseln. Beim Betrieb ist also alles ohne Sucherei bequem zu erreichen. Eine Galerie schützt den Maschinisten vor den bewegten Teilen.

12.3.3 Generator

Der Generator ist ein alter Bosch-Fahrraddynamo und stammt von einem Sperrmüll-Fahrrad. Die Daten bzw. die genaue Bezeichnung sind „RL/WQ1 6V, 3W"-

Der Generator wurde demontiert, gereinigt und ist auf einem 40-mm-Aluminiumrundsockel befestigt. Zur Wellenschmierung ist zusätzlich ein kleiner Öler angebracht.

12.4 Sonstiges

Für den Bau dieser einfachen Maschine genügte eine einfache Mechaniker-Drehmaschine; auch unter dem Gesichtspunkt, da der Kurbelwellenteil mit Schwungrad als präzises, absolut schlagfrei laufendes Fertigteil, übernommen werden konnte. „Schwierig" ist die Bearbeitung der harten und zugleich zähen Edelstahlteile (Mat.-Nr. 1.4571). Beim Gewindebohren in diesem, bezüglich der Bearbeitung problematischem Material sind Gefühl, Geduld & Schneidöl erforderlich, sonst sind Werkzeug und Werkstück unter Umständen futsch. Abgebrochene Gewindebohrer lassen sich aus dem Edelstahl nicht mehr entfernen. Der hier verbaute Edelstahl ist dafür absolut korrosionsbeständig.

Für das Löten des Kessels wird eine kleine Hartlöteinrichtung, bestehend aus einem Schamotte-Arbeitsplatz und zwei Hartlötbrennern (zu empfehlen ist die Marke Rothenberger), benötigt.

Ein extra dafür gebautes Antriebsmodell, ein robuster Schweifhammer, sorgt für Arbeit und entsprechende Geräusche. Trotz der verbauten Untersetzung durch ein Zahnradgetriebe ist der erforderliche Kraftaufwand immer noch relativ hoch.

Die Leistung der Maschine ist in etwa mit der Leistung der größten Wilesco-Maschine D24 zu vergleichen. Die Drehzahl ist zwar subjektiv betrachtet etwas geringer bei aber sehr gutem, kräftigem Drehmoment.

Hinweis: Der Bau dieses Hammerwerks ist in dem Kapitel „Selbstbau Betriebsmodelle" beschrieben.

Dampfmaschine mit Antriebsmodell; ein „zweigeteiltes Maschinensystem" ohne Transmission. Der Antrieb erfolgt vorbildgetreu über einen ledernen Flachriemen. Beide Modelle verrutschen durch ihr hohes Eigengewicht kaum. Weiches Aluminium- oder Kupferblech kann damit gehämmert werden. Der Amboss ist aus einer alten Rollenlagertonne Ø 30 mm gewonnen

13 Werkstatt-Dampfmaschine

13.1 Vorgeschichte

Vor über 20 Jahren erhielt der Autor die Maschine als Geschenk (!) von einem Menschen, der offenbar nichts damit anfangen konnte. Insgesamt war alles in einem ziemlich desolaten Zustand, dafür aber bemerkenswert massiv aufgebaut; im wahrsten Sinne des Wortes ein „Schwermaschinenbau“. Die Vermutung liegt nahe, dass es sich um ein Gesellenstück eines Metallbearbeitungsberufes handeln könnte, da zur Bearbeitung der Teile (Schwungrad, Zylinder, Lagerböcke) größere Werkzeugmaschinen erforderlich waren, die in sogenannten Hobbywerkstätten weniger vertreten sind.

Eine besonders robuste Einzylinder-Dampfmaschinenanlage in „Werkstattqualität“. Im Vordergrund sind verschiedene Brenner zu sehen

Der Original-Kessel, ein Messingrohr mit 130 mm Durchmesser, wurde über ein Heizelement von innen elektrisch beheizt. Der Gesamteindruck dieser Kesselanlage war augenscheinlich nicht sehr vertrauenserweckend. Einiges war weichgelötet und die elektrische Einrichtung entsprach auch nicht mehr den aktuellen VDE-Vorschriften.

13.2 Überarbeitung

13.2.1 Kesselanlage

Der Kessel mit Elektroboiler wurde also entfernt und bekam als Ersatz einen hartgelöteten Wilesco-D24-Kessel. Sicherheit geht nun mal vor, wenn eine Maschine mit Echtdampf betrieben werden soll. Der Kessel bzw. das Kesselhaus bekamen zusätzliche Ergänzungen:

- Eine obere Abdeckung aus Edelstahlblech mit Isolierung aus Glaswolle
- Umkleidung des unteren Kesselhauses mit Aluminium - Hammerschlagblech
- Galerie aus eloxiertem Aluminium (Reste einer Fensterbrettabdeckung) mit Messing

Blick auf die Feuerungsseite. Die Treppenstufen sind mit der Laubsäge gesägt und anschließend gebogen worden; eine materialsparende Bauweise. Die Kesselanlage ist zusätzlich auf einem Reststück Riffelbelch montiert. Die Riffelung ist viel zu groß, aber das Blech war dafür kostenfrei verfügbar

  - Galeriestangen. Die beiden Leitern sind aus 1 mm Eisenblech gesägt und gebogen.
- Manometer an erhöhtem Sicherheitsventilstutzen
- Eine große Dampfpfeife (für einen tiefen Ton), wegen der Baugröße etwas ungewöhnlich schräg über einen Winkel angeschraubt
- Eine aufsteckbare Schornsteinverlängerung (altes Wassersiphon)

Die Unterseite der massiven Stahlgrundplatte hat als Gerätefüße wieder angeschraubte Gummi-Türstopper. Das sehr hohe Eigengewicht von rund 10 kg verhindert ein Verrutschen der Maschine.

13.2.2 Aggregat

Kolben, Kolbenstange, Schieber und Schieberstange waren aus gewöhnlichem Stahl und damit unvermeidlich korrodiert. Ein Ersatz jeweils aus Edelstahl bzw. Messing war angesagt. Der Schieberkasten und Zylinder sind aus einem massiven Block Bronze gearbeitet und konnten nach einer geringfügigen Aufarbeitung so belassen bleiben. Die Dampfzufuhr erfolgte vorher über die massive, eiserne Bodenplatte (10 mm stark), womit der Dampf auf dem Weg zum Zylinder zwangsläufig abgekühlt wurde. Die neue Dampfzufuhr erfolgt direkt zum Zylinder über einen Absperrhahn und einen nachgeschalteten Verdrängungsöler. Das Handrad des Absperrhahns ist aus starkem Edelstahlblech gefertigt.

Aggregat mit vorgelagerter, nachträglich angebrachter Bocktransmission. Die Stopfbuchsen - Schraube für den Schieber ist aus Teflon. Zylinder und Schieberkasten aus Bronze bilden eine integrale Einheit

Die Lagerböcke und das Schwungrad sind massiv aus Stahl gearbeitet. Die Lagerung mit Kugellagern war noch in Ordnung.

Nachträgliche Ergänzungen sind:

- Ein kleines Vorgelege mit Messingriemenscheiben. Die aufgeschraubten Öler stammen von Wilesco
- Ein Schmutzfangblech um den Kurbeltrieb
- Gleichstromgenerator mit Miniaturschalter und Miniaturbuchsen

13.2.3 Brenner

Zur Beheizung stehen zwei Selbstbau-Brenner zu Auswahl:

- Spiritusdochtbrenner, dreiflammig, aus einem Stück 30-mm-Vierkantedelstahlrohr. Die Dochte sind aus Glasfasergewebe (Firma Bengs) und verbrennen damit nicht so rasch.
- Brennschieber mit Aufnahmeeinsätzen für Trockenbrennstoff (Esbit) und Brennpaste. Dieser Brennschieber besteht ebenfalls aus Edelstahl.

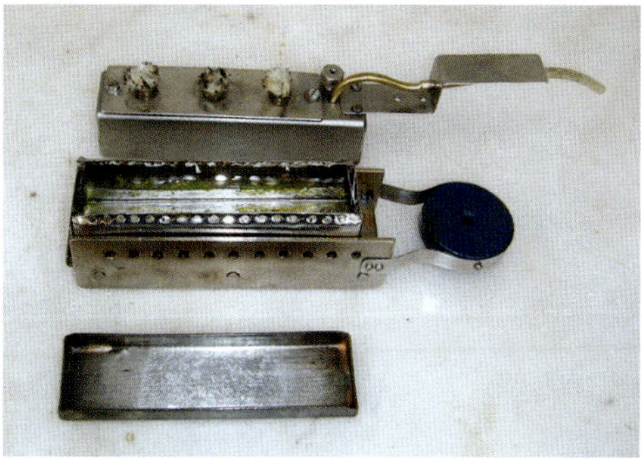

Im Hintergrund der dreiflammige Spiritusbrenner aus Vierkantrohr. In der Mitte eine Brenneraufnahme für Pasten- oder Trockenbrennstoffeinsätze. Hier ist der „Pasteneinsatz", gefaltet aus dünnem Edelstahlblech, eingelegt

13.3 Technische Daten

Grundplatte aus Stahl	
10 mm stark (!)	290×300 mm
Schwungrad-Ø	115 mm
Hub	30 mm
Bohrung	20 mm
Rundschiebersteuerung	Schieber 6 mm Ø
Kessel	Wilesco
	D24 (hartgelötet)
Gewicht	ca. 10 kg

13.4 Transportkiste

In einem Sonderangebot eines skandinavischen Möbelhauses ganz aus der Nähe wurde ein optisch attraktiver Eichenholz-„Cube" mit den Außenmaßen 360×360×300 mm angeboten.

Dieser bekam noch einen Boden mit Füßen und einen abnehmbaren Deckel. In die Seitenwände sind nachträglich zwei ovale Transportgriffe eingearbeitet worden.

Die Kiste ist sehr stabil und kann als provisorisches Sitzmöbel, z.B. bei Ausstellungen, verwendet werden. Nachteilig ist das hohe Gesamtgewicht, das sich mit dem Maschineninhalt und Zubehör auf rund 15 kg beläuft

14 Auf dem Holzweg – eine kleine Werkstatt, fast ganz aus Holz gebaut

14.1 Gedanken zum Werkstoff Holz

Im Dörpmuseum Münkeboe (Niedersachsen) ist unter anderem eine kleine Werkstatt mit einigen Arbeitsmaschinen (Drechselbank, Bandsäge) aus Holz zu sehen; dies war dem Autor Inspiration genug, etwas Ähnliches im Modell zu bauen. Für den Metall-Modellbauer ist das zwar etwas gewöhnungsbedürftig, da man sich zum „Holzwurm" bzw. Minischreiner weiterentwickeln muss.

14.2 Planungsgrundlagen und Materialien

Bei einer Bodenbelag-Erneuerung im heimischen Wohnzimmer blieben Reststücke aus hochwertigem Ahornparkett übrig. Ein ideales Material für Modellbau-Anwendungen, da Ahorn relativ unempfindlich und sehr fein

Eine „Holz"-Werkstatt, gesehen von der „Drehbank"-Seite. Diese mal nur mit zwei Betriebsmodellen, aber einer originalgetreuen Hobelbank mit Modellwerkzeug in reicher Auswahl. Sogar ein „hölzerner" Mitarbeiter ist vorhanden

Hier die Ansicht von der Hobelbank bzw. dem Schleifbock. Aufgestellt auf der Transportkiste mit den Maßen 300×400×150 mm (Bezug der Kiste aus dem Baumarkt)

Draufsicht

gemasert ist. Dies war der Werkstoff für die Grundplatte und die Hobel-/Werkbank.

Für die beiden Betriebsmodelle fanden sich Eichenholz-Abfallstücke (Leisten) aus einer Schreinerei; alles sonst Erforderliche an Material kommt aus dem Restefundus des Autors. Insgesamt also ein sehr preiswertes Projekt.

14.3 Betriebsmodelle

14.3.1 Drechselbank

Leistenmaterial aus Eichenholz (es eignen sich aber auch andere Harthölzer, wie Buche oder Nussbaum) wurden passend zurechtgeschnitten und mittels Schleifpapier auf einer

Stabile „A“-Beine aus 18-mm-Eichenholz sogen für einen sicheren Stand

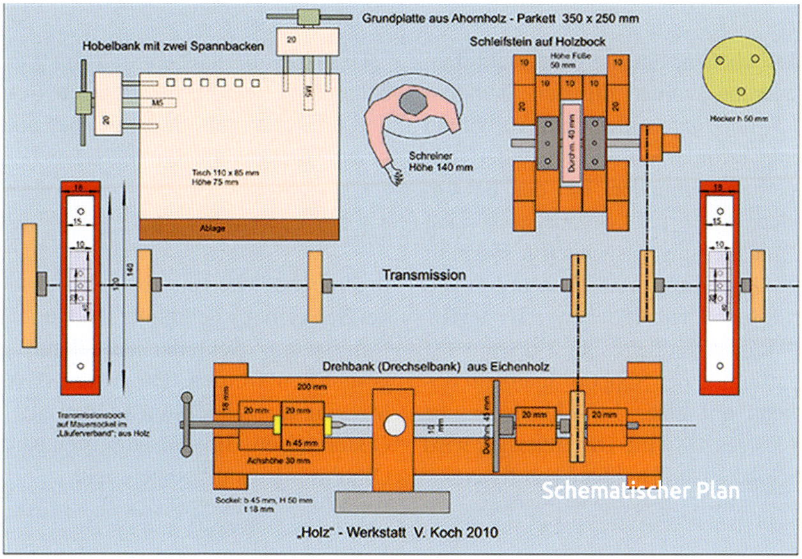

Schematischer Plan

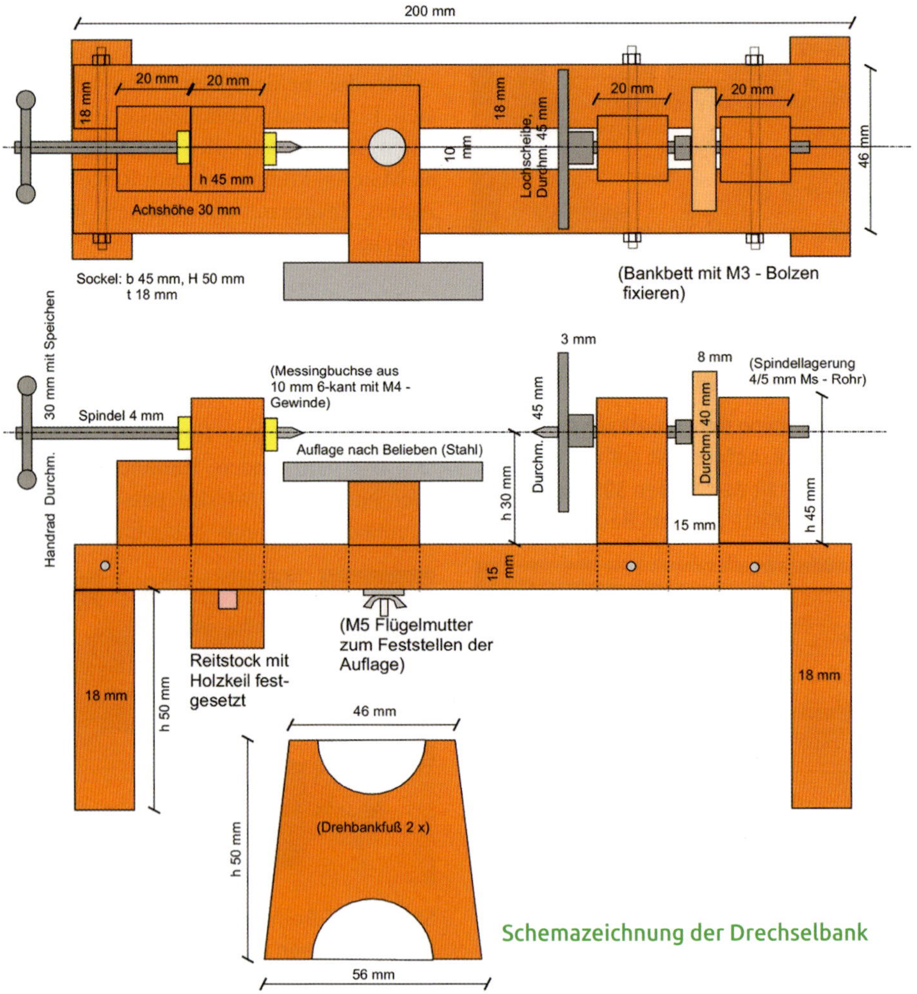

Schemazeichnung der Drechselbank

vollkommen ebenen Fläche plangeschliffen. Zu Stabilisierung wurden die Teile verklebt und mit 1,5-mm-Nagelstiften (ein Vorbohren ist unbedingt erforderlich, sonst splittert das Holz!) dauerhaft verbunden. Bei den beweglichen Teilen, Reit- und Spindelstock sind die Lager mit Messing ausgebuchst. Bewährt hat sich das zusätzliche Verkleben mit einem hochfesten Modellbauhartkleber, z.B. UHU-hart. Die Werkzeugauflage des Supports ist aus Eisen, während der Support unterhalb des Drehbankbetts mit einer M5-Flügelschraube verstellbar festgesetzt wird. Der Reitstock wird mit einem Holzkeil am Drehbankbett fixiert.

Die Holzoberflächen sind mit Leinölfirnis behandelt. Leinölfirnis ist zwar gesundheitlich unbedenklich, benötigt aber eine relativ lange Trockenzeit.

14.3.2 Schleifbock

In ähnlicher Manier wie die Drechselbank ist der Schleifbock gearbeitet. Mit einer 40-mm-Naturstein - Schleifscheibe kann „richtig" geschliffen werden. Die 5-mm-Achse ist in Messing-ausgebuchsten Lagern aus 10-mm-Quadrateisen, 30 mm lang, gelagert. Kleine Ölbohrungen sind eingebracht.

Schleifbock mit Naturstein-Schleifschiebe. Im Vordergrund ein kleiner Dreibeinhocker

14.4 Transmission

Zwei stabile Lagerböcke aus verschraubtem 10-mm-Quadratmessing (20 bzw. 40 mm lang) ruhen auf gebogenen 15/6-mm-Bandeisen, das auf einem „gemauerten" Sockel steht. Das Mauerwerk (in der Maurer-Fachsprache als „Läuferverbund" bezeichnet) ist in eine 18 mm starke Holzleiste eingeschnitzt, sodass es nach der Rot-Bemalung der Steine ziemlich echt wirkt.

Alle Transmissionsräder sind vorbildähnlich aus Sperrholz gesägt (siehe Kapitel „Transmission"); die Teilung ist nur angedeutet. Eine durchbohrte M10-Schraube als Nabe mit eingebrachter M3-Made sorgt für die Befestigung auf der 5-mm-Federstahlwelle. Federstahl (Bezug: Firma Conrad Electronic) ist sehr hart und deswegen auch nur schwer durch die M3-Madenschrauben zu „beeindrucken".

14.5 Sonstiges

14.5.1 Hobelbank

Auch die Arbeitsplatte der Hobelbank besteht aus einem Stück Ahornparkett. Zwei massive Spannvorrichtungen und eine

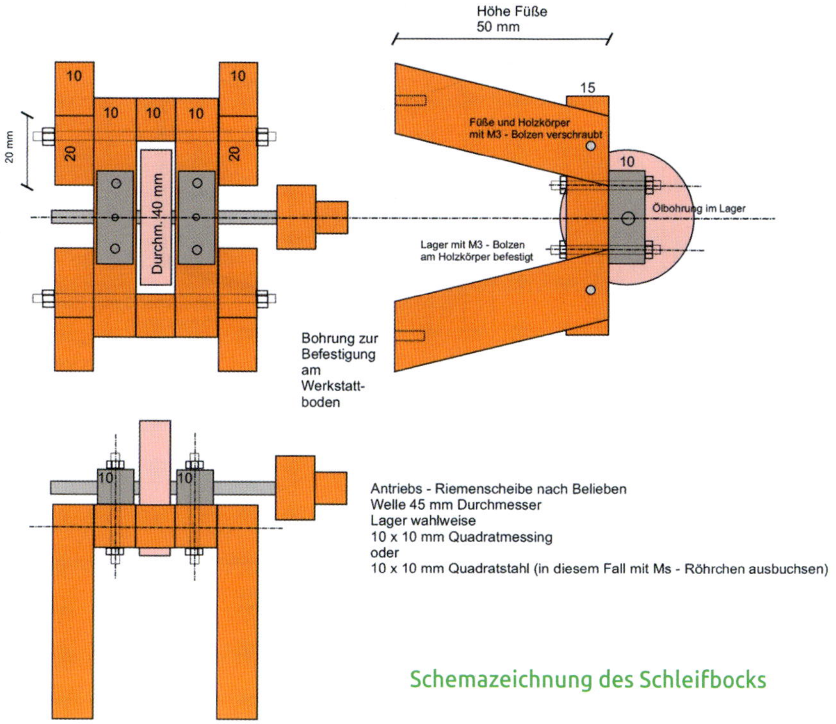

Schemazeichnung des Schleifbocks

◀ Man beachte den „Mauerstein"-Sockel. Jeder Stein bzw. die Mauerfugen sind einzeln ausgeschnitten. Bei den Verschraubungen sollten immer die Muttern oben zu sehen sein, das wirkt vorbildgetreuer. Niemals einfache Holzschrauben – oder schlimmer noch Spax & Co. – verwenden. Noch besser als die hier verwendeten M3-Norm-Muttern mit der Schlüsselweite 5,5 mm sind vorbildgetreue Muttern, die man aus 5-mm-Sechskantmaterial selbst herstellen kann

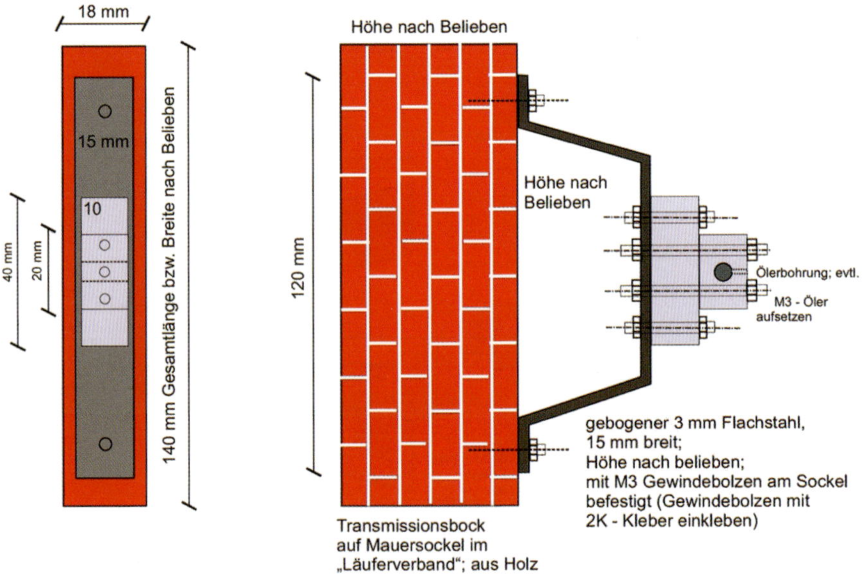

Für Welle 4 bzw. 5 mm Durchmesser
Lager wahlweise
10 x 10 mm Quadratmessing
oder
10 x 10 mm Quadratstahl (in diesem Fall mit Ms - Röhrchen ausbuchsen)
Lager mit M3 - Gewindebolzen verbinden bzw. befestigen

Schemazeichnung eines der beiden Lagerböcke

Hobel-/Werkbank mit aufgelegtem Modellwerkzeug aus der Schreinerinnung. Das Grundgestell ist mit dünnen Nägeln (unbedingt vorbohren!) verstiftet und verklebt. Für die Tischplatte und die Spannbacken wurde schön gemasertes Ahornparkett verwendet

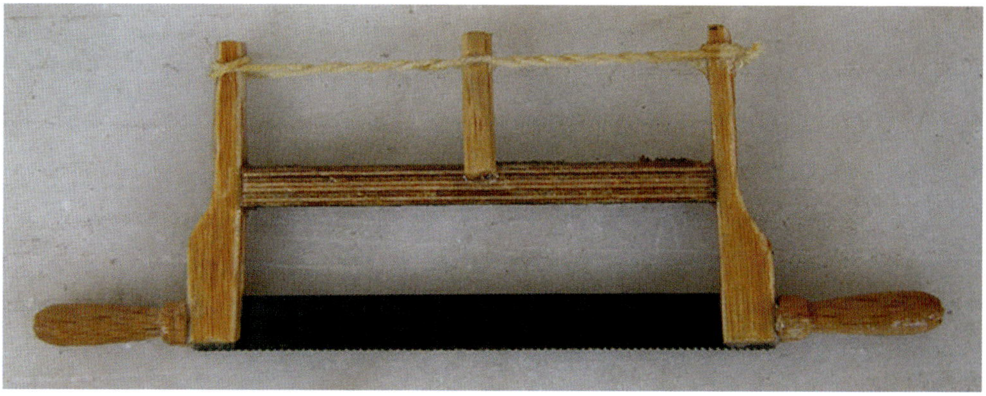

Ablage kommen dem Vorbild sehr nahe. Die Hobelbank ruht auf einem Gestell aus 12-mm-Quadratbuchenleisten. Die Spannbacken werden über eine M5-Spindel mit je zwei 3-mm-Stahl-Führungsstiften bewegt.

Das Modellwerkzeug wird aus Holz- und Metallresten recycelt.

14.5.2 Handsäge

Eine besondere Liebhaberei ist hier die selbstgefertigte, typische Schreiner-Handsäge mit Spannknebel und einem gekürzten „Puk"-Sägeblatt. So etwas kostet, außer ein „wenig" Arbeit, eigentlich gar nichts.

14.5.3 Werkzeugkasten

Gleiches trifft auf den Werkzeugkasten und das übrige filigrane Handwerkszeug (Handbohrmaschine, Stechbeitel, Holzhammer, Fuchsschwanzsäge) zu. Natürlich muss alles festgeklebt werden, sonst verliert sich die schöne Arbeit im Nirgendwo oder verschwindet bei Ausstellungen.

Ein 50 mm hoher Holzhocker und ein 140 mm hoher „Schreiner" – natürlich auch aus Holz & selbstgeschnitzt – gehören auch noch dazu. Der Maßstab der Anlage ist ein etwa 1:12.

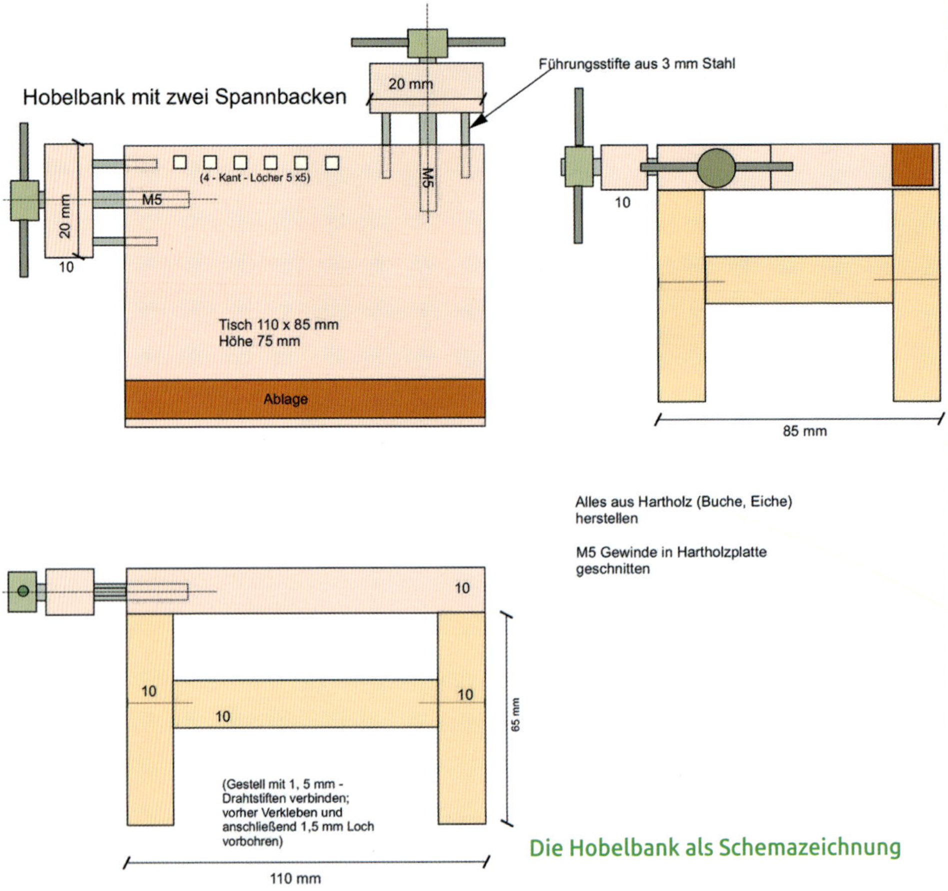

Die Hobelbank als Schemazeichnung

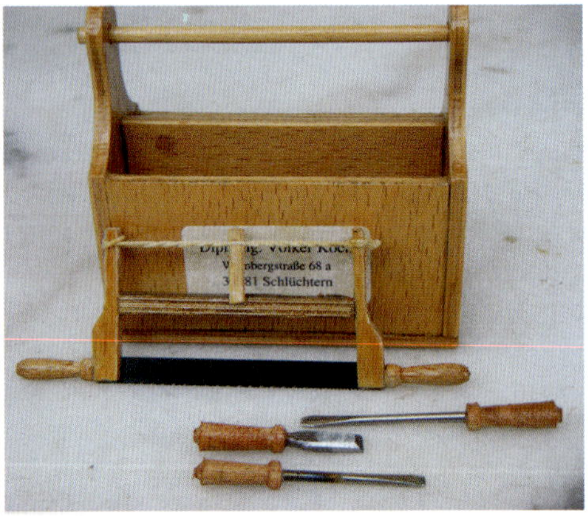

15 Werkstattanlage für den Außenbetrieb mit zwei Transmissionen

15.1 Ansicht der Anlage

Diese Werkstattanlage, mittlerweile über 20 Jahre alt, hat sich bei Vorführungen im

Eine umfangreiche Anlage mit zwei Transmissionen. Trotzdem ist alles recht kompakt angeordnet, um möglichst wenig Raum in Anspruch zu nehmen

Gesehen von der anderen Seite. Sechs Betriebsmodelle, ein Elektromotor und eine Werkbank sind untergebracht

Vorführung bei der Veranstaltung eines Schiffmodellbauclubs in einem Freibad (Schlüchtern im Jahre 2006). Betrieb mit „Echtdampf“ durch eine kleine Lokomobile (siehe Kapitel Antriebsmaschine Lokomobile)

Außenbereich bewährt. Hitze, Staub, Regen und all die unliebsamen Erscheinungen, mit denen man bei Veranstaltungen im Freien rechnen muss, sind als Erfahrung bei Planung und Bau mit eingeflossen. Es ist deshalb kein superfeines Maßstabsgebilde, sondern ein echtes „Arbeitstier“, das nicht nur bei Schönwetter oder in einer Halle „gebadet“ wird.

15.2 Planungsgrundlagen und Materialien

40-mm-Flachstahlmaterial, 8 mm stark, für die Betriebsmodelle verwendet, stammt vom Schrott. Basis für die Sockel dreier

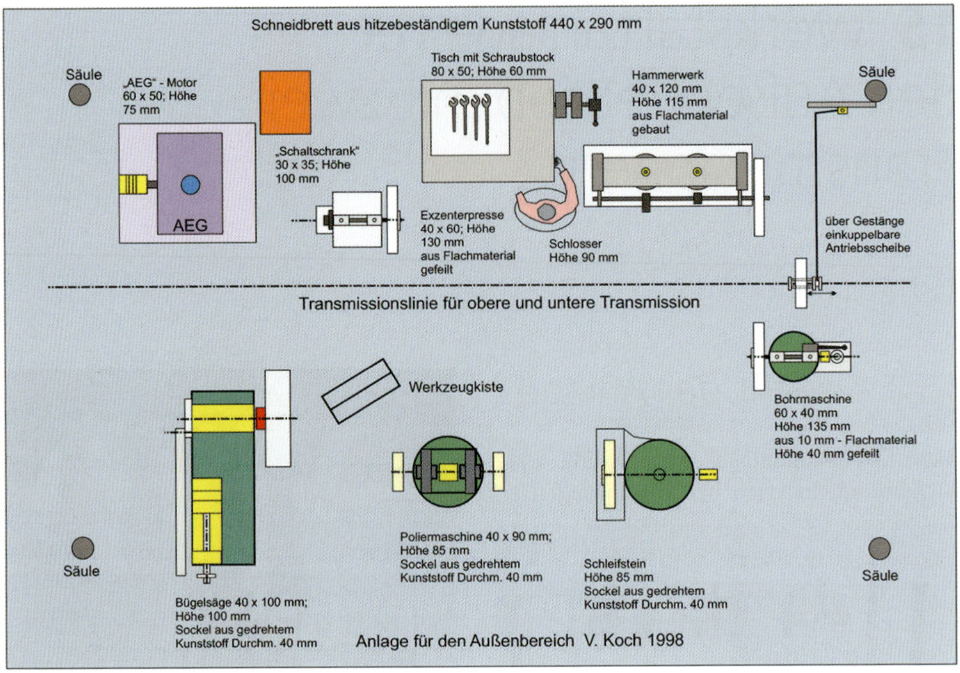

Schematische Draufsicht ohne die beiden Transmissionen, die genau übereinanderliegen: Eine niedrige Bocktransmission und eine Hochtransmission, welche gemeinsam alle Betriebsmodelle mit Bewegungsenergie versorgen

Betriebsmodelle (Säge, Polier- und Schleifmaschine) sind 40-mm-Kunststoff-Rundstäbe aus grauem Nylon, welches mir von einem Bekannten überlassen wurde. Bei der Grundplatte handelt es sich um ein strapazierfähiges Kunststoffschneidbrett aus dem Haushaltsbereich. Die formschönen Säulen, ebenfalls aus Kunststoff, auf denen die Hochtransmission ruht, sind Ersatzteile der Wilesco-Werkstatt D141, ebenso wie die Lagerböcke aus Zinkdruckguss der Deckentransmission.

Alles Übrige wurde wieder dem „heimischen“ Lagerplatz entnommen. Für Metallmodellbauer lohnt es sich eine „Restekiste“ anzulegen, in der Verschnitt und alle anderen, nicht gerade benötigten Metallreste gesammelt werden. Man weiß ja nie, wofür es noch gut sein kann!

15.3 Betriebsmodelle

Alle Betriebsmodelle sind ohne konkreten Plan, nur mit Handskizzen und dem gerade verfügbaren Material entstanden.

Bügelsäge und Polierbock; die Stahlteile sind miteinander und an den gedrehten Kunststoffsockeln verschraubt

Der „Schleifstein“ im Vordergrund und die Standbormaschine im Hintergrund. Der 6-mm-Schaft der 50-mm-Schleifscheibe ist auf 4 mm aufgebohrt und mit einer ebensolchen Steckachse als Welle versehen, da die 6-mm-Achse bei dem Modell maßstäblich zu groß wirken würde. Der Körper der Bohrmaschine ist wieder aus 40-mm-Flachstahl gesägt und gefeilt, was ein wenig Fleißarbeit erfordert

Das Hammerwerk – man könnte es auch als Stampfwerk bezeichnen – hat hier die Funktion eines Geräuschgenerators, um die Aufmerksamkeit von vorbeigehenden Besuchern zu gewinnen. Auch hier ist alles sehr stabil aus Stahleinzelteilen verschraubt und verlötet.
Der Werktisch mit selbstgebautem Werkzeug und Flaschenschraubstock ist aus 1-mm-Eisenblech gebaut. Ein 90 mm hoher Maschinenarbeiter aus dem Modellbaufachhandel, der hier aber ein wenig zu klein hinter dem Flaschenschraubstock wirkt, trägt zur Belebung der Anlage bei

Ähnlich wie bei der Bohrmaschine ist auch der Körper der Stanze aus 40-mm-Flachstahl gesägt und gefeilt. Eine Zahnraduntersetzung mit 50/15 Zähne im Modul 0,5 (Firma Conrad Electronic) trägt zur Erhöhung der Kraftwirkung bei. Das Antriebsrad ist ebenso wie bei dem Hammerwerk aus 1-mm-Stahlblech gebaut und hartverlötet worden. Es sieht fast aus, als wäre es aus einem filigranen Gussteil entstanden.
Ein Motor als Substitutionsantrieb, hier ein wenig durch den „Schaltschrank“ verdeckt, ist wieder ein einfacher 12-V-Gleichstrommotor, der in ein Gehäuse gezwängt ist. Eine selbstgefertigte Hebeöse aus Edelstahl und ein selbstgemaltes „AEG“-Schild bessern das Ganze ein wenig modellmäßig auf

Drei Modelle haben, wie bereits erwähnt, einen ähnlichen Sockel aus gedrehtem 40-mm-Rund-Nylon: Bügelsäge, Polierbock und Schleifstein. Die Bügelsäge besitzt ein

„echtes“ Sägeblatt, gekürzt, das von einer kleinen „Puk“-Säge stammt. Der dazugehörige Maschinenschraubstock ist aus 16-mm-Vierkantstahl handgefeilt. Der Polierbock ist mit Filz-Polierschleifscheiben ausgestattet, während die Schleifeinrichtung mit einem echten 50-mm-Naturstein aus dem Bohrmaschinenzubehör bestückt ist.

15.4 Transmissionen

Die Deckentransmission wird von einem Rahmen getragen, der aus Aluminiumprofilen (hier vom Baumarkt) zusammengeschraubt ist und auf den vier Wilesco - Werkstattsäulen (Ersatzteil der Wilesco-Lokomobilwerkstatt D141) ruht. Das Hauptantriebsrad kann über einen Hebelmechanismus ausgekuppelt werden, sodass ein Leerlaufbetrieb möglich ist. Alle Transmissionsräder sind aus Buchenholz gesägt und überdreht. Eine Nabe aus durchbohrten M6-Schrauben mit M3-Madenschraube zum Feststellen auf der Transmissionsachse ist bei jedem Rad ergänzt worden. Zur Herstellung der Räder kann man das Kapitel „Transmission“ zu Rate ziehen.

Im Nachhinein wäre es vorteilhafter gewesen, die Räder aus wasserfest verleimtem Sperrholz herzustellen, weil Buchenholz sich verziehen kann und außerdem sehr hygroskopisch ist. Aus diesem Grund wurden die Holzräder mehrfach mit wasserfester Beize versiegelt.

Das Hebelwerk zum Auskuppeln des Transmissionsantriebsrades wird von der Werkstattbasis aus bedient. Über verschiebbare Mitnehmerstifte an einem verschiebbaren Rad auf der Transmissionswelle wird das Antriebsrad gekuppelt.

Die Funktion bzw. das Prinzip einer ähnlichen Transmissionskupplung ist auch in dem Kapitel „Kompaktwerkstatt“ beschrieben

15.5 Sonstiges

Für die Unterbringung, Schutz und Transport sorgt wieder eine stabile Holzkiste, die diesmal, sehr großzügig bemessen, noch zusätzliche Betriebsmodelle aufnehmen kann.

Auf verfeinerte Details ist hier verzichtet worden, da die Werkstatt, wie eingangs erwähnt, öfters dem rauen Außenbetrieb ausgesetzt ist.

16 Zusammenstellung einer Heißluft-Modellanlage mit nostalgischen Antriebsmodellen

16.1 Materialzusammenstellung und Vorüberlegung

Basis der Anlage ist ein wasserfest verleimtes Buchenholz-Schneidbrett vom Discounter mit den Abmessungen 450×270×25 mm. Solch fertig bearbeiteten Bretter werden hin und wieder von der genannten Quelle oder ähnlichen Märkten zu sehr günstigen Preisen angeboten, manchmal sogar als Restware zusätzlich reduziert. Wenn man ein vergleichbares Brett im Baumarkt erwirbt und ggf. noch zuschneiden lässt, so würde das wesentlich teurer ausfallen.

Vorüberlegungen mit dem verfügbaren Grundbrett, der Antriebsmaschine und einigen alten Blech-Betriebsmodellen. Die kleine Windmühle war anfangs mit einkalkuliert, wurde aber später aber wieder zur Seite gelegt

Säulen aus 12-mm-Edelstahl, 400 mm lang. Die Transmissionstraverse besteht aus 4 mm eloxiertem Aluminiumblech. Beide Materialien stammen „kostengünstig" vom Schrott. Etwas mühsam ist das Aussägen des Fachwerkmusters der Transmissionstraverse mit der Laubsäge; es sind einige Metallsägeblätter als „Verlust" abzuschreiben, aber das Ergebnis lohnt sich

Eine Hochtransmission sollte auf vier stabilen Edelstahlsäulen positioniert werden. Das wirkt gefälliger aus als die sonst bei derartigen Anwendungen üblichen, niedrigen Bocktransmissionen.

16.2 Grundkomponenten

16.2.1 Antriebsmaschine

Ein Gussteilesatz eines Reichelt-Heißluftmotors, Modell „Historica," wurde zu einer ansprechenden Antriebsmaschine ausgearbeitet. Heißluftmotoren sind im Vergleich zu Dampfmaschinen in der Handhabung

Die Transmissionstraverse ist provisorisch gefügt. Getragen wird sie durch zwei stabile Aluminiumwinkel mit den Maßen 20×35×3 mm, die auf den vier Säulen ruhen. Eine M6-Verschraubung sorgt für mehr als ausreichende Stabilität. Es empfiehlt sich eine abschließende Lackierung mit silberfarbigem Metallschutzlack, z. B. „Hammerit." Dieser haftet sehr gut und eventuelle Abplatzungen in Folge von Anstoßungen sind dann kaum sichtbar

unproblematisch und jederzeit ohne großen Aufwand in Betrieb zu setzten. Natürlich könnte auch jede andere Art von Antriebsmaschine verwendet werden, sofern die Abmessungen nicht all zu groß sind und das so gewünscht ist.

16.2.2 Betriebsmodelle

Ein stark angerosteter Doll-Wasserbrunnen wurde betriebsfähig hergerichtet und sehr farbenfroh mit Emailfarben „handbemalt". Der Holzsäger, Fabrikat Keim & Co., stammt wohl aus der Nachkriegszeit; die Beschriftung „Made in U.S. Zone" ist ein sicheres Indiz dafür.

Die kleine Bocktransmission aus Blech unbekannter Herkunft war ebenfalls angerostet und musste entsprechend behandelt werden.

Auf Grund des „schlechten" Zustands konnten die Betriebsmodelle sehr billig erworben werden. Durch die Aufarbeitung sind sie natürlich nicht mehr „original", aber wieder voll funktionstüchtig.

16.3 Transmission

Beim Thema „Transmission" sollte man ruhig etwas mehr an Aufwand betreiben, weil eine vorbildähnliche Hoch- oder Deckentransmission die Anlage insgesamt aufwertet.

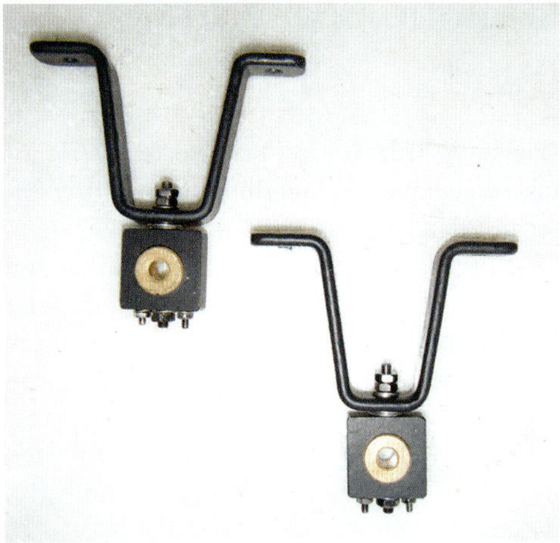

Hängelager mit Lagerbuchse

Transmission mit Hängelagern. Die Räder sehen aus, als wären sie aus Gussteilen erstellt, aber sie sind aus Einzelteilen „gebaut"

Die Transmissionslager und die größeren Riemenscheiben wurden „gebaut". Die Verfahren dazu sind im Kapitel „Transmission" beschrieben. Die kleinen Räder sind einfache Drehteile, bei welchen die Riemenrillen durch eine grobe Dreikantfeile etwas aufgeraut wurden: Mit Druck wird die Dreikantfeile in die Rille gepresst und das Ganze auf einer stabilen Unterlage hin und her gerollt, bis die gewünschte Rauheit gegeben ist. „Profis" erledigen so etwas mit einer Rändel- oder Kordelvorrichtung auf einer stabilen Drehmaschine.

16.4 Sonstiges/ Ausgestaltung

Die Transmissionstraverse wird aus Stabilitätsgründen in der Mitte der Transmission auf dem Grundbrett durch eine Hartholzsäule, hier aus Nussbaum, abgestützt. Die Aluminiummetallteile sind durch einen industriegrauen Metallschutzlack geschützt.

Alle Komponenten, Heißluftmotor und Betriebsmodelle werden an der Grundplatte über eingelassene Gewindestifte verschraubt. Dadurch ist die Verschraubungsmutter oben angeordnet, was insgesamt gefälliger ausschaut. Gewöhnliche Holz- oder Spaxschrauben mit Kreuzschlitz, Inbus oder Torx passen bei einer nostalgisch gestalteten Anlage nicht so richtig ins Bild.

Eine abnehmbare, stabile Haube aus Fichteleimholz wird noch ergänzt. Sie schützt vor Beschädigungen und Staub, erleichtert den Transport sowie die Lagerung und kann notfalls auch als provisorische Sitzgelegenheit bei Vorführungen „missbraucht" werden.

Die fertige Anlage. Als Standfüße sind hier Spirituosenflachen - Korkstopfen untergeklebt.

16.5 Schutzbehältnis

Die Transport-/Schutzkiste links im Bild mit abnehmbarer Frontscheibe. Rechts ist

die Anlage darin untergebracht. An der Decke befindet sich eine kleine Ersatzteilbox aus Holz.

Im Baumarkt lässt man sich aus passenden Fichte-Leimholzbrettern (hier 800×300×18 mm) die gewünschten Maße zuschneiden und montiert diese dann selbst zusammen. In den Seitenbrettern sind hier runde Aussparungen für den handlichen Transport eingebracht. Aus Plexiglas kann man noch eine passende Frontscheibe anfertigen. In diesem Fall ist die Frontplatte durch Sprossen geteilt, weil entsprechende Plexiglasreststücke zur Verfügung standen. Zum Schutz wird das Holz mit einer farblich passenden Wetterlasur behandelt.

17 Ein einfaches Hammerwerk mit Dampfantrieb

17.1 Vorüberlegungen und Planung der „Hammer"-Werkstatt

Wesentliche Komponenten, wie Grundplatten, Heizhaus und Teile des Hammerwerks sind in Aluminium gehalten. Die massiven Aluminiumbleche wurden kostenlos (!) von einem kleinen Handwerksbetrieb gespendet. Die einfache Modellanlage ist das typische Ergebnis einer „Zufallsplanung".

Eigentlich ohne eine vorausgehende, konkrete Planung entstand dieses einfache „Werk" vor über zwanzig Jahren. Für Vorführungen im Freien sollte es nicht zu schade sein und darum wurde der Aufbau bewusst einfach, stabil und funktionell gehalten.

17.2 Dampfmaschine

17.2.1 Kesselanlage

Der hartgelötete Walzenkessel aus Messing 63 (Durchmesser 70 mm, Länge 110 mm) besitzt zur Verbesserung der Dampferzeugung vier Siederohre aus 6/4-mm-Kupferrohr an der Unterseite. An Armaturen sind vorhanden: Sicherheitsventil (Firma Wilesco), Manometer (ebenfalls Wilesco), Dampfpfeife (Eigenbau), Wasserstand mit Ablasshahn (Eigenbau), Handspeisewasserpumpe mit Einspeiseventil (Eigenbau) und ein Speisewasserbehältnis aus einer Edelstahlgewürzdose mit Deckel.

Zur weiteren Ausgestaltung sind eine Galerie mit Leiter und strukturpolierte Edelstahlapplikationen angebracht. Der Schornstein ist aus einem alten Abwassersiphon recycelt. Das Heizhaus besteht aus sehr grobem

Ansicht von der Rückseite mit einem positionierten „Versorgungsfahrzeug". Über den Leiteraufstieg am Kesselhaus kann das Betriebspersonal den Wasserstand im Speisewasserbehältnis jederzeit prüfen

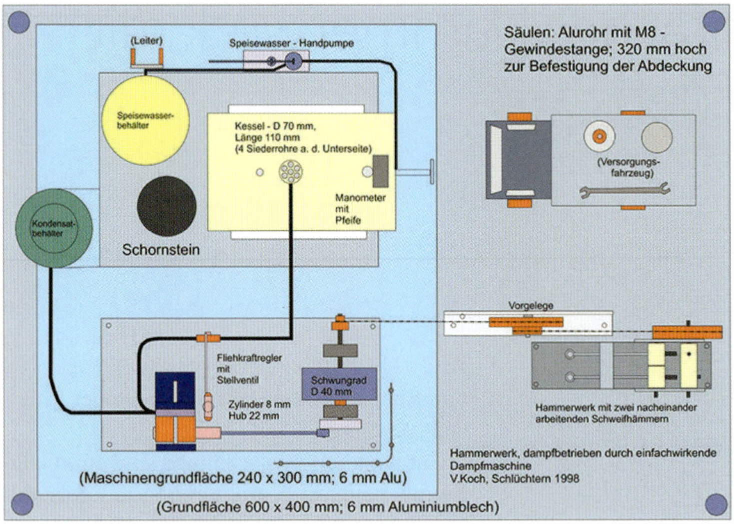

Schematische Draufsicht, etwas vereinfacht. Die Playmobil-Maschinenarbeiter sind hier weggelassen

Riffelblech, weil´s gerade kostenlos verfügbar war. Aus einem kleinen Edelstahl-Trinkbecher ist ein Behältnis für die Aufnahme des öligen Maschinenkondensats geworden.

Geheizt werden kann wahlweise mit Brennpaste oder Spiritus bzw. Bio-Äthanol. Der Brenner ist ein Edelstahl-Butterpfännchen mit den entsprechenden Einsätzen.

Der hartgelötete Walzenkessel aus Messing 63 (Durchmesser 70 mm, Länge 110 mm) besitzt zur Verbesserung der Dampferzeugung vier Siederohre aus 6/4-mm-Kupferrohr an der Unterseite. An Armaturen sind vorhanden: Sicherheitsventil (Firma Wilesco), Manometer (ebenfalls Wilesco), Dampfpfeife (Eigenbau), Wasserstand mit Ablasshahn (Eigenbau), Handspeisewasserpumpe mit Einspeiseventil (Eigenbau) und ein Speisewasserbehältnis aus einer Edelstahlgewürzdose mit Deckel.

Durch die „gehobene“ Position des Speisewasserbehältnisses auf dem Kesselhaus wird das Speisewasser durch die abgestrahlte Wärme angewärmt.

17.2.2 Maschinenaggregat

Einfachwirkende „Oszi“-Dampfmaschine mit zusätzlichen Ausstattungsmerkmalen. Das Schwungrad aus Edelstahl-Nr. 1.4571 (V4a) ist bewusst schlicht gehalten, auch, weil der Werkstoff mit konventionellem Werkzeug nur sehr schwer zu

Einfachwirkende „Oszi“-Dampfmaschine mit zusätzlichen Ausstattungsmerkmalen

Detailansicht Fliehkraftregler. An dem Stellventil ist gleichzeitig ein Öler angebracht

bearbeiten ist. HSS-Drehstähle sind auch bei Kühlung im „Nu“ stumpf oder bilden eine Aufbauschneide; glücklich ist, wer „professionelles“ Werkzeug besitzt.

Die Besonderheiten sind der runde Schieberspiegel und der Zylinder aus einem Messingblock mit eingesetzter 10/8-mm-Laufbuchse. Ein massives Gegenlager, einstellbar im Spiel, drückt den Zylinder gegen den Spiegel, sodass es nicht zum „Sabbern“ kommt. Der Schieberspiegel wird von einem passend rundgefeilten Winkeleisen getragen. Alles ist sehr „stabil“ gehalten.

Ein Fliehkraftregler wirkt über einen Hebel an ein Drosselventil in der Zudampfleitung. Bei dieser Modellgröße wirkt die „Regelung“ eher etwas grob.

Die Kurbelwelle mit dem Schwungrad aus einem 40-mm-Edelstahlstababschnitt ist nicht sichtbar kugelgelagert (Verwendung von Lagern der Firma Conrad Electronic mit beidseitigen Teflon-Deckscheiben).

Ebenfalls aus Edelstahl bestehen die strukturpolierte Aggregatgrundplatte und die Kurbelscheibe. Eine schlichte Messinggalerie umgibt die „gefährlichen“ Teile des Kurbeltriebs.

17.3 Hammerwerk

Hämmer, Ambosse (Schabotte) und Stangenmaterial bestehen aus korrosionsfestem Edelstahl, während die Grundplatte und die seitlichen Lagerplatinen aus Aluminium gefertigt sind. Wegen der erhöhten Beanspruchung sind die Schweife an den Messingwalzen aus gehärtetem Stahl; die Bolzen der Antriebswelle

Zwei Maschinenarbeiter (Playmobil) kümmern sich intensiv um diesen Anlagenteil. Im Hintergrund das Vorgelege mit hölzernen Riemenscheiben

sind einfache M3-Schrauben, welche bei Bedarf gewechselt werden können.

Wichtig ist, dass bei Vorführungen eine gewisse Geräuschkulisse erzeugt wird, um die Aufmerksamkeit der Zuschauer zu gewinnen.

17.4 Vorgelege

Eine Transmission ist hier eigentlich nicht notwendig, da nur ein Betriebsmodell angetrieben wird. Das Vorgelege soll lediglich die Drehzahl reduzieren, weil ansonsten die Hämmer unrealistisch schnell arbeiten würden. Solche einfachen Hammerwerke gab es auch im Vorbild („Tobiashammer“ in Ohrdruf, Thüringen oder die Wassermühle im „Hessenpark“ Neu-Anspach, Taunus).

Alle größeren Riemenschieben sind aus Eichenholz gedrechselt und mit Klarlack versiegelt.

17.5 Weitere Ausgestaltung

Der „Versorgungswagen“ – ein Fund vom Flohmarkt – ist massiv aus Stahl gearbeitet. So wie es aussieht, könnte dies ein Gesellenstück eines Metallbauers gewesen sein, da bauartgleiche Modelle schon öfters zu sehen waren. Das gute Stück war zwar für Groschen zu haben, aber im Fundzustand ziemlich angerostet und wurde für die neue Aufgabe etwas „aufgehübscht“.

Der Einsatz auf der Ladefläche trägt einen Ölbehälter, einen Becher, diverse Dichtungsersatzteile und einen 5,5/7-mm-Schraubenschlüssel (Marke „Super Steel“, Made in GDR), womit das wichtigste Zubehör immer in Griffweite ist.

Ein abnehmbares Schutzdach aus verschraubten Buchenholzbrettern gewährleistet einen zuverlässigen Schutz vor mechanischen Beschädigungen. An den Seitenflächen sind ovale Aussparungen eingebracht, damit die Anordnung gut transportiert werden kann. Bei längeren Einlagerungen wird der Maschinenteil zum Schutz vor Staub und Dreck in einen größeren Müllbeutel eingepackt.

17.6 Sonstiges

Ein abnehmbares Schutzdach aus verschraubten Buchenholzbrettern gewährleistet einen zuverlässigen Schutz vor mechanischen Beschädigungen. An den Seitenflächen sind ovale Aussparungen eingebracht, damit die Anordnung gut transportiert werden kann. Bei längeren Einlagerungen wird der Maschinenteil zum Schutz vor Staub und Dreck in einen größeren Müllbeutel eingepackt.

Unter der Decke befindet sich ein abnehmbares Holzkästchen mit weiteren Betriebsutensilien. Die Gesamtkonstruktion ist wieder ausreichend stabil, um im Bedarfsfall auch als Sitzgelegenheit zu dienen. Die Abdeckhaube kann aber auch als Vorführtisch verwendet werden. Die bei ähnlichen Modellanwendungen bewährten Gummitürstopper fungieren auch hier als strapazierfähige Gerätefüße.

Nach jedem Betrieb wird die Anlage mit etwas dünnflüssigem Korrosionsschutzöl (Firma Conrad Electronic) konserviert. Bei Bedarf lassen sich die blanken Metallteile leicht nachpolieren

18 Kleine Werkstatt-Dampf-Anlage mit niedriger Bocktransmission und zwei einfachen Betriebsmodellen

18.1 Anmerkungen zu der vorgestellten Werkstatt

Zur Abwechslung zu den sonst gradlinigen Anordnungen fand diesmal alles auf einer gemeinsamen Kirschholzplatte, deren seitliche Ränder naturgewachsen belassen wurden, seinen Platz. Damit sich die Platte nicht verwerfen kann, sind auf der Unterseite zwei stabile Querstreben, ebenfalls aus Holz, angebracht (verleimt und verschraubt). Türstopper als stabile Gerätefüße aus Gummi

Ausgangsbasis für dieses „Werk" war eine Selbstbau-Dampfmaschinen-Ruine aus dem Internet und zwei Gussteile, die von wohl uralten Betriebsmodellen stammen

Kiste mit Aussparung für den großzügig dimensionierten Transportgriff aus Edelstahl. Rechts und links die Steckstifte, welche die Kiste mit der Modellplatte verbinden. Damit werden Transport und Handling bei Ausstellungen und Vorführungen wesentlich erleichtert

sorgen dafür, dass die Modellplatte bei Bedarf, z.B. bei Vorführungen im Freien, nahezu überall abgestellt werden kann. Für den Transport und das Handling sind an den Stirnseiten zwei großzügig dimensionierte Edelstahlgriffe (aus einem alten Banderder gebogen) befestigt. Zum Schutz ist alles in einer passenden Holzkiste untergebracht, die einfach übergestülpt und mit vier Steckstiften fixiert wird. Im Vordergrund der Dreidocht-Spiritusbrenner aus Edelstahl zur Beheizung des Kessels.

18.2 Material-Grundlagen

Die schöne Kirschholzplatte konnte für „kleines Geld“ auf einem Flohmarkt mitgehen. Basis für die Dampfmaschine war, wie bereits erwähnt, eine im Internet erworbene Selbstbau-Maschine, bei der außer dem stabilen Fundament aus gekantetem 1,5-mm-Stahlblech sonst nichts mehr einer sinnvollen Verwendung zugeführt werden konnte. Ebenso konnten zwei alte Gussteile als Grundlage für die beiden Betriebsmodelle günstig erworben werden. Vorbild für die Anlage war die käufliche Dampfwerkstatt D101 von Wilesco, die aber in der Ausführung wesentlich einfacher und leichter ist, was zumindest das Gewicht betrifft. Ansonsten sollten die Kosten für dieses „Kleinprojekt“ wieder einmal möglichst gering bleiben und nur wenige Zukaufteile verwendet werden.

Vergleich mit dem einfach gehaltenen Wilesco-Vorbild, Maschinenwerkstatt Modell D101

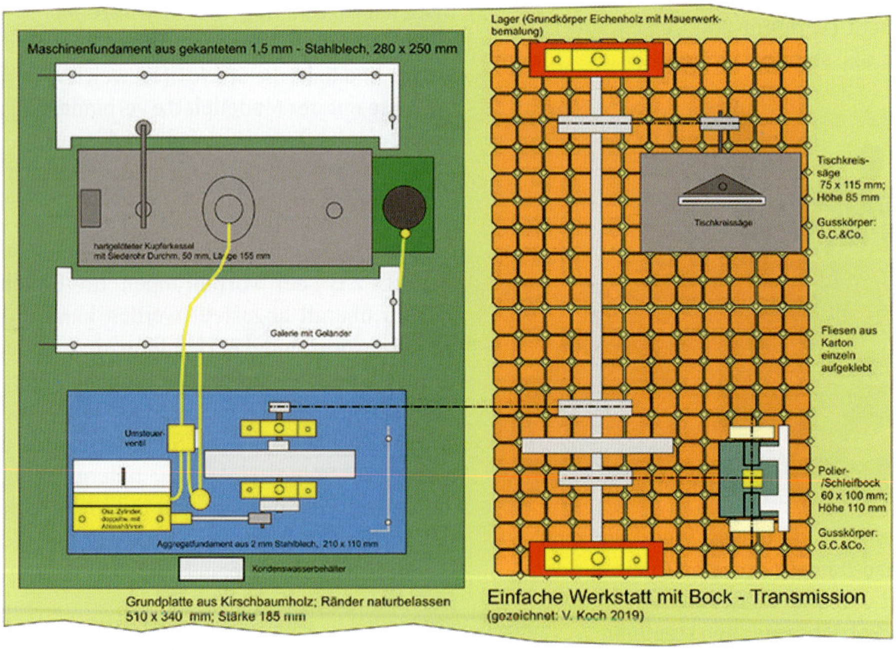

Draufsicht mit den wichtigsten Komponenten der Kleinwerkstatt. Im Vergleich zu dem Wilesco-Vorbild D101 sind hier wesentlich mehr Details untergebracht

18.3 Planung der weiteren Ausgestaltung

Da nur zwei Betriebsmodelle mit einer entsprechenden Transmission zu verbauen waren, gab es bei dem „Projekt" eigentlich nicht allzu viel zu planen. Die Anlagengröße orientiert sich wieder an den verfügbaren Maßen der Grundplatte.

18.4 Antriebsmaschine

Die ursprünglich „Dampfe" aus dem Internet und erwies sich bei näherem Hinsehen schlichtweg als Schrott; ein undichter Kessel und ein schlabberiges Aggregat einer alten Doll-Spielzeugdampfmaschine. Das Auge hat sich beim Betrachten der Bilder eines Verkaufsportals halt täuschen lassen; gekauft wie gesehen. Selbst Schuld, kann man da nur sagen!

18.4.1 Kesselanlage

Der neue Kessel mit einem Siederohr ist komplett aus Kupfer (auch die Gewindestutzen!) hartgelötet. Kesselkorrosionserscheinungen wie „selektive Korrosion", die bei Messingkesseln auftreten können, sind damit minimiert. Da ein derartiges „Bauvorhaben" mit der vorhandenen Hartloteinrichtung des Autors nicht so ohne weiteres machbar war, wurde der Kessel auf dem heimischen Holzkohlegartengrill auf die erforderliche Grundtemperatur gebracht und dann mit einem Rothenberg Brenner und Silberlot aus dem Baumarkt (Arbeitstemperatur 670 Grad) gelötet. Der Wasserstand stammt von der Firma Modellbau-Niggel, die Pfeife und der Absperrhahn von Wilesco und das Manometer vom Müll. Verschönert ist der Kessel mit strukturpolierten Edelstahlapplikationen (Galerie und Stirnplatten) aus 1,5-mm-Edelstahlblech. Alle Galeriestangen sind aus 5-mm-Edelstahl (Material Nr.: 1.4571) selbst gedreht worden, eine echte Herausforderung für Kleindrehmaschine und Drehmeißel! Die Kesselgehäuse-Seitenteile bekamen ein aufgemaltes Mauerstein-Muster, ebenso wie das Fundament des Maschinenaggregats. Das Kesselhaus ist innen mit 0,5 mm starkem Edelstahlblech ausgekleidet, um die bemalte Außenwand vor hitzebedingter Verfärbung zu schützen.

18.4.2 Maschinenaggregat

Das umsteuerbare, doppeltwirkend oszillierende Aggregat (Bohrung 10 mm, Hub 20 mm) ist sehr solide auf einer 2 mm starken Stahlplatte montiert. Die Zylinderschieberplatte wird von einem 45-mm-Winkeleisenstück getragen. Welle und Pleuellager sind reibungsarm kugelgelagert, was man als Betrachter auf den ersten Blick so gar nicht wahrnimmt. Aus diesem Grund haben die formschönen Messingöler hier eine reine Alibifunktion. Die Verschraubung

Ansicht der Maschine von der Rückseite. Das Umsteuerventil hat eine Drehschieber aus Teflon; der Zylinder ist mit Zischhähnen versehen, um das Anwärmen zu erleichtern. Die strukturpolierten Edelstahlflächen lassen die einfache Maschine etwas edler wirken

der Dampfleitung erfolgt mittels stabiler Flansche. Fast alles, Hähne, Öler, Flansche kommt aus eigener Produktion (Ausnahmen sind die Gussteile für die Lagerböcke und das Schwungrad, sie stammen von der Firma RC-Machines) und ist insgesamt sehr solide ausgeführt. Alle Befestigungsverschraubungen bestehen aus rostfreiem Stahl. Der Abdampf wird vom öligen Kondensat getrennt, bevor er in Richtung Kaminattrappe geleitet wird. Zur Aufnahme des Kondensats steht ein separates Edelstahl-Behältnis bereit.

18.5 Betriebsmodelle

Auf den alten Eisengussteilen der Betriebsmodelle ist der Schriftzug „G.C.&Co“ eingegossen, was auf den frühen Dampfspielzeughersteller Georges Carette aus Nürnberg hinweisen könnte. Leider war auch hier nicht mehr allzu viel vorhanden, sodass alles neu aufzubauen war.

18.6 Transmission

In der Realität gab es derartige Bocktransmissionen wohl eher selten. Bei Spielzeugen wurde und werden derartige Vorgelege der Einfachheit halber gern angewandt.

Flachriemen aus Leder dehnen sich jedoch bei Belastung und sind deshalb bei Nichtgebrauch von den Riemenscheiben abzunehmen. Sicherlich gibt es auch geeignetere Materialien für vorbildgetreue Flachriementransmissionen. Hier ein paar Worte zu der Herstellung von Lederflachriemen:

Mit einem Schustermesser werden unter Zuhilfenahme eines schweren Stahllineals schmale Streifen aus sehr dünnem, beweglichem Leder geschnitten. Die Streifen werden auf die erforderliche Länge mit einem Klebflächenzuschlag gekürzt. Die erforderliche Länge kann man mit einem flexiblen Maßband, wie Schneider es verwenden, leicht ermitteln. Zu der erforderlichen Länge müssen 1-2 cm Klebefläche hinzugerechnet

Der aufgearbeitete Polier-/Schleifbock links und ebenso aufgewertete Tischkreissäge rechts. Die Basis bilden jeweils alte Gussteile. Als Arbeitsplatten wurde auch hier strukturpoliertes 1,5-mm-Edelstahlblech verwendet.
Die Befestigung der Modelle am gefliesten Werkstattboden erfolgt mit M2-Gewindebolzen, nicht mit den sonst üblichen Holzschrauben. In der Mitte steht ein selbstgeschnitzter Arbeiter aus Buchenholz mit einer Werkzeugkiste. Die „Werkzeuge“ aus Edelstahlresten stammen ebenfalls aus eigener Produktion

Die Riemenscheiben sind vorbildgetreu aus Eichenholz hergestellt. Solche Riemenscheiben waren in der damaligen Werkstattwelt am häufigsten anzutreffen. Sie haben hier zusätzlich eingedrehte Rillen und können deshalb mit Spiralriemen oder vorbildgetreu mit Leder-Flachriemen versehen werden

werden. Die Klebeflächen werden mit einem scharfen Schustermesser „geschärft“, das bedeutet in der Dicke keilförmig verjüngt. Die Verklebung erfolgt mittels Schusterleim oder einem geeigneten Kontaktkleber nach den Angaben des Klebstoffherstellers (der Autor hatte das Glück, einen Schuster als Schwiegervater zu haben, der ihm diese Technik vermitteln konnte).

Die Lager der Transmission bestehen aus 15-mm-Winkeleisen mit eingebrachten Miniaturkugellagern; die Öler sind deshalb nur wieder optisches Beiwerk. Die „gemauerten“ Lagersockel sind aus einem alten Eichenholz - Grabkreuz geschnitten und nach der Rotlackierung mittels einer alten Tuscheziehfeder mit Mörtelfugen liniert worden.

18.7 Zusätzliche Ausstattungsmerkmale

Der Werkstattboden ist hier mit zweifarbigen Fliesen aus stabilem Karton belegt. Jede Fliese wurde mit Modellbauhartkleber einzeln aufgeklebt und das Ganze mehrfach mit klarem Bootslack versiegelt. Das Fliesenmuster ist konservativ gehalten und passt eigentlich ganz gut zu einer alten Werkstatt. Sogar ein professioneller Fliesenleger, der Nachbar des Autors, hatte die Arbeit seinerzeit als „gut“ befunden. Alternativ wäre es möglich den Boden mit einem bedruckten Fliesenmuster-Karton zu belegen. Im Kapitel „Zubehör Modellwerkstatt“ sind diverse Beispiele zu finden.

Ein Werkstattarbeiter mit einer Höhe von ca. 12 cm wurde aus Buchenbrennholz geschnitzt, was bei einer Körpergröße von 1,70 cm in etwa dem Maßstab 1:14 entspricht. Er passt damit einigermaßen zur Anlage.

19 Diverse Kleinprojekte

19.1 Etwas Neues, etwas Anderes

Im Vorbild wurden Arbeitsmaschinen wie Pumpen, Steinbrecher, Sägen etc. oftmals auch durch ortsveränderliche Lokomobile angetrieben. Das waren entweder Dampflokomobile, die durch Zugtiere zum betreffenden Einsatzort gebracht wurden oder selbstfahrende Dampflokomobile, wie Dampftraktoren oder auch Dampfwalzen. Später, d.h. in den zwanziger Jahren des 20. Jahrhunderts, wurden diese mehr und mehr durch Motorlokomobile oder elektrische Motorwagen, z.B. beim Getreidedrusch, ersetzt. Ein bekannter Vertreter der Motorlokomobile war der berühmte „Lanz-Bulldog“, der ähnlich wie eine Dampflokomobile direkt über das Schwungrad Arbeitsmaschinen antreiben konnte.

Ein kleines Arrangement von figürlichen Betriebsmodellen sollte bei Vorführungen durch einen einfachen Dampftraktor mit

Modifizierter Mamod-Traktor zum Antrieb einer Kleinstwerkstatt

Ansicht von der Schwungradseite

Bewegungsenergie versorgt werden, das war hier der Plan.

19.1.1 Antrieb

Ein handelsüblicher Mamod-Dampftraktor (TE1A „Mamod Steam Tractor“), aus einem Bausatz gebaut, wurde für diesen Einsatz optimiert:

- Lagerung einer neuen 5-mm-Kurbelachse in nachträglich eingebrachten Messing-Laufbuchsen. Die originale Mamod - Kurbelwelle hat bauseits recht viel Spiel.
- Kuppelbares Zahnrad- bzw. Kettengetriebe auf das linke Hinterrad. Mamod-Fahrzeuge treiben ansonsten das Hinterrad direkt über einen Spiralriemen an.
- Vorbildähnliche Kettenlenkung der Vorderachse mit Lenkrad und Schneckengetriebe. Mamod-Fahrzeuge werden standardmäßig etwas primitiv über einen Lenkstab durch den Kamin gesteuert.
- Spiritusbrenner mit Tank anstelle des Feststoffbrenners. Der englische Mamod-„Esbit“ verbrennt noch unsauberer als der deutsche „Esbit“-Brennstoff.

- Gummibereifung aller Gussräder durch O-Dichtringe von Abwasserrohren
- Standgrundplatte aus verzinktem Eisenblech mit Aufnahmen für die Hinterräder und den Wassertrichter. Damit kann das Modell nicht unbeabsichtigt vom Tisch rollen.
- Ein „Überrollbügel“ aus Stahl mit Eichenholzhandgriff zur bequemen Handhabung des Traktors. Ebenso wurde ein Holzgriff an dem Umsteuerhebel angebracht.
- Biegefigur aus dem Modellbaufachhandel als Fahrerfigur mit Sitz auf dem „Burner-Tray“
- Radnabendeckel an den Hinterrädern aus Edelstahl gedreht
- Antriebsbolzen wie beim Vorbild in den Radnaben (ebenfalls Edelstahl)

Mit diesen Features ausgestattet, ist der Traktor fit für den Einsatz als Zugmaschine oder stationäre Antriebslokomobile, wie in diesem Fall.

19.1.2 Betriebsmodelle und Transmission

Die eingesetzten Wilesco-Betriebsmodelle, M75-Stampfer und M74-Scherenschleifer sind als einfache Blechmodelle der naiven Stilrichtung zu zuordnen. Auf einer kleinen Grundplatte aus Schreibtischmöbelholz, beklebt mit einem konservativen Fliesenmuster (siehe Kapitel „Zubehör Modellwerkstatt“), ist eine einfache Hochtransmission angeschraubt. Die Lagerböcke sind hier aus starkem Aluminiumblech mittels einer Laubsäge ausgesägt und mit 5-mm-Sinterbronzelagern (Conrad Electronic) ausgebuchst. Passend zu den Wilesco-Modellen kamen Wilesco-Schwungräder als große Riemenscheiben zum Einsatz; die kleinen Riemenscheiben sind einfache Messing-Drehteile aus 10-mm-Rundmaterial.

Zum Schutz wurde die Grundplatte mit Klarlack mehrfach gestrichen.

Der Scherenschleifer hat einen an der Schere festgeklebten Feuerstein, der sich ziemlich rasch abnutzt. Ersatz kann man z. B. für handelsübliche „Zippo“-Feuerzeuge in dem Tabakwarenhandel bekommen. Der neue Feuerstein wird dann einfach mit Zweikomponentenkleber befestigt.

19.2 Wilesco-Kleinanwendung

19.2.1 Dampfmaschine

Zur optischen „Aufhübschung“ und zur gleichzeitigen Verbesserung der betrieblichen Eigenschaften ist hier die kleine Wilesco D6 „verbastelt“ worden:

- Manometer (Wilesco-Ersatzteil-Nr. 511) mit verlängertem Anschraubstutzen zur Aufnahme der Pfeife
- Kesselhaus innen mit dünnem Edelstahlblech ausgekleidet. Das schützt das backsteinartig geprägte Kesselgehäuse vor Hitze.
- Zylinderöler an dem Schwingzylinder angebracht, welcher direkt auf den Schieberspiegel ölt. Der M4-Zylinderöler stammt ebenfalls von Wilesco (Ersatzteil-Nr. 500)
- Verstärkung der dünnen Blechlager durch eingebrachte Messinglaufbuchsen
- Fliehkraftregler - Attrappe wie bei den größeren Wilesco-Modellen

Kleinwerkstatt mit optimierter Wilesco D6-Dampfmaschine

- Alle Verschraubungen aus rostfreiem Material (V2A-M3-Schrauben, Muttern und Unterlegscheiben aus dem Baumarkt)
- Fliesenfußboden auf der Grundplatte (siehe Kapitel „Zubehör Modellwerkstatt“). Der Fliesenfußboden, gedruckt auf starkem Karton, wird mit Bootsklarlack imprägniert, aufgeklebt und versiegelt.

Ähnlich wie bei dem Mamod-Dampftraktor tragen die genannten Veränderungen zu einer gewissen Erhöhung der Wertigkeit des einfachen Modells bei. Inzwischen wird diese Wilesco-Maschine auch als Bausatz (der Preis für den Bausatz liegt bei knapp 100 €) angeboten, was das Optimieren bzw. „Verbasteln“ wesentlich vereinfacht.

19.2.2 Betriebsmodelle und Transmission

Der Aufbau ist hier fast identisch wie bei der zuvor beschriebenen „Traktoranwendung“, nur das anstelle des Scherenschleifers und Stampfers der Wilesco M76-Schreiner und der M73-Holzsäger als Betriebsmodelle eingesetzt sind.

Die Transmission ist eine einfache Bocktransmission, realisiert mit Blechlagerböcken von Wilesco.

Derartige „Kleinanwendungen“ besitzen durchaus ihren Charme und können bei Vorführungen leicht und platzsparend transportiert und gehandhabt werden. Viel Dampfspaß also für wenig Geld.

20 Eine etwas umfangreichere Werkstattanlage

20.1 Vorgeschichte

Anfang der 90er Jahre bestand ein loser Kontakt mit einem exzellenten Modellmaschinenkonstrukteur, Werner H. Bayreuther aus Rhauderfehn-Klostermoor. Herr Bayreuther hatte seinerzeit Konstruktionszeichnungen im Maßstab 1:10 zum vorbildgetreuen Nachbau von Werkzeugmaschinen erstellt und diese über die damalige Fachzeitschrift „Das Dampf • Modell“ (Herausgeber war Dietmar M. Carsten) angeboten.

Von Herrn Bayreuther konnten damals diverse Zeichnungssätze und sogar ein Gussteilesatz für eine Standbohrmaschine nach historischem Vorbild erworben werden. Zum Nachbau der genannten „Bayreuther“-Modell-Werkzeugmaschinen sind zwingend eine kleine Drehmaschine sowie eine Fräseinrichtung notwendig. Da in der heimischen Kleinwerkstatt keine Fräsmaschine vorhanden war (und ist), kam vorerst nur der Bau der besagten Bohrmaschine in Betracht. Die erforderlichen Fräsarbeiten an diesem Objekt waren überschaubar und mit etwas Improvisationstalent würde sich dies auch ohne Fräsmaschine bewältigen lassen. Und so war es dann auch.

Zum Glück waren genügend gesammelte Materialien „aus dem Schrott“ verfügbar, aus denen sich weitere Modellmaschinen – auch mit einer bescheidenen Werkstatt – bauen ließen. Diese sind nach eigenen Vorstellungen entstanden und haben sich nur ganz grob

Gesamtansicht der Modell - Werkstattanlage mit den Maßen 740×300×330 mm. Vieles wurde durch Improvisationen mit dem gerade verfügbaren Material bewerkstelligt

an den Bayreuther-Plänen orientiert. Zu Gute kam bei den eigenen Planungen unter anderem, dass Stahl-Vierkantrohrabschnitte mit den Maßen 60×40 mm aus alten Büromöbeln recycelt werden konnten; der Einsatz dieses Rohmaterials wird an den betreffenden Passagen erwähnt.

Der Bau nach konkreten Plänen setzt auch voraus, dass das dafür erforderliche Material in der Regel erst beschafft, also meistens teuer gekauft werden muss. Durch die Verwendung von Schrottmaterialien sind die Materialkosten hier auf ein Minimum reduziert worden. Ganz allgemein sollte immer versucht werden, mit den gerade verfügbaren Ressourcen ein bestmögliches Ergebnis zu erzielen.

Die selbst gebauten Werkzeugmaschinen sind in nichtmaßstäblichen Plänen skizziert, wobei auch nicht alle Details beschrieben sind. Der geneigte Modellbauer kann sich aber daran orientieren oder gar selbst Werkzeugmaschinen als vorbildähnliche Betriebsmodelle entwerfen.

20.2 Zielsetzung und Thematik

Als Hobbymetaller denkt man natürlich zuerst an eine Miniaturmetallwerkstatt, das liegt eigentlich auf der Hand. Dabei sollte alles möglichst vorbildähnlich umgesetzt werden. Eine fast vollkommene Vorbildgetreue gelang bei diesem Projekt aber nur bei der bereits angesprochenen Bohrmaschine; alle anderen der hier gezeigten Werkzeugmaschinen wären eher als vorbildähnlich

zu bezeichnen, weil einerseits ein gewisser Mangel an Werkstattausrüstung (fehlende Fräsmaschine) und andererseits mangelnde eigenen Fähigkeiten stets mit einflossen, aber man hat sich immerhin bemüht.

Zum Staubschutz hat die Anlage eine Abdeckhaube aus starkem Sperrholz und an der Vorderfront eine Plexiglasabdeckung; deswegen die Spiegelung. Man sieht auch das „Werkstattpersonal" und den „Hofhund", der unangemeldete Besucher fernhält.

20.3 Antriebsmaschine

20.3.1 Dampfkesselanlage

Der einfache Dampfkessel mit Brennerhaus stammt aus den 80er Jahren und konnte seinerzeit in einem Frankfurter Spielwarenfachgeschäft von der Firma Wilesco (es ist ein Ersatzkessel für das Modell D20 mit 530 cm³ Inhalt; das Kesselhaus wurde seinerzeit auch mitgeliefert) bestellt werden. Bei Wilesco war damals ein Erwerb nur über den „Fachhandel" möglich. Wilesco-Kessel sind zwar einfach, aber dafür sehr korrosionsbeständig (Stichwort „selektive Korrosion"),

Ansicht der Dampfmaschine im Schrägblick. Diverse Details wie ein funktionsfähiger Fliehkraftregler, Speisewasserpumpe, Generator und gedrehte Edelstahl-Geländerstützen am Kessel und beim Maschinenaggregat werten die ansonsten sehr einfache Maschine etwas auf

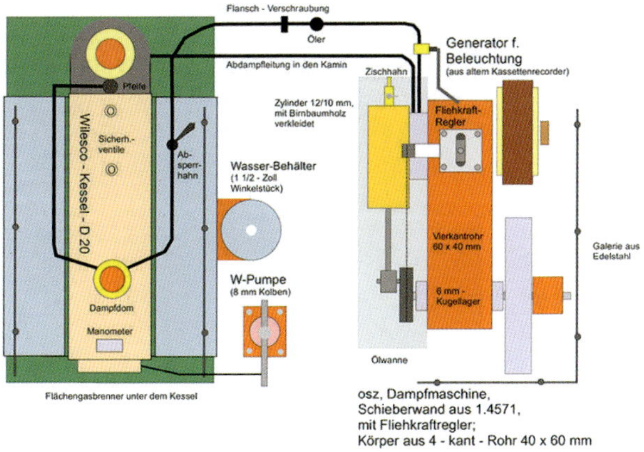

Dampfmaschine schematisch in der Draufsicht. Alles ist recht simpel und übersichtlich gehalten. Aber dafür geht die Sache mit „Echtdampf“

werksseitig geprüft und langlebig, wenn man nach jedem Einsatz ein wenig Wartung investiert.

Das Kesselhaus ist hier modellmäßig aufgewertet:

- Galerie mit Riffelblech (Firma Conrad Electronic) und selbst gedrehten Galeriestangen aus Edelstahl. Die standardmäßig vorhandenen Geländerstäbe von Wilesco waren einfach zu klein.
- Treppen neu und größer, Stufen ebenfalls mit Riffelblech belegt
- Kamin aus Kupferrohr zur Ableitung des Abdampfes und zur Aufnahme des Kondensats. Ablasshahn für das Kondenswasser.

Der Kessel erhielt folgende betriebliche Erweiterungen:

- Flächengasbrenner (geschlitztes Messingrohr mit Mischrohr) nichtsichtbar im Kesselhaus an der Kesselunterseite angeordnet
- Zugdampfpfeife (Wilesco-Ersatzteil) abgesetzt am Kamin
- Zwei Sicherheitsventile (Wilesco-Ersatzteil), dienen gleichzeitig als Einfüllstopfen
- Dampfdom als aufgesetzte Attrappe aus Messingblech „gebaut“ und hartgelötet. Abgang am Dom für die Pfeife und die Maschine

Sonstige Optimierungen:

- Kesselhaus innen mit 0,5-mm-Edelstahlblech (aus einem alten Toaster) ausgekleidet
- Speisewasserpumpe als Handpumpe mit 8-mm-Plunger (Edelstahl) und Vorratsbehälter an der Gehäusewand. Der Vorratsbehälter war einmal ein 1½ Zoll Winkelstück aus dem Heizungsbau. Ablasshahn am Behälter.
- Gehäuse außen wärmebeständig ziegelrot lackiert

Die Hähne mit konischem Küken aus Messing sind allesamt Marke Eigenbau. Für die konische Bohrung im Hahnkörper wird aus passendem Rund-Silberstahl ein Werkzeug als „D“-Bit gedreht, gefeilt, gehärtet und angelassen. Zum Drehen des Werkzeugs und des Hahnkükens ist ein verstellbarer Winkelaufsatz am Drehmaschinensupport notwendig. Das Hahnküken wird mit Schleifpaste in den Hahnkörper eingeschliffen und anschließend der Durchgang gebohrt.

20.3.2 Maschinenaggregat

Das Aggregat ist ein Oszillator in einfachster Ausführung; trotzdem wurde Einiges an Zusatzleistungen investiert:

- Aggregatkörper aus Stahl-Vierkantrohr 60×40 mm (von einem altem Büromöbel)
- Kugellagerung der 6-mm-Kurbelwelle mit angeschraubten Lagerböcken
- Kurbelscheibe aus einem Stück Stahl gedreht und brüniert

- runder 40-mm-Schieberspiegel aus korrosionsfestem Edelstahl (Mat.-Nr.: 1.4571). Drehachse im Spiegel auf rostfreiem 6-mm-Kugellager gelagert.
- Zischhahn (Eigenbau) am Zylinderdeckel zum Anwärmen beim Start
- funktionsfähiger Fliehkraftregler, kugelgelagert, mit Winkelgetriebe und Körper aus 30-mm-Vierkant-Edelstahlrohr. Der Antrieb erfolgt über einen Spiralriemen von der Kurbelscheibe aus.
- Zylinderverkleidung des 12/10-mm-Zylinderrohres aus gedrechseltem Birnbaum-Holz (abgelagertes Holz aus dem eigenen Garten)
- Ölauffangwanne unter Zylinder und Kurbel aus 0,5-mm-Kupferblech, weich gelötet
- Generator aus einem alten Kassettenrecorder in ein Messinggehäuse „gezwängt" mit oben aufgesetzter, gedrehter Edelstahl-Hebeöse

Das Gussteil für das Schwungrad stammte von der Firma Regner. Es war etwas zu massiv gegossen und musste deshalb „abgemagert" werden.

Die Dampfleitung vom Kessel zum Aggregat ist durch eine Umwicklung mit Baumwollkordel isoliert (das könnte man sicher auch besser machen) und an der Teilung über einen Flansch mit vier M2-Schrauben verschraubt. Ein einfacher Verdrängungsöler mit Einfüllschraube aus Teflon sorgt für die notwendige Schmierung.

Die einfache Maschine ist zuverlässig, sparsam im Dampfverbrauch und erfordert relativ wenig Wartung.

20.4 Antriebsmodelle

20.4.1 Bügelsäge

Der Basiskörper ist wie bei dem Maschinenaggregat ebenfalls aus dem bereits besagten 60×40 mm Vierkantrohr gesägt und gefeilt. Alternativ wäre auch ein anderer, z. B. gedrehter Sockel aus 40-mm-Rundmaterial möglich.

Bügelsäge mit M3-Verschraubung am Werkstattboden befestigt. Der Edelstahlknopf am Fliesenfußboden unten links hat eine andere Aufgabe, die noch besprochen wird

Auf den Sockel ist eine 40 mm breite Stahlplatte aufgeschraubt, in welche der Maschinenschraubstock integriert ist. Alles ist hier per Hand gefeilt, nur die Backen wurden in der Drehmaschine rechtwinkelig gearbeitet.

Das Lager besteht aus hart zusammengelöteten Messingteilen mit eingelassenen Sinterbronzelagern.

Der Sägebügel wurde mit einer Laubsäge (!) aus 5-mm-Stahlblech gesägt und mit der Feile überarbeitet. Das Sägeblatt ist, wie bei allen hier beschriebenen Modell-Bügelsägen, ein gekürztes „Puk"-Sägeblatt. Zum Zweck der Bearbeitung muss das originale Sägeblatt durch Ausglühen enthärtet werden. Danach kann wieder eine Härtung im Ölbad erfolgen. Es ist hier sogar ein Spannmechanismus vorhanden, der aber eigentlich nur der Optik dient.

Die Bügelführung ist ein Stück Rund-Silberstahl, das an einer Seite plan abgeflacht ist. Die am Bügel angelötete Führung hat zwei M2-Messingschrauben, mit denen das Gleitspiel justiert werden kann. An dem Schwenkgelenk sorgt ein Stift dafür, dass der kippbare Bügel nicht direkt auf die Arbeitsplatte fällt.

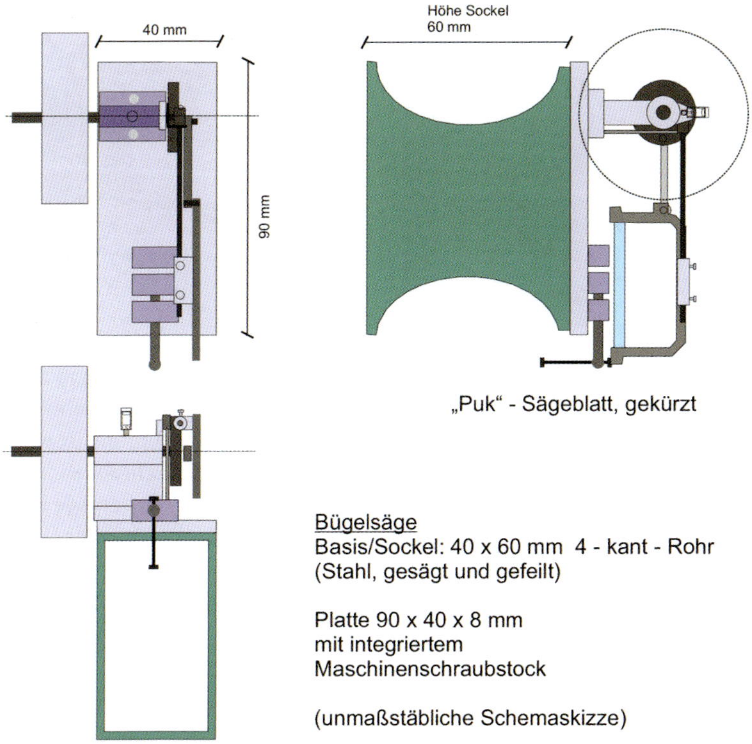

Schemaplan der Bügelsäge im Maßstab 1:10. Je nach gerade verfügbaren Materialien und Möglichkeiten kann der Entwurf nach Belieben modifiziert werden. Das gilt für alle hier abgebildeten Schemapläne

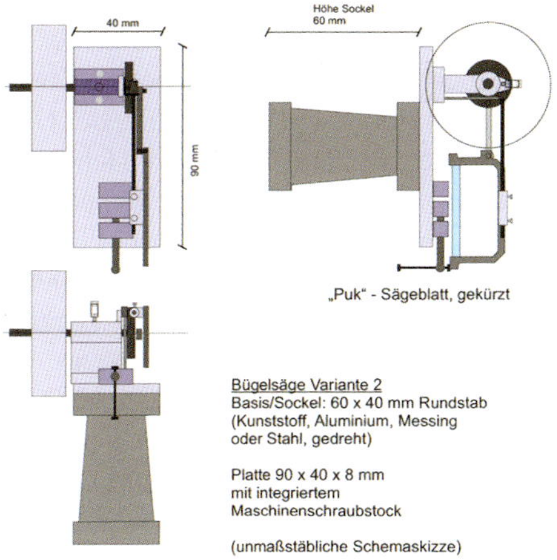

Hier ein alternativer Sockel aus gedrehtem Rundmaterial. Solch ein Sockel wurde bei der Bügelsäge der „Außen Werkstattanlage“ angewandt

Das formschöne Antriebsrad mit vier geschwungenen Speichen schaut aus, als wäre es aus einem Gussteil erstellt, aber es ist „gebaut“ (siehe Bauhinweise im Kapitel „Transmissionen“). Den Antrieb übernimmt ein Flachriemen aus dünnem Leder. Zum Zusammenkleben müssen die Klebestellen des Lederriemens mit einem scharfen Schustermesser „geschärft“, das heißt keilförmig verjüngt und dann mit Schusterleim verklebt werden. Nach Betriebsende sollte der Lederriemen abgenommen werden, weil sich das Leder ansonsten weiten würde.

Hier sind das Spindellager und der Support gut zu erkennen. Die plan gefeilte, 45-Grad-Schwalbenschwanzführung ist wie bei den Vorbildern mit Schrauben (hier M2) nachstellbar. Als Zwischenlage ist ein dünner Messingblechstreifen beigelegt

20.4.2 Drehmaschine

Bei dieser „Drehbank" hat die Leitspindel keinen automatischen Vorschub, sondern wird per Hand gekurbelt wie bei einer einfachen Mechanikerdrehmaschine. Das war ein Zugeständnis an die bescheidene Werkstatteinrichtung des Modellbauers. Die Spindel ist eine M5-Gewindestange aus rostfreiem Stahl (im Baumarkt sind derartige Gewindestangen preisgünstig erhältlich).

An der rückwärtigen Wand befindet sich eine Werkzeugtafel mit selbstgebauten kleinen Schraubschlüsseln und einem Schraubendreher auf der Ablage. Die hellblaue Ölkanne auf der Ablage wurde dazugekauft.

Auf der kleinen Blechablage vorne links liegt ein Drehherz, mit dem das Werkstück an der gelochten Planscheibe festgestellt werden kann. Der Drehstahl ist ein gehärtetes Reststückchen Silberstahl. Durch Umlegen des Lederflachriemens auf den leicht balligen Stufenscheiben können verschiedene Drehzahlen eingestellt werden. An der Wandtransmission befinden sich in umgekehrter Anordnung baugleiche Stufenscheiben.

Im Original fand der Drehzahlwechsel eher über ein direkt an der Drehbank angeschraubtes Vorgelege mit fester und loser Antriebsscheibe statt.

Über einen Handhebel kann der Antrieb an der Wandtransmission ein- oder ausgekuppelt werden.

Rechts oben im Bild befindet sich ein Schaltpult für die Werkstattbeleuchtung.

Wer will und die entsprechenden Zahnräder dazu hat, kann die Drehbank mit einem automatischen Vorschub wie bei den großen Vorbildern ausrüsten. Wegen diverser Unzulänglichkeiten an Material und Hobbywerkstattausrüstung wurde bei diesem Beispiel darauf verzichtet.

Die Handräder sind aus einfachem Rundeisen gedreht (besser wäre Messing oder VA) und haben jeweils einen konischen Kurbelgriff aus Messing. Die Herstellung der Griffe erfolgt wie bei den konischen Hahnküken mit dem winkelverstellbaren Support der Drehmaschine.

Die Spindellager sind mit verschließbaren M3-Messingölern ausgestattet. Derartige Kleinteile lassen sich aus Sechskant- oder Rundmessing leicht selbst fertigen. Natürlich kann man diese Zubehörteile für gutes Geld bei einschlägigen Anbietern auch kaufen, aber „Kaufen" ist eben doch keine Kunst.

Die Basis für das Drehbankbett bilden zwei sauber gezogene 14×14-mm-Vierkantstähle, die an den Stirnseiten mit 6-mm-Abstandshaltern miteinander verschraubt sind. Damit ergibt sich auch ohne

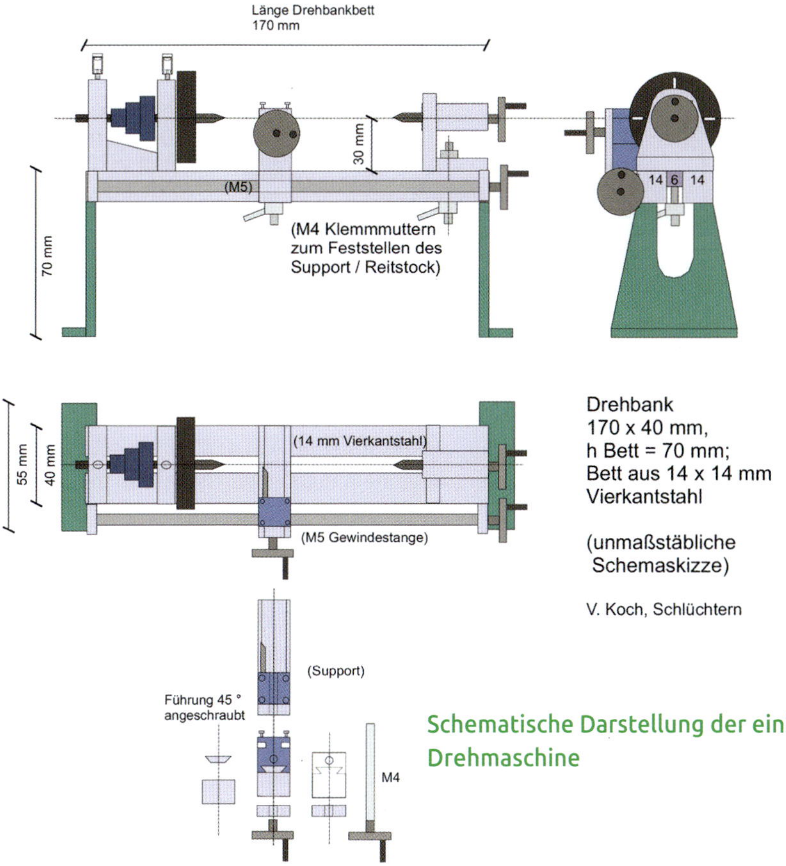

Schematische Darstellung der einfachen Drehmaschine

Fräsarbeiten ein präzises und gleichzeitig sehr stabiles Drehbankbett. Wer die Möglichkeit dazu hat, kann das Drehbankbett mit Schwalbenschwanzführung „aus dem Vollen" fräsen.

Das Spindellager wie auch der Reitstock sind aus alten Vierkant-Stahlrohren herausgesägt und gefeilt worden. Es ist auf die exakt gleiche Höhe von Spindellagerung und der Reitstockspitze zu achten.

Ein „richtiges" Drehbankfutter in dieser Größenordnung mit Spirale zu erstellen hätte die Fähigkeiten des Modellbauers bei Weitem überfordert. Aber vielleicht ist ein echter „Könner" in der Lage, so etwas zu bauen. Gedreht wird hier „zwischen den Spitzen" mit Hilfe einer Planscheibe und des kleinen Dreherzes, das im Bild sichtbar auf einer Ablage bei dem Spindelstock liegt.

Der Support kann, wie auch der Reitstock, mittels einer Klemmschraube am Bett festgestellt werden. Schwierig war die Erstellung der Schwalbenschwanzführung, weil eben keine Fräsmaschine zur Verfügung stand. Das schräg gefeilte Führungsteil konnte mit kleinen M2-Verschraubungen am Supportbett befestigt werden. Die Spindel ist hier eine M4-Gewindestange. Zum Herstellen von einigermaßen geraden Flächen ohne Fräsmaschine empfiehlt sich das umgekehrte Feilverfahren: Eine gerade, neuwertige Schlichtfeile wird mit Schonbacken aus weichem Metall horizontal in den Schraubstock eingespannt und das Werkstück darauf möglichst gerade linear bewegt. Durch ständige Kontrollen mit dem Messschieber und einem Stahllineal lassen sich

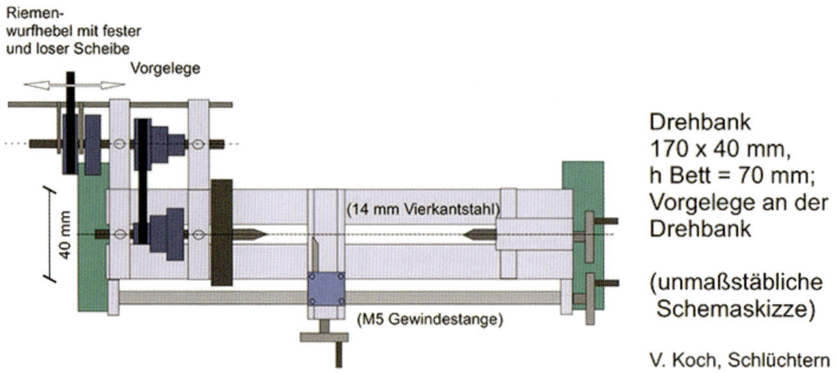

Abschließend wird hier dargestellt, wie die Drehbank mit einem kuppelbaren Vorgelege erweitert werden könnte. Über das Vorgelege können durch Umlegen des Riemens die Drehzahlen gewechselt werden. Das Einkuppeln des Antriebs von der Transmission geschieht dann durch Verschieben des Antriebsriemens mit einem Riemenwurfhebel von der losen zur festen Scheibe und umgekehrt.

mit etwas Übung akzeptable Ergebnisse erzielen.

Die Füße der Drehbank sind aus 3-mm-Messingblech, wieder mit der guten alten Laubsäge, ausgesägt und anschließend hart zusammengelötet.

20.4.3 Schleifbock

Entgegen der Baubeschreibung besteht der Körper des Schleifbocks in diesem Fall aus einem massiven Gussteil. Es geht aber genauso gut mit einem Grundkörper aus gesägtem Vierkantrohr, wie es bei anderen Werkstattanwendungen des Autors umgesetzt wurde.

Da der Schleifbock eine sehr „einfache" Maschine ist, baucht über den Bau nicht allzu viel gesagt werden. Falls kein Gussteil zur Verfügung steht, kann der Grundkörper auch aus dem bereits erwähnten 60×40-mm-Vierkantrohr gesägt und gefeilt oder einem 40-mm-Rundmaterial gedreht werden.

Naturschleifscheiben gibt es in Baumärkten als Zubehör für den „Dremel", „Proxxon" oder ähnliche kleine Maschinen als Zubehör zu kaufen. Es können auch die Schleifscheiben des Wilesco-Schleifbocks (Ersatzteil für das Modell M52) verwendet werden.

20.4.4 Standbohrmaschine

Die Standbohrmaschine entspricht einem historischen Vorbild und ist anhand der Pläne von

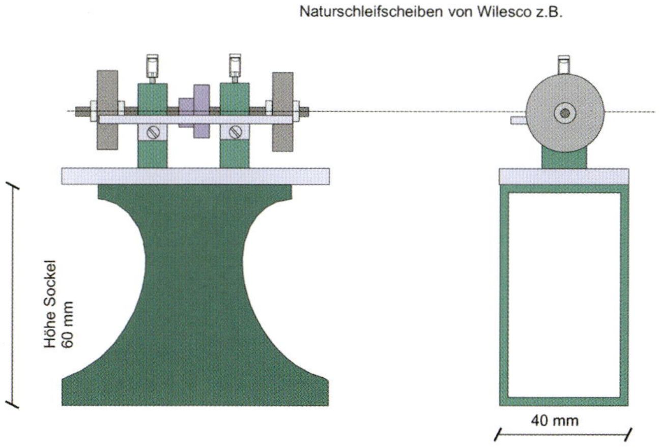

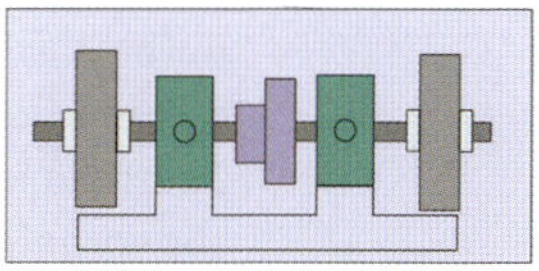

Schleifbock

Basis/Sockel: 40 x 60 mm 4 - kant - Rohr
(Stahl, gesägt und gefeilt)

(unmaßstäbliche Schemaskizze)

V. Koch, Schlüchtern

Werner H. Bayreuther aus Rhauderfehn-Klostermoor unter Verwendung von Gussteilen für den oberen Teil und den Bohrtisch erstellt. Der untere Standfuß mit Vorgelege und Riemenwurfhebel-Kupplung ist nach eigenen Vorstellungen mit gerade verfügbarem Material „gebaut“. Durch den Fußhebel wird der Riemenwurfhebel mit dem Antriebsriemen bei laufendem Antrieb von der losen zur festen Scheibe geschoben und die Bohrmaschine somit in Betrieb gesetzt. Wie bei den originalen Vorbildern war dieser Vorgang nicht ganz unproblematisch und musste deshalb immer

Schleifbock mit gedrehtem Grundkörper aus Nylon als Beispiel. Siehe Kapitel „Außen Werkstattanlage“

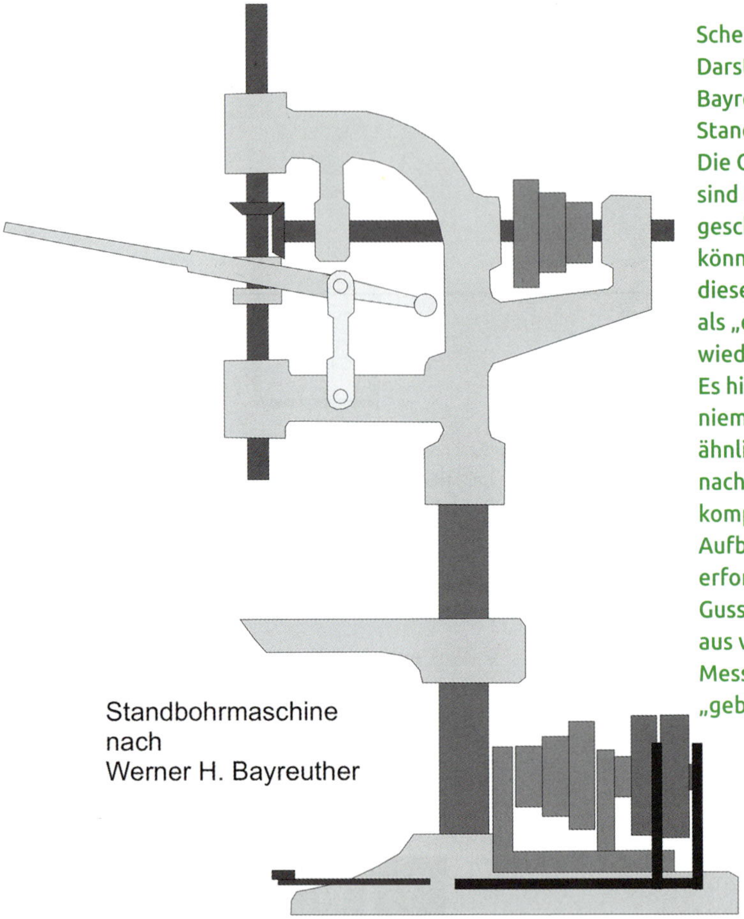

Schematische Darstellung der Bayreuther-Standbohrmaschine. Die Originalpläne dazu sind urheberrechtlich geschützt und können deshalb an dieser Stelle nicht als „eigene“ Leistung wiedergegeben werden. Es hindert einen jedoch niemand daran, eine ähnliche Bohrmaschine nachzubauen. Allzu kompliziert ist der Aufbau nicht. Die erforderlichen Gussteile könnten aus vorgeformten Messingteilen auch „gebaut“ werden

mit etwas Gefühl ausgeführt werden. Durch den Federhebel wird der Riemenwurfhebel zurückbewegt, sobald das Fußpedal vorsichtig wieder losgelassen wird.

Schwierig war die Herstellung der 5-mm-Bohrspindel mit einer 2-mm-Längsnut und der Aufnahme für ein „echtes“ Bohrfutter; darauf wird nachfolgend etwas näher eingegangen.

Der kleine Maschinenschraubstock ist als Fleißarbeit aus 14×14-mm-Vierkantstahl per Hand gefeilt.

Herstellung der Bohrspindel mit „echtem“ Bohrfutter nach eigenen Vorstellungen; Herr Bayreuther sah dies in seinen eigenen Plänen nicht vor:

Verwendet wird dazu ein kleines „Proxxon“-Bohrfutter mit einer Gewindeaufnahme M8×0,75. Das gibt es in Baumärkten als Zubehör für „Proxxon“-Kleingeräte für wenig Geld zu kaufen. Ein 8-mm-Silberstahl (einfacher zu bearbeiten wäre Automatenstahl) wird an einem Ende mit einem entsprechenden Außengewinde versehen und anschließend in das Bohrfutter fest eingeschraubt. Nun wird das Bohrfutter mit dem eingeschraubten Stab in das Dreibackenfutter einer Drehmaschine eingespannt und das andere Ende wird mit einem feinen Zentrierbohrer angekörnt. Die Ankörnung dient der Aufnahme eines Rollkörners. Danach wird der Stab stufenweise bis auf den gewünschten Enddurchmesser von

Eine etwas grob gehaltene, hölzerne Werkbank mit „Modellwerkzeug" und Flaschenschraubstock aus gefeiltem Stahl. Die Tischbeine hätten filigraner ausfallen können. Gerade verfügbares Vierkantholz aus einem alten Holzbaukasten war die Quelle. Der Tisch ist verleimt und mit Holzdübeln (Zahnstocher) verzapft

5 mm abgedreht, wobei das angekörnte Ende mit einem stabilen Rollkörner abgestützt wird.

Dieser Vorgang, das stufenweise Abdrehen, erfordert viel Zeit und Geduld, weil sich das Werkstück nicht allzu sehr erwärmen darf (Pausen machen). Idealerweise werden immer nur Zehntel abgedreht. Bei geduldigem Vorgehen erreicht man eine sehr genaue Bohrspindel mit schlagfrei laufendem Bohrfutter, so sollte es sein!

Da in der eigenen Hobbywerkstatt keine Fräsmaschine verfügbar ist, wurde die 2-mm-Längsnut der Bohrspindel mit der Drehmaschine angefertigt. Die Bohrspindel wird dazu unter Zuhilfenahme von Einspannzwischenlagen fest (!) in den Drehstahlmeißelhalter am Support gespannt. Der „Fräser" ist ein 2-mm-Zentrierbohrer, der ins Dreibackenfutter der Drehmaschine gespannt wird. Wenn alles zentrisch ausgerichtet ist, wird zunächst eine Vertiefung gebohrt und dann vorsichtig (!) durch Bewegung des Supports die Nut gefräst. Vorteilhafter wäre auch hier die Verwendung von Automatenstahl als Material für die Bohrspindel. Bei Silberstahl, wie hier geschehen, empfiehlt sich ebenfalls ein stufenweises Vorgehen unter Zuhilfenahme von viel Geduld und Schneidöl. Allzu leicht kann die Bohrspitze des Zentrierbohrers abbrechen, wenn nicht mit viel Gefühl gearbeitet wird.

Entgegen den Bayreuther-Plänen wurden die Stufen- und Riemenscheiben ebenfalls etwas praxisgerechter gestaltet. Die Oberflächen sind für die Verwendung von vorbildgetreuen Flachriemen leicht ballig gedreht, damit ein Flachriemen nicht so schnell abspringen kann. Gleichzeitig ist eine kleine Nut eingedreht, damit auch die einfacher zu handhabenden Spiralriemen (Wilesco) verwendet werden können. Es können aber auch „O"-Gummiringe eingelegt werden, auf welchen ein Flachriemen etwas mehr „Grip" hätte.

Bei der hier gezeigten Bohrmaschine können beide Riemenarten verwendet werden.

20.5 Zubehör

20.5.1 Werkbank

In der Zeichnung ist eine etwas gefälligere Variante dargestellt. Der Flaschenschraubstock ist aus zwei Teilen 14-mm-Vierkantstahl ähnlich wie der Maschinenschraubstock der Bohrmaschine per Hand als Fleißarbeit gefeilt worden.

Man kann ähnliche Flaschenschraubstöcke auch durch Biegen aus passendem Flachstahl herstellen (siehe Kapitel „Zubehör Modellwerkstatt"). Die Spindel und der Hebel bestehen aus Silberstahl. Ein Parallelschraubstock mit Schwalbenschwanzführung wäre ebenfalls möglich, erfordert aber eine Fräsmöglichkeit.

Bau eines vorbildähnlichen Flaschenschraubstocks aus gebogenem Flachmaterial/ Flacheisen. Nach der Bearbeitung (Feilen, Bohren) wird das gebogene Flachmaterial an der Selle der späteren Spannbacken durch Sägen aufgetrennt. Die Maße können, wie

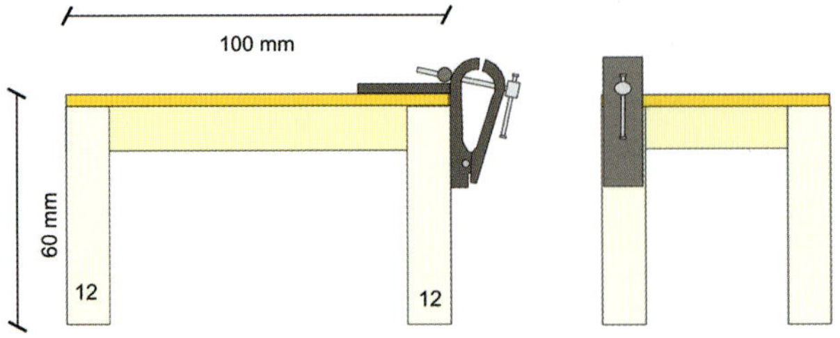

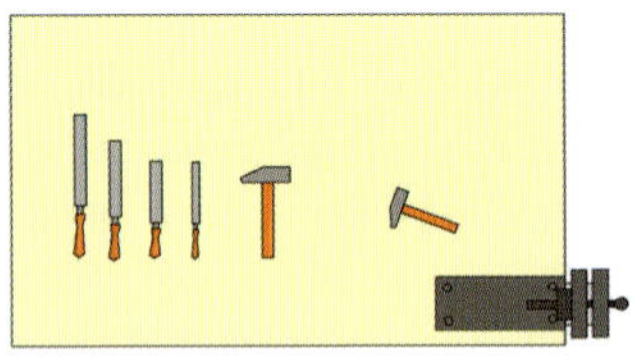

Werkbank
100 x 60, h = 60
(Flaschenschraubstock Stahl,
gesägt und gefeilt)

(unmaßstäbliche Schemaskizze)

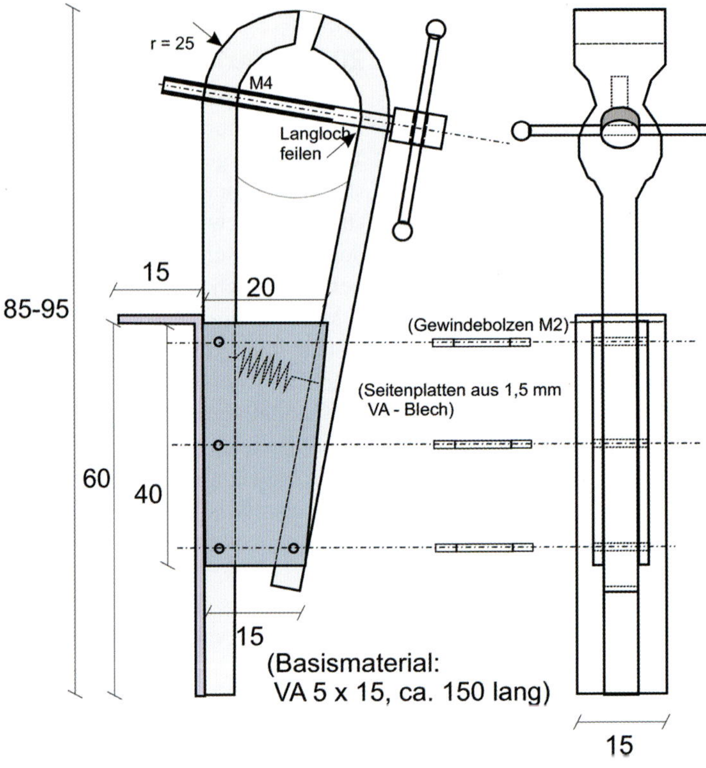

Werkstattleuchten in zwei verschiedenen Größen an der hinteren Werkstattwand. Es sind kleine 1,5-V-Glühbirnen eingesetzt. Nach aktuellem Stand der Technik würde man heute LEDs verwenden

bei allen hier dargestellten Skizzen, nach Bedarf variiert werden.

Das „Modell-Handwerkszeug“, aus Holz- und Edelstahlresten erstellt, ist auf dem Tisch mittels Modellbauhartkleber fixiert, da es sich ansonsten verselbstständigen oder auf Ausstellungen leicht verschwinden würde.

20.5.2 Werkstattleuchten

Auch die Werkstattleuchten sind aus Einzelteilen zusammengesetzt und hartverlötet. Der Schirm wird am einfachsten aus dünnem Kupferblech getrieben. Sicher gibt es so etwas auch im „Puppenstubenzubehör“ fertig zu kaufen.

20.5.3 Amboss

Der Amboss aus Gusseisen links im Bild ist das Ergebnis eines Flohmarktbesuchs. Ein passender Astabschnitt (Birnbaum) dient als Untersatz. Wie bei der Werkbank ist auch hier ein wenig Werkzeug beigefügt, das wirkt einfach realistischer. Zum Glück passt der Hund auf, dass nichts geklaut wird.

Man kann derartige Modellambosse auch bauen, so wie es in der Skizze dargestellt ist. Die drei Einzelteile werden aus Stahl gesägt, gefeilt und anschließend hart zusammengelötet. Zur Fixierung der Einzelteile kann eine M3-Schraube genommen werden. Schwierig ist die Herstellung des Vierkantloches in der Ambossbahn. Man bohrt mit 3 mm vor und feilt den Vierkant mit einer Vierkant--Nadelfeile; eine sehr mühsame Angelegenheit. Nach der Fertigstellung wird alles bis auf die Ambossfläche mattschwarz angemalt.

„Könner“ fräsen so etwas aus Vollmaterial, was aber relativ materialaufwendig ist.

20.5.4 Sonstiges Zubehör

An der Rückwand befinden sich Werkzeugleisten und -Tafeln mit reichlich selbstgebautem Miniwerkzeug. Auch bei den Vorbildern lag überall Werkzeug herum.

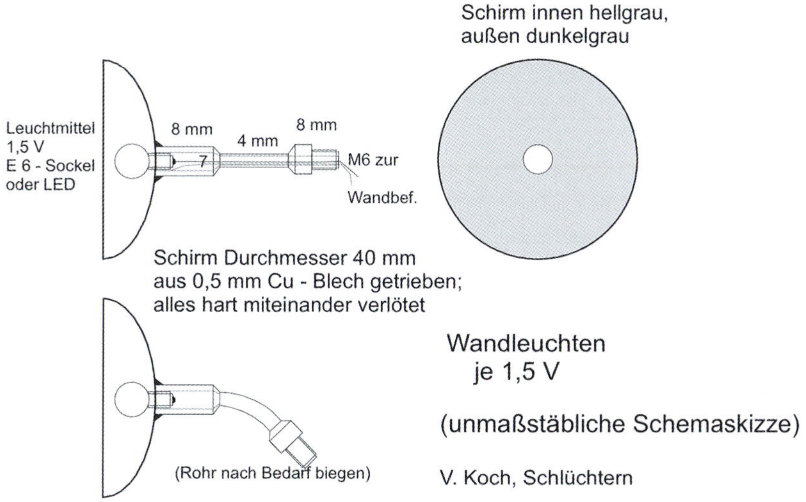

Allerdings herrscht in dieser Werkstatt „einigermaßen“ Ordnung.

Auch eine Holzleiter ist in Griffweite aufgehängt, damit das „Personal“ z.B. die Fenster putzen kann. Rechts und links der mittleren Werkzeugtafel befinden sind die Handhebel für die Transmissionskupplungen.

Hinter dem Kessel ist an der Rückwand ein kleines hellblaues Waschbecken angebracht, das aus dem Puppenstubenzubehörhandel stammt. Die Rückwand aus wasserfest verleimtem Sperrholz ist mit stabilen Stahlwinkeln an der Grundplatte verschraubt.

20.6 Transmission

Die Transmission ist als Wandtransmission zweigeteilt. Die Transmission im Vordergrund ist kugelgelagert und wird von der hölzernen Dampfmaschinenriemenscheibe über zwei Antriebspiralen ständig angetrieben. Einen solchen „Seiltrieb“ gab es auch im Vorbild.

Mit dieser ersten Kupplung kann die hintere Transmission zugeschaltet werden, die die Werkzeugmaschinen mit Drehbewegung versorgt. Die zweite Kupplung der hinteren Transmission schaltet den Antrieb der Drehbank.

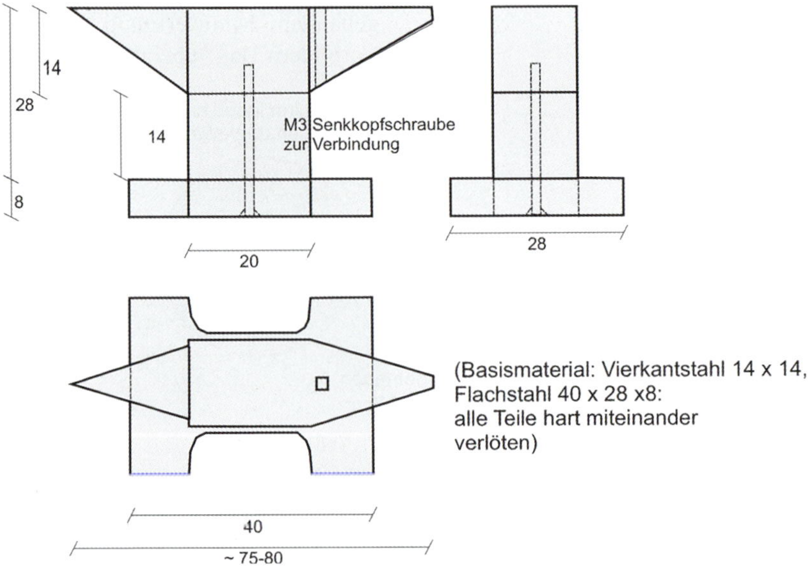

Transmissionskupplung

Der Schleifbock läuft, angetrieben durch die vordere Transmission, ständig mit.

Die Lager werden von Stahlwinkeln getragen, die aus 45-mm-Winkelstahl gesägt/gefeilt sind (siehe auch Kapitel „Transmission"). Die hintere Transmission besitzt imitierte Ringschmierlager, „gebaut".

Über den Kupplungshebel, der mit einer Art Gabel in eine auf der Transmissionswelle verschiebbare Scheibe eingreift, erfolgt durch Mitnehmerstifte eine formschlüssige Verbindung zur weiteren Transmission, an der sich eine feste Scheibe mit Löchern befindet, die die Mitnehmerstifte der verschiebbaren Scheibe beim horizontalen Verschieben aufnimmt. Die verschiebbare Scheibe hat einen Formschluss mit der Welle über eine „Feder" und Federnut in der Transmissionswelle.

Die Transmissionsräder sind teilweise gedreht und teilweise „gebaut". Das Holzrad der zweiten Transmission dient nur optischen Zwecken.

20.7 Wände, Fenster und Grundplatte

20.7.1 Wände

Die Rück- und Seitenwand besteht aus 8 mm starkem Qualitätssperrholz. Die „Mauersteine" sind mit einem scharfen Messer in die Platten geschnitten, eine echte Sträflingsarbeit! Nach der Farbgebung wird alles mit Bootsklarlack geschützt.

An der Rückwand wird der vom Generator erzeugte Strom nichtsichtbar an die drei Werkstattleuchten verteilt. Das Schaltpult schaltet mit einem Schalter die beiden

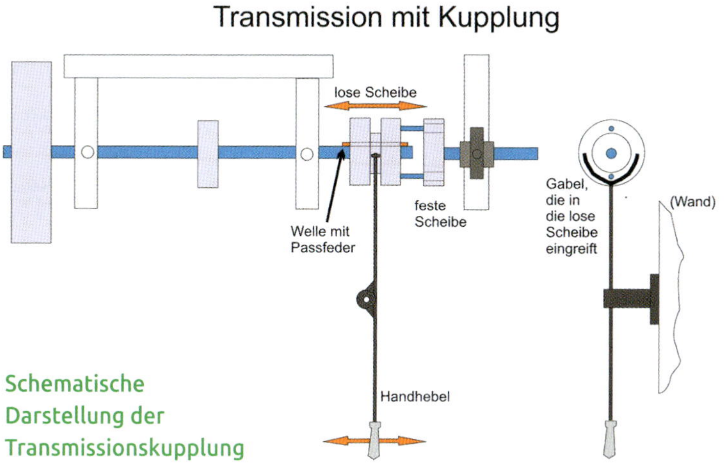

Schematische Darstellung der Transmissionskupplung

hinteren Lampen der Maschinenseite und mit dem zweiten Schalter die vordere Lampe. Die Minischalter, anschraubbare Kippschalter, stammen aus einem alten Elektroschaltschrank.

20.7.2 Fenster

Die Fensterrahmen sind aus 1,5 mm starkem Aluminiumblech gesägt (wieder mit der Handlaubsäge). Es empfiehlt sich, eine stabile Pappschablone zu fertigen, damit die Fenster alle identisch werden. Das „Fensterglas“ wurde hier aus einer Plexiglashaube (alter Diskettenbehälter) gewonnen.

An der linken Seitenplatte ist ein größeres Fenster nach der gleichen „Machart“ eingebaut.

20.7.3 Grundplatte

Im Sinne von Stabilität wurde 20 mm starkes Eichenholz als Grundplatte verwendet: das war jedoch eine schlechte Wahl, weil es nach einiger Zeit zu Verwerfungen kam. Stahl-Verstrebung auf der Unterseite mussten darum nachträglich angebracht werden. Das Gegenstück der Unterseiten - Verstrebung ist der auf der Platte sichtbare gedrehte 30-mm-Edelstahlknopf neben der Bügelsäge. Die Grundplatte aus Eichenholz trägt zur Erhöhung des Gesamtgewichts bei; ein Umstand, der ebenfalls nicht bedacht wurde.

Als Grundplatten eignen sich eher wasserfest beschichte MDF- oder Resopal-Platten. Auch Platten aus Fichteleimholz sind möglich, wenn an der Unterseite Querstreben angeschraubt/angeleimt werden.

Der Fliesenfußboden mit einem konservativen Fliesenmuster ist aufgeklebt und ebenfalls mit Klarlack konserviert (siehe Kapitel „Zubehör Modellwerkstatt“).

Aus Standfüße werden wieder die bewährten Gummi-Türstopper angeschraubt.

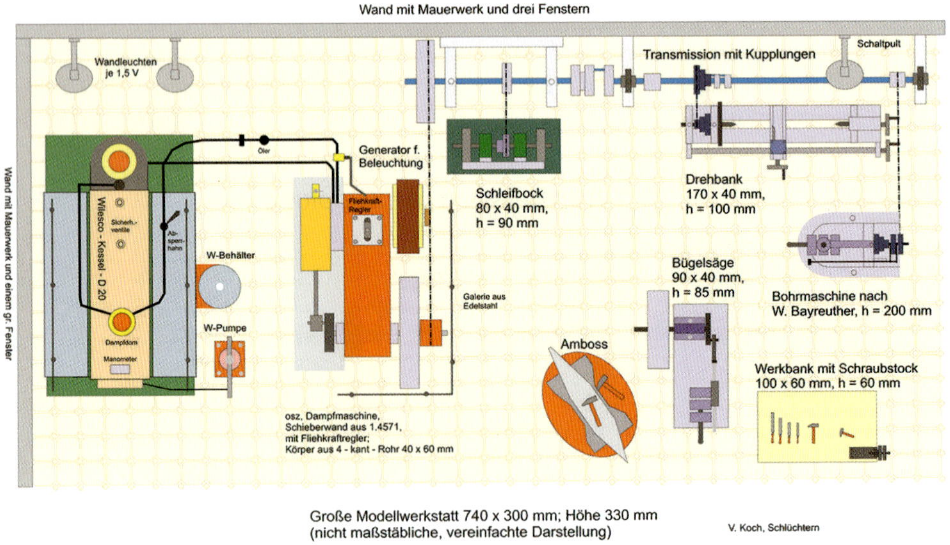

Gesamtansicht der Werkstattanlage im Schema, vereinfachte Darstellung

21 Nostalgische Anlage mit Reichelt-Adler-Heißluftmotor

21.1 Ansicht der Anlage

Der Heißluftmotor entstand aus einem Materialsatz des Heißluftmotorenkonstrukteurs

Eine Heißluft-Anlage mit einem modifizierten Reichelt-„Adlermotor," zwei originalen Reichelt-Antriebsmodellen, einem kleinen Generator und einer Spieluhr auf einer gemeinsamen 19-Zoll-Aluminium-Platte montiert

Ansicht von der Motorenseite

Roland Reichelt aus Chemnitz und wurde hier im Gegensatz zu dem ursprünglichen Entwurf etwas abgeändert. Die seitlichen Säulen mit Gewindestangen tragen eine hölzerne Abdeckhaube, die hier aber abgenommen ist. Auf diesem Bild sind die später erwähnten Komponenten Spieluhr und Generator noch nicht montiert.

21.2 Grundlage für die Planung der nostalgisch wirkenden Anlage

Genau wie bei Heißluft-Anlage mit dem Reichelt-Modell „Eichhörnchen" war auch hier ein Gussteile-Materialsatz von Herrn Reichelt die Ausgangsgrundlage für alle Überlegungen. Zwei im gleichen Stil gestaltete Reichelt-Antriebsmodelle – „Schaukeln" in jeweils etwas unterschiedlichen Ausführungen – konnten bereits zu einem früheren Zeitpunkt erworben werden.

Das Material für die Grundplatte, eine 19-Zoll Schaltschrankplatte aus 4 mm starkem eloxiertem Aluminiumblech, stammt vom Schrott, ebenso die vier in den Ecken angeordneten Aluminiumsäulen zur Aufnahme einer Schutzabdeckung. Für die Bocktransmission kamen Wilesco-Lagerböcke zum Einsatz.

Für den Bau des Adlermotors ist eine Kleindrehmaschine notwendig, wobei

Der im Vergleich zum Bauentwurf deutlich abgeänderte Kurbeltrieb

anzumerken ist, dass das große Schwungrad, Durchmesser 175 mm, freihändig nach genauem Ausrichten auf einer Standbohrmaschine gebohrt wurde. Es konnte daher nicht überdreht werden, läuft aber einigermaßen schlagfrei. Besser wäre hier in jedem Fall eine Bearbeitung mit einer größeren Drehmaschine gewesen, aber es ging auch so.

21.3 Thematik

Die Anlage mit den beiden Schaukeln, einem Generator und der kleinen Spieluhr (Melodie: F. Sinatra „I did it my way“) ist wiederum der naiven Stilrichtung zu zuordnen. Alles in allem ist der Gesamteindruck aber recht hübsch, so die subjektive Bewertung des Autors. Durch die Melodie und die vielfältigen Bewegungsabläufe wird die Anlage bei Vorführungen zu einem echten Hingucker.

21.4 Antriebsmaschine

Der ursprüngliche Bauentwurf des Konstrukteurs ist zwar bewährt, wurde aber aus betrieblichen und baulichen Gründen in einigen Punkten abgeändert:

- Kugellagerung der 5-mm-Hauptwelle in neuer Messingnabe
- zusätzliche Wasserkühlung mit Kühlschlange und externem Kühlturm
- Ofen aus Edelstahlblech rostfrei (aus einer Gewürzdose)
- Änderungen beim Kurbeltrieb
- Brenner als „Schwenkbrenner“ mit externem Spritusbehälter

Im ursprünglichen Plan waren das Schwungrad und die Kurbeln gemeinsam

Unterschrift „R. Reichelt“ an der Unterseite der Modellplatten. No. 12 deutet auf eine frühe Produktionszeit, Anfang der 90er Jahre, hin

Generator mit Werkzeugtafel unten rechts. Hier ist die hölzerne Abdeckung mit einer schützenden Plexiglasscheibe aufgesetzt. Aus diesem Grund erscheint das Bild etwas schlierig

auf der Motor-Innenseite angeordnet. Hier ist das Schwungrad nach außen verlegt worden; eine neue, mit Kugellagerung ausgestattete Nabe aus Messing ersetzt die mit Bronzelager vorgesehene Nabe des Gussteils. Alles ist recht stabil ausgeführt. Die Handlinierung der bearbeiteten und lackierten Gussteile erfolgte mit Goldbronze.

Mit diesen Änderungen läuft der Motor recht kraftvoll und ist in der Lage, neben den Schaukeln und der Spieluhr auch noch einen kleinen Generator (aus einem alten Kassettenrecorder), anzutreiben.

21.5 Antriebs-/ Betriebsmodelle

Die Reichelt-Schaukeln sind zwar vom gleichen Hersteller, aber in Details etwas unterschiedlich ausgeführt. Beide waren sogar mit der Unterschrift des Erbauers versehen.

Die einfache Spieluhr stammt aus einem Bastelladen und der „Generator" wurde vor einer Werkzeugtafel mit dem Monogramm des Erbauers platziert.

Bei dem „Werkzeug" handelt es sich um diverse Wilesco-Gabelschlüssel, die zu den hier verbauten Muttern passen. Durch die abgeänderte Montage des Schwungrads wird der schöne Gussadler leider etwas verdeckt.

21.6 Planung

„Grundlage" war, wie bereits erwähnt, eine zur Verfügung stehende Aluminiumplatte aus einem 19-Zoll Schaltschrank. Die Modelle wurden auf der Platte so geschoben, wie es am besten passte und gefiel.

21.7 Transmission

Diese einfache Bocktransmission spielt hier nur eine „untergeordnete" Rolle als Energieverteiler. An den Wilesco-Lagerböcken wurden aus optischen Gründen nachträglich kleine M3-Messingöler angebracht.

21.8 Zusätzliche Ausstattungsmerkmale

Die Figur im Vordergrund stammt ursprünglich aus Mittelamerika und ist in Handarbeit hergestellt worden, während die Figuren auf den Schaukeln Trachtenpuppen aus der Schwalm sind. Der „Kühlturm" ist ein Edelstahlverdunstungsrohr

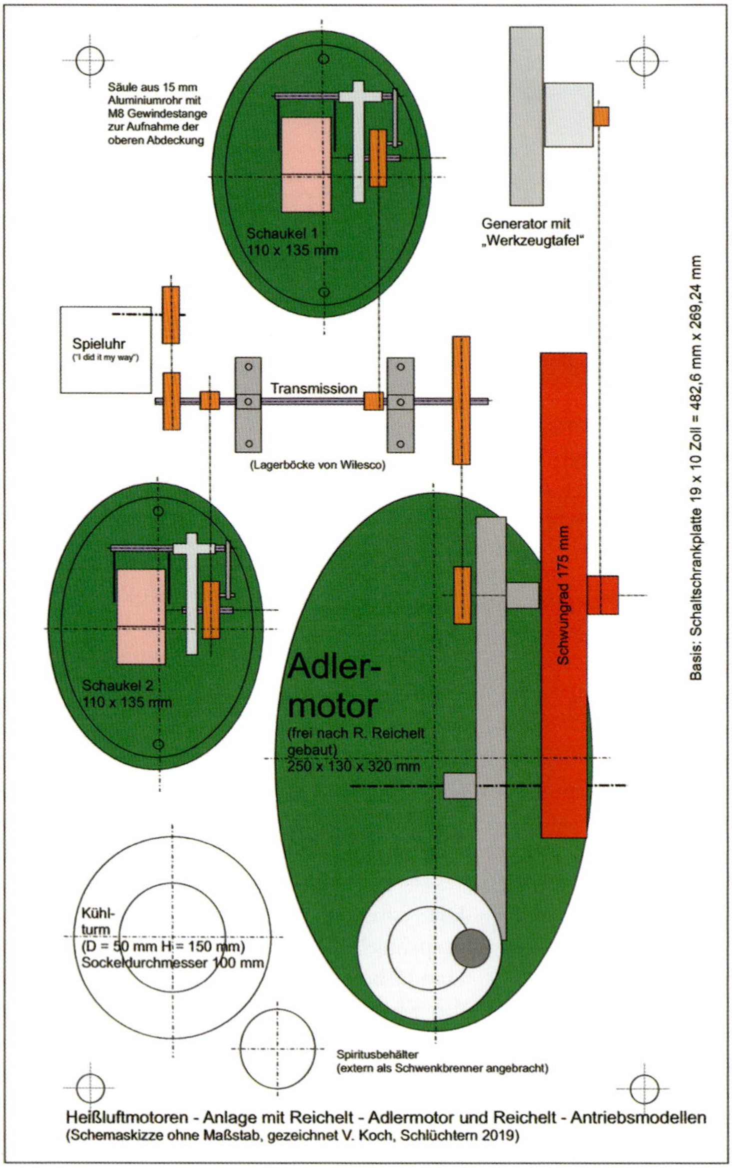

„Grundlage" war, wie bereits erwähnt, eine zur Verfügung stehende Aluminiumplatte aus einem 19-Zoll Schaltschrank. Die Modelle wurden auf der Platte so geschoben, wie es am besten passte und gefiel.

mit zusätzlich angebrachten Zier-Ablasshähnen (Eigenbau). Er steht auf einem zweiteiligen Sockel aus einem Blechdeckel und einer Edelstahlgewürzdose, die als „Ein-Euro-Artikel" von einem Lebensmitteldiscounter erworben wurden. Die Verbindung zur Kupfer-Kühlschlange um den Verdränger besteht aus hitzebeständigen Silikonschläuchen.

21.9 Sonstiges

Unter dem „Dach" befindet sich eine kleine, aufklappbare Holzkiste mit Ersatzteilen und Zubehör: Dochte, Silkonschläuche, ein zweiter Spiritusbrenner, Feuerzeug usw. Über eine zentrale Befestigungsmutter kann die Schutzhaube aus Fichteleimholz bei Bedarf (Vorführungen) leicht abgenommen werden.

22 Nostalgische Anlage mit Reichelt-Heißluftmotor „Eichhörnchen"

22.1 Gesamtbetrachtung

Eine weitere, nostalgische Anlage mit einer Heißluftmaschine nach Roland Reichelt, Transmission und zwei Antriebsmodellen nach originalen Vorbildern.

Hier ist die „Einhausung" aus Eichenholz abgenommen. Die Befestigung des Holz-Oberteils an der Grundplatte erfolgt mittels Edelstahl-Stuhlwinkel

22.2 Planungsgrundlagen

Der bekannte Heißluftmotorenbauer Roland Reichelt aus Chemnitz hatte im Jahre 2018 die Produktion von kunstvoll gestalteten Heißluftmotoren altersbedingt aufgegeben und seine Restbestände an Material veräußert. Auf Nachfrage erhielt der Autor einen Gussteile - Materialsatz (hier die „schwere" Ausführung mit Graugussteilen!) des Models „E", genannt Eichhörnchen. Bei der Suche nach Reichelt-Heißluftmaschinen kann man mit etwas Glück im Internet noch fündig werden. Inzwischen werden Reichelt-Baupläne wieder über den VTH angeboten.

Mit einer einfachen Werkstattausrüstung – eine Kleindrehmaschine ist allerdings erforderlich – war der Bau dieses schönen Modells machbar und nach einigen Wochen Feierabendarbeit tuckerte das „Eichhörnchen" zur vollkommenen Zufriedenheit.

22.3 Thematik

Die Anlage hat kein reales Vorbild, ist aber mit Gestaltungselementen aufgebaut, die bei historischen Spielzeuganlagen dieser Art nicht unüblich waren. So soll es hier eine naiv gehaltene Schmiedeanlage sein mit einem „wasserradgetriebenem“ Stampfwerk und einem Zwei-Hämmer-Hammerwerk. Ein beigestellter „Schmied“ mit Amboss komplettiert das Ganze.

Die Modellanlage sollte nicht sperrig, leicht transportier- und vorführbar werden und dabei als Ganzes noch einigermaßen ansprechend aussehen, ein Blickfang für Ausstellungen und das heimische Wohnzimmer sozusagen.

22.4 Antriebsmaschine

Die Antriebsmaschine – Komponente Nummer Eins des „Dreigeteilten Maschinensystems“ – ist wie gesagt der Reichelt Heißluftmotor Modell „E“ (Eichhörnchen), hier ein wenig vom Autor modifiziert. Der Motor entstand aus einem Gussteile-/Materialsatz und bekam vom Autor zusätzliche Ausstattungsmerkmale:

- Kugellagerung der 5-mm-Hauptwelle. Kugellager mit beidseitigen Deckscheiben
- zusätzliche Kühlrippen (zur Optimierung der Luftkühlung)
- Ofen aus Edelstahlblech rostfrei (aus einer Gewürzdose; „Ein-Euro-Artikel“ vom Discounter)
- Balancierkipphebel zur Steuerung des Verdrängerkolbens. Damit wird der Verdrängerarm gewichtsmäßig entlastet
- Schrauböler an Haupt- und Kippwelle; diese dienen mehr der Optik

Aus Graugussteilen gebauter Reichelt-Heißluftmotor, Modell „E“ (Eichhörnchen)

22.5 Betriebsmodelle

Die Betriebsmodelle – Teil drei des „Dreigeteilten Maschinensystems“ – sind Nachbauten originaler alter Spielzeug - Vorbilder, diese sind aus Resten gebaut. Materialquelle war u.A. ein altes Backblech, welches damit sinnvoll recycelt wurde.

Die Nachbauten bekamen im Gegensatz zu den Originalen, wo die Wellen ganz simpel im dünnen Blech gelagert sind, solide Messinglager und die Ausführung ist insgesamt etwas stabiler und ansprechender umgesetzt. Der „Brunnen“ erhielt eine Mauerwerk-Bemalung.

Links originales Vorbild für den Nachbau; rechts Nachbau aus altem Backblech. Die 2,5 mm starken Achsen und Wellen stammen von einer ausrangierten Duschgarnitur

In ähnlicher Weise wurde als weiteres Betriebsmodell ein einfaches Hammerwerk mit zwei Hämmern erstellt. Wie man sieht, ist der Bau von ansprechenden Betriebsmodellen auch mit einfachen Ressourcen und geringen Kosten machbar.

22.6 Planung

Eine konventionelle Handskizze: Erstellung einer Planskizze auf Millimeterpapier mit den finalen Positionen der Modelle; hier ist aus Gründen der Handlichkeit der Maßstab verkleinert.

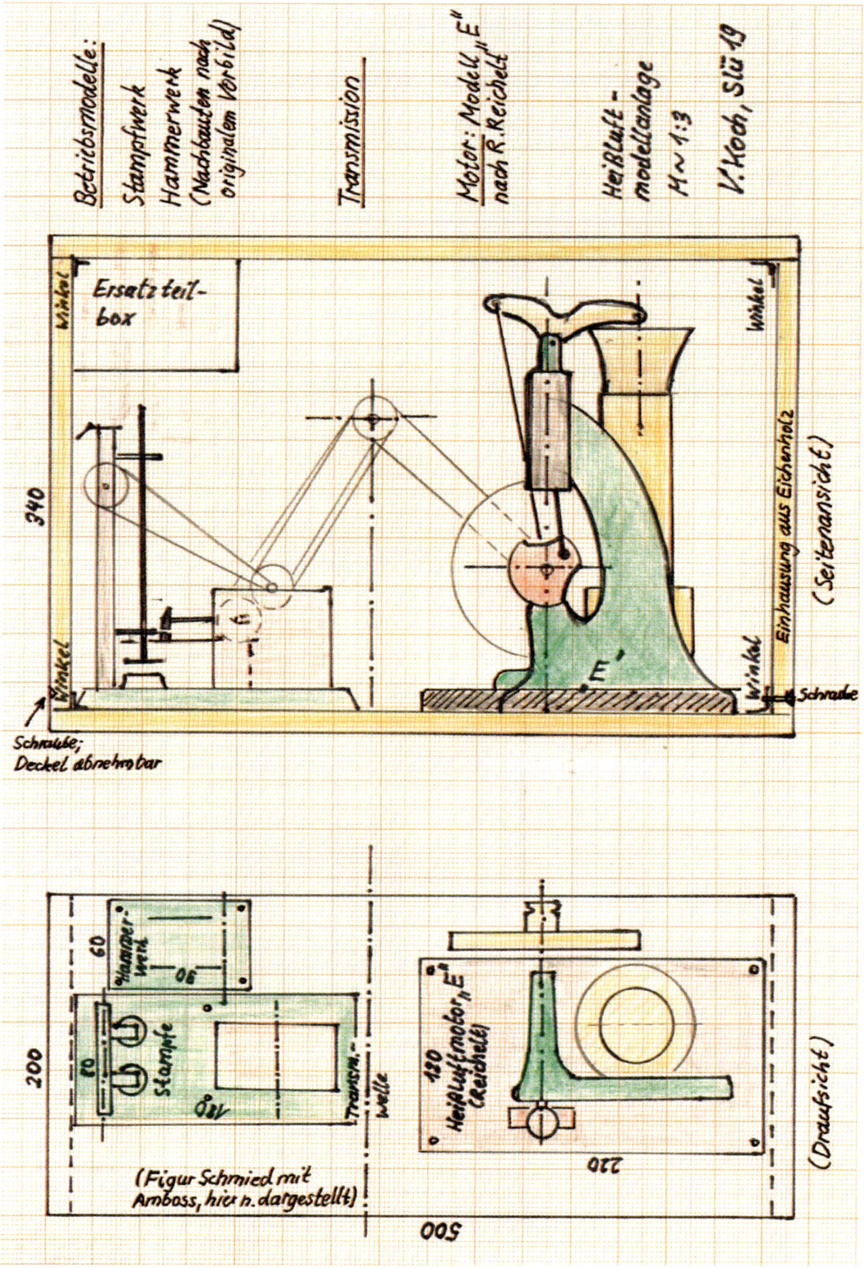

Transmission aus gebauten Teilen; es wurden auch hier ausschließlich Reste für den Bau verwendet

22.7 Transmission

Die Transmission als kraftübertragendes Element – Teil zwei des „Dreigeteilten Maschinensystems" – ist ebenfalls historischen Spielzeugvorbildern nachempfunden.

Die Transmissionsräder sind „gebaut" und sehen nach der Lackierung fast wie Gussteile aus. Der

Bau von Transmissionsrädern und Transmissionssäulen ist im Kapitel „Transmission" beschrieben. „Gebaut" sind ebenfalls die Säulen. Auch hier kamen selbstfabrizierte M3-Ölbecher mit abschraubbaren Deckeln zum Einsatz. Die Kraftübertragung geschieht mittels Wilesco-Spiralriemen. Spiralriemen wurden auch bei den allermeisten Original - Spielzeuganlagen verwendet.

22.8 Zusätzliche Ausstattungsmerkmale

Ein selbstgeschnitzter „Schmied", ca. 14 cm hoch, mit Amboss bereichert das Diorama. Material war ein vorhandenes Stück Brennholz aus Buche, das sich leider nur sehr schwer bearbeiten ließ. Besser geeignet für derartige Vorhaben ist Lindenholz, aus welchem Details wesentlich filigraner herausbildbar sind. Leider stand dem Autor solches nicht zur Verfügung.

Der kleine Amboss ist aus Eisenteilen gebaut und hartverlötet; der Hammerkopf des Schmiedehammers besteht aus Edelstahl.

Geschnitzter „Schmied" mit Hammer und Amboss auf einem Holzklotz. Der Gesichtsausdruck des „Kollegen" wirkt ein wenig traurig

22.9 Sonstiges

Eine Einschalung aus Eichenholz verwandelt die kleine Anlage in ein schlichtes Möbelstück, welches fast an den sogenannten „Bauhausstil" der Zwanzigerjahre erinnert. Grundlage sind zwei Eichenholzleimbretter (800×200×18 mm) aus dem Baumarkt. Baumärkte verfügen über Zuschnitt-Vorrichtungen, mit denen die gewünschten Maße leicht, meist ohne Aufpreis, realisierbar sind. So wurden hier die Bretter auf 500/300 mm geschnitten, sodass neben der Grundplatte auch eine ansprechende Abdeckung gebaut werden konnte. Die Abdeckung kann durch Lösen von vier M5-Schrauben (mit Edelstahlflügelmuttern) leicht abgenommen werden. Alles in allem ist das „Bauwerk" stabil genug, um einer leichteren Person als Sitzgelegenheit zu dienen. Die Edelstahlwinkel zur Befestigung (Stuhlwinkel aus dem Angebot eines Discounters) hätten man im Nachhinein betrachtet vielleicht etwas ansprechender gestalten sollen.

Das Holz wurde abschließend mit Leinölfirnis behandelt. Leinölfirnis ist gesundheitlich weitgehend unbedenklich, erfordert aber eine mehrwöchige Trocknungszeit.

Zum Schutz vor Staub wurden nachträglich zwei abnehmbare Plexiglasplatten an den Seitenflächen ergänzt. Staub ist der Hauptfeind aller Modellanlagen!

22.10 Erforderliche Werkstatt

Da viele Drehteile zu erstellen sind, ist neben den üblichen Handwerkszeugen (siehe „Dampfbetriebene Modellwerkstätten Allgemeintext", eine kleine Mechanikerdrehmaschine unbedingt notwendig.

23 Anlage mit Heißluftmotor der Firma Wilesco

23.1 Allgemeines

Vor wenigen Jahren brachte der bekannte Modelldampfmaschinenhersteller Wilesco erstmalig einen gelungenen Heißluftmotor mit der Modellbezeichnung H100 heraus, der zum Antrieb von Betriebsmodellen geeignet ist.

23.2 Anlagenzusammenstellung

Anlage mit modifiziertem Wilesco-Heißluftantrieb, Hochtransmission und zwei älte-

ren, naiv gestalteten Antriebsmodellen. Die beiden „Personen" mit Porzellan-Köpfen, -Händen und -Füßen sorgen für eine gewisse Betriebsamkeit auf der „Platte".

23.3 Grundüberlegung für die Planung

Aus Platz-, Schutz- und Transportgründen sollte diese Anlage in einer handelsüblichen Holzstapelbox (Innenmaße 380×275×220 mm; aus dem Baumarkt) untergebracht werden. Das vereinfacht und erleichtert den Transport und die Handhabung bei Vorführungen oder Ausstellungen in der Öffentlichkeit.

Ein Schneidbrett vom Lebensmittel-Discounter, wie die Box hier aus Bambus, hatte für die Unterbringung in der Box die passenden Maße. Solche Dinge werden oftmals nach Ablauf einer Werbeaktion zum „Sonderpreis" von Discountern abgegeben. Kein Vergleich zu den Preisen, die für gleichartiges Material in Fachmärkten verlangt werden!

23.4 Thematik

Hier handelt es sich um eine etwas naiv gehaltene Anwendung aus der „Wassertechnik": Ein Schöpfbrunnen und ein Schöpfrad werden betrieben. Aber nein, so abwegig ist das gar nicht, auch in der Realität wurden Heißluftmotoren zum Betrieb von Pumpen in Gärtnereien eingesetzt. Einmal in Betrieb gesetzt, waren diese Maschinen relativ anspruchslos

Die Transportkiste – diesmal aus Bambusholz – ist mit einem Bild des Inhalts beklebt, um zu Hause Such- und Zuordnungsarbeit und damit Zeit zu sparen. Zur Schonung der Anlage beim Aufstellen sind unter dem Grundbrett Gummifüße angebracht

Das nachträglich angebrachtes Heizhaus mit Ofentür und Reiber. An dem Loch-Rad in der Mitte der Tür kann die Flamme kontrolliert werden, ohne dass die Tür geöffnet werden muss. Diese Nachrüstung ist für Vorführungen im Freien zu empfehlen (Zugluft!).

und benötigten kaum Wartung und im Gegensatz zu Elektropumpen keinen Strom.

23.5 Antriebsmaschine

Der Wilesco-Heißluftmotor H100 ist solide und ordentlich auf einem Eichenholzfundament aufgebaut. Endlich mal wieder ein gediegenes Produkt aus dem kommerziellen Spielzeugbereich! Er wird auch in der Version H110 mit Generator und Lampe angeboten. Der Zylindergrundblock besteht aus massivem Messing, während Verdrängerkolben und -Zylinder aus Glas bestehen. Geheizt wird mit einem Bienenwachs-Teelicht, das aber ziemlich rußt. Aus diesem Grund, auch zum Schutz der Flamme vor Zugluft wurde hier ein Heizhaus nachgerüstet, das einen kleinen Spiritusbrenner beinhaltet. Als Docht dient ein Stück dünne Baumwollschnur, um die Flamme in vergleichbarer Größe wie das Teelicht zu halten.

Nach einer kurzen Anheizzeit (~ 1 Minute) nimmt der Motor sofort Drehzahl auf. Die Anlage ist für Präsentationen schnell betriebsbereit.

Wartungsarbeiten fallen kaum an; es ist nur eventueller Ruß am Verdränger zu beseitigen und die Lager können mit sehr dünnflüssigem Mechaniköl geölt werden.

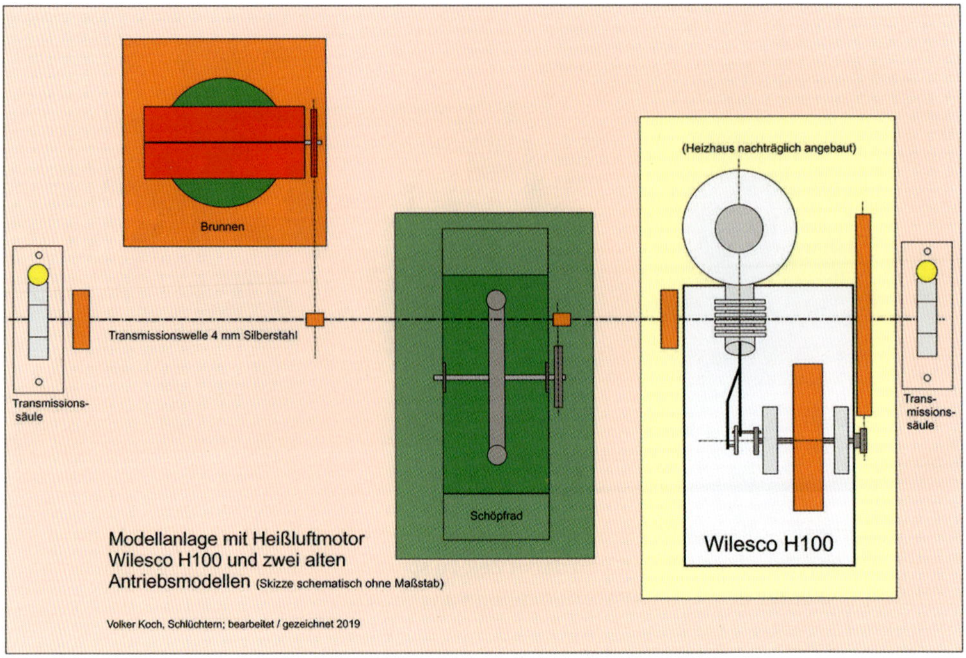

Schematische Darstellung der Anlage. Aus Übersichtsgründen ist der Bügel zum Herausheben sowie das „Betriebspersonal" hier nicht dargestellt

23.6 Betriebsmodelle

Der Brunnen und das Schöpfrad sind „alt", ein Hersteller (evtl. Doll) konnte nicht mehr festgestellt werden. Beides war in einem sehr schlechten Zustand und ein „ernsthafter" Sammler hätte dieses Konvolut als absolut sammelunwürdig bezeichnet. Modelle in solchem Zustand sind deshalb meist für ganz kleines Geld erhältlich. Nach der Aufarbeitung sind die Modelle zwar nicht mehr „original" aber absolut schick und funktionstüchtig, besser als im Original, wie die Bilder zeigen.

23.7 Planungsarbeiten

In diesem Fall wurden die Komponenten auf der Grundplatte wieder so aufgestellt, wie es am besten passte und gefiel. Eine konkrete Planskizze auf Millimeterpapier war nicht notwendig; man könnte sie aber erstellen, falls das für erforderlich gehalten wird.

23.8 Transmission

Die Säulen der Hochtransmission wurden aus Restmaterialien „gebaut". Das Verfahren dazu ist in dem Kapitel „Transmission" aufgezeigt. Gleiches gilt sinngemäß für die beiden mittelgroßen und das große 70-mm-Transmissionsrad. Die beiden mittelgroßen Räder treiben nichts an und dienen nur der ausschmückenden Bereicherung. Als Material kam Messing zum Einsatz, weil entsprechende Reste verfügbar waren. Man hätte die Räder auch aus Stahl oder Aluminium „bauen" können. Die kleinen Räder sind einfache Drehteile.

23.9 Zusätzliche Ausstattungsmerkmale

Die eigentlich sehr edlen Figuren mit den Porzellanapplikationen stammen aus dem Puppenstubenzubehör-Handel. Eine kleine Zinkgießkanne aus einem Bastelladen und ein wenig selbstgebautes Modellwerkzeug garnieren das Ganze zusätzlich.

23.10 Sonstiges

Auffällig ist der Bügel in der Anlagenmitte. Er hat rein praktische Gründe und ist hilfreich bei der Entnahme der Anlage aus der Transportbox. Zusätzlich schützt er die Transmissionswelle von oben gegen mechanische Beschädigungen. Natürlich ist der Bügel auch abnehmbar, wenn er denn die Optik mal stören sollte.

23.11 Erforderliche Werkstatt

Für die Herstellung der Transmissionsräder und Transmissionssäulen ist eine kleine Drehmaschine erforderlich, falls man die Räder nicht fertig bezieht. Ansonsten genügt hier der im Allgemeinteil erwähnte Grundwerkzeugsatz.

23.12 Material

Der Heißluftmotor kann über Wilesco (www.wilesco-shop.de) bezogen werden. Die beiden Uralt-Antriebsmodelle stammen vom Flohmarkt.

Die Transportkiste und die Grundplatte waren diesmal ein „Sonderangebot", das heißt „runtergesetzte" Artikel eines Lebensmitteldiscounters.

Sonstige Materialien stammen auch hier wieder vom Schrott, der berühmt-berüchtigten „Restekiste" oder wurden aus anderen Quellen recycelt.

24 Heißluftschmiede

24.1 Eine kleine Schmiedewerkstatt mit Heißluftmotoren-Antrieb

Die nachfolgend beschriebene Werkstatt entstand ohne einen konkreten Plan aus gerade verfügbaren Materialien.

Basisgrundlage ist ein stirnholverleimtes, sehr schönes Schneidbrett, wieder einmal vom Discounter, welches den Heißluftmotor, die Transmission und einen angeschlossenen Schmiedehammer aufnimmt. Solche Bretter sind meist wasserfest verleimt, solide und oftmals auch sehr preiswert.

Der Aufbau erinnert ein wenig an das Design der frühen Heißluftmotoren von Plank oder Carrette mit angebauter Hochtransmission.

Die Griffsäulen an den Rändern erleichtern die Entnahme des Ganzen aus der Transportkiste. Bei Vorführungen hat sich diese Hilfsvorrichtung als sehr praktisch erwiesen.

24.2 Anlage/Werkstatt

Ein reales Vorbild – eine Schmiede mit Heißluftmaschine – wird es für diese Modellanlage wohl nie gegeben haben. Obwohl nur ein Antriebsmodell, ein Schmiedehammer, angetrieben wird, ist die Transmission aus

Aus Gründen der Lagerung, des Transports und – last but not least – des Schutzes vor Beschädigung und Staub ist die Anordnung in einer handelsüblichen Holzkiste mit Klappdeckel aus dem Baumarkt mit den Innenmaßen 380×275×220 mm untergebracht

Transportkiste mit Klappdeckel und der Heißluft-Maschinenanlage. Im Vordergrund befindet sich der Spiritusbrenner in einem schützenden Schaumstoffbehältnis. Im Deckel ist ein „PV-Diagramm“ angeklebt, das die thermodynamischen Vorgänge („Carnot-Kreisprozess“) einer Wärmkraftmaschine andeutet

optischen Gründen mit mehreren hölzernen Riemenscheiben bestückt. Alle Elemente des „Dreigeteilten Maschinensystems“ sind somit vorhanden.

24.3 Grundlagen für die Planung und den Bau

Diverse Metall- und Holzreste bildeten die Grundlage zur Planung der Anlage und des darin verbauten Heißluftmotors. Vieles stammt aus der Abfalltonne eines Metallbetriebs und wurde dem Autor freundlicherweise gegen eine geringe Kaffeekassenspende überlassen. Freundliche Nachfragen bei Metallbetrieben lohnt sich fast immer!

Kaufteile sind das Gussteil für das Schwungrad (RC Machines), das feine Riffelblech für den „Kühlturm“, Messing-Rundmaterialen, Kugellager (Conrad Electronic) sowie die beiden Modellfiguren (Schleich, Wilesco).

Die konkrete Planung wurde hier mit einer Planskizze auf Millimeterpapier mit den finalen Positionen der Modelle vorgenommen.

Schmied mit Amboss und Werkzeug neben dem Verdrängerzylinder. Man beachte die Kupfer - Kühlwasserschlange um den Verdrängerzylinder aus Edelstahl - Rohr. Amboss und Werkzeug konnten aus Edelstahlresten gefertigt werden. Das „Mauerwerk“ der Wand ist aus Kartonziegelsteinen aufgeklebt und mit Klarlack wetterfest versiegelt.

24.4 Thematik

Obgleich damit eine Hammerwerk-Schmiede dargestellt werden soll, ist auch hier die

Heißluftmotor in „Gamma"-Ausführung mit Heizhaus und Kühlturm

Der Schweif ist aus Verschleißgründen aus gehärtetem Stahl gefertigt (ein Stück Uhrwerksfeder); ein Ölbecher und eine Hebeöse dienen mehr der Optik. Auch hier ist wieder selbstgefertigtes Modellwerkzeug verteilt worden, um den Gesamteindruck „werkstattmäßig" zu gestalten

sekundäre Funktion als „Geräuschgenerator" nicht zu unterschätzen. Zuschauer werden bei Ausstellungen durch akustische Signale, wie ein leichtes monotones Hämmern, leichter in den Bann gezogen, als wenn es sich „nur" um ein totes Ausstellungsstück handelt.

24.5 Antriebsmaschine

Es handelt sich um einen sogenannten „Gamma"-Stirlingmotor in liegender Ausführung. Bei der „Gamma"-Konfiguration sind Arbeits- und Verdrängerzylinder in verschiedenen miteinander verbundenen Zylindern untergebracht. Es ist die klassische Ausführung von Spielzeug - Heißluftmaschinen.

Das Heizhaus ist aus einem alten Edelstahl-Seifenspender entstanden. Auf der Plattform des Kühlturms hat der Maschinist wieder einmal das Werkzeug vergessen!

24.6 Betriebsmodell

Der einfache Aufwerfhammer ergänzt den „Schmiedebetrieb." Im Original ist ein derartiger Schmiedehammer z.B. im Museum „Tobiashammer" in Ohrdruf (Suhler Str. 34B, 99885 Ohrdruf) zu sehen. Auch bei wasserbetriebenen Hammermühlen waren derartige Vorrichtungen anzutreffen.

24.7 Transmission

Die Transmissionssäulen sind hier „gebaut" nach dem Verfahren, wie es in dem entsprechenden Kapitel „Transmission" beschrieben ist. Das trifft ebenso auf die hölzernen Transmissionsräder zu. Derartige Räder waren bei den Vorbildern am häufigsten vertreten. Die Lagerböcke sind mit nichtsichtbaren Kugellagern ausgestattet.

24.8 Zusätzliche Ausstattungsmerkmale

Beigelegtes Modellwerkzeug und der Kleinamboss sind aus Abfallmaterialien in Fleißarbeit entstanden.

Der beigestellte Schmied ist ein Hufschmied der Firma Schleich. Schleich-Figuren sind recht vorbildgetreu gestaltet und im Spielwarenhandel preisgünstig erhältlich. Die weitere Figur, ein Maschinist an dem Aufgang zum Kühlwasserbehälter, stammt von Wilesco.

25 „Jack in the Box“

25.1 Was hat ein Schachtelteufel hier zu suchen?

„Wer kommt den hier wie Kai oder ein Schachtelteufel aus der Kiste gesprungen?,“ so könnte man sich fragen. Tatsächlich sind es zwei Dinge, die gemeinsam in einem kleineren Holz-Behältnis untergebracht sind. Ein guter Grund für diese besondere Art der Unterbringung ist unter anderem die Platz- und Raumersparnis in den heimischen Wohngefilden.

Eine unscheinbare Holzkiste, beklebt mit Motiven aus dem Dampfzeitalter. Was hier wohl drin sein wird?

Mehr als man eigentlich erwartet! Eine mittelgroße Spielzeug-Dampfmaschine (Wilesco D12) und eine komplette Werkstatt (Wilesco M56), arrangiert zu einem kleinen Werkstatt-Diorama. Die Seitenwände der überstülpbaren Werkstatt sind ebenfalls mit Motiven aus dem Dampfzeitalter beklebt. Man beachte die Aussparung an der Werkstatt-Grundplatte. Damit kann die Komponente leicht aus der Kiste entnommen werden

Wenn eine Maschinenanlage auf einer Arbeitsplatte aufgebaut ist, beansprucht dies relativ viel Raum und Volumen, ist sperrig und schlecht transportabel; man denke nur an größere H0-Modelleisenbahnanlagen. Durch die geschickte Ausnutzung des verfügbaren Inhalts einer handelsüblichen Stapelbox konnten diese Nachteile vermieden werden. Gleichzeitig ist die Anordnung damit einigermaßen staubgeschützt untergebracht und leicht transportabel.

Grundlagen für die Planung war eine Nadelholz-Stapelbox aus dem Baumarkt mit den Innenmaßen 380×275×220 mm. Diese Boxen gibt es in verschiedenen Abmessungen und Ausführungen; die teureren bestehen aus Hartholz, während hier eine preiswertere Version aus Fichte gewählt wurde. In dieser lässt sich bequem eine mittelgroße Dampfmaschine, in diesem Fall eine Wilesco D12, verstauen. Oberhalb der Dampfmaschine bleibt rund die Hälfte des verfügbaren Kistenvolumens ungenutzt. Der Gedanke war also, diesen Raum auch noch sinnvoll zu „belegen“ und zwar mit einer übergestülpten kleinen Werkstatt, hier der Wilesco-Werkstatt M56 mit drei festmontierten Antriebsmodellen und einer kleinen Bocktransmission. Die Werkstatt steht in der Kiste umgekehrt über dem Dampftriebwerk und wird durch ihre zwei Seitenwände zu diesem auf Abstand gehalten, sodass sich beide nicht ins Gehege kommen.

25.2 Antriebsmaschine

Inzwischen wird das Modell D12 vom Hersteller Wilesco nicht mehr produziert. Es ist die größte Wilesco-Dampfmaschine mit oszillierendem Zylinder. Bei diesem Exemplar ist es eine ältere Version mit Sechsspeichen-Schwungrad. Seit Jahren verbaut Wilesco nur noch das weniger vorbildgetreue Fünfspeichen-Schwungrad. Die Maschine dürfte aus den Sechzigern stammen und wurde unrestauriert im Originalzustand, das heißt im schlicht-grauen „Arbeitskleid“ belassen, da die Funktionstüchtigkeit nach Reinigung und Entkalkung des Kessels voll gegeben war. Eine Sperrholzplatte mit den Grundmaßen der Holzkiste nimmt die Maschine auf, damit sie in der Kiste nicht verrutschen kann und mit der übergestülpten Werkstatt in Berührung kommt.

25.3 Betriebsmodelle

Passend zur Altversion der Wilesco D12 ist die Wilesco-Werkstatt M56 arrangiert. Es ist ebenfalls eine ältere Version mit Gusssockeln

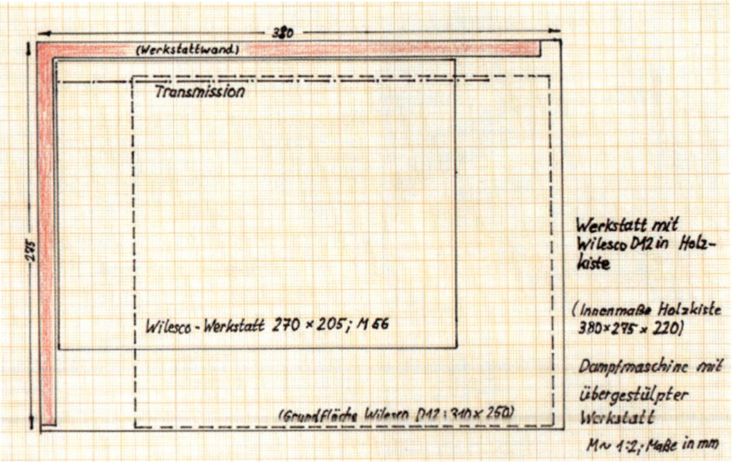

Konkrete Planung: Erstellung einer Planskizze auf Millimeterpapier mit den Grundmaßen der Transportkiste; verkleinerte Darstellung

für die Kreissäge und den Schleifstein. Die Werkstatt wird heute noch angeboten, aber leider nur noch mit Kunststoffsockeln für die beiden genannten Antriebsmaschinen. Auch an der Bohrmaschine ist zu erkennen, dass es sich um eine ältere Version handelt, da der Gusskörper im Gegensatz zum aktuellen Modell abgerundete Strukturen aufweist.

Als ein weiteres Modell ist das Stampf-/Hammerwerk M61, ebenfalls von Wilesco, ziemlich eng an die Werkstattgrundplatte angefügt, auch, damit eine Abstützung auf der gegenüberliegenden Seite der Transmissionswand vorhanden ist. Das Hammerwerk fungiert bei Vorführungen „hauptamtlich" als eine Art Geräuschgenerator, um die Aufmerksamkeit der Zuschauer zu gewinnen.

25.4 Planung der Raumaufteilung

Was an Raum und Abstand für die übergestülpte Werkstatt verfügbar ist, ermittelt man am besten durch Messen und Probieren. Die Abhängigkeiten ergeben sich aus den Grundmaßen der jeweils gewählten Dampfmaschine bzw. Werkstattplatte.

25.5 Transmission

Dieses Element ist als Wandtransmission mit Holzriemenscheiben ausgeführt. Hölzerne Riemenscheiben waren im Original sehr verbreitet. Ein „Durchbruch" an der „Wand" ermöglicht eine Verbindung mit der Antriebsmaschine, wenn diese gegenüberliegend aufgestellt wird. Die einfachen Winkellager bestehen aus gebogenem Messingblech.

25.6 Zusätzliche Ausstattungsmerkmale

Neben den bereits erwähnten historischen Farbaufdrucken sind an der zweiten, abgewinkelten Wand Modellwerkzeuge in greifbarer Nähe untergebracht: Sägen in verschiedenen Ausführungen.

Die historischen Motive sind Papierdrucke, die mittels Klarlack an der Holzplatte befestigt und versiegelt sind.

Der Maschinenarbeiter stammt von Wilesco und ist eindeutig zu klein für die gewählten Antriebsmaschinen; eine Körpergröße von 12 cm würde wesentlich besser passen.

Ein „Fabrikaufkleber" an der Kiste und der Werkstatt gibt Aufschluss über den Erbauer.

Ansicht der herausgestülpten Werkstatt mit Blick auf die zusätzliche Wandtransmission. Auf den Seitenwänden sind zur Schonung der Auflageflächen Filzaufkleber angebracht

26 „Jack in the Box“ – Teil 2

26.1 Anmerkungen zu einem weiteren „Schachtelteufel“

Bei diesem Beispiel ist die Kiste, ausgehend von dem maximalen Grundflächenbedarf der Dampfmaschine, aus Nadelholz (Fichtenleimholz) selbst gebaut worden. Die Befestigung des Oberteils erfolgt durch kräftige Stahlwinkel und M8-Schrauben.

Dieses Mal ist die Kiste des „Schachtelteufels“ ein wenig umfangreicher und beinhaltet unter anderem die größte Dampfmaschine, die der deutsche Hersteller Wilesco jemals hergestellt hat. Ein klein wenig über den Inhalt verrät bereits der Aufkleber an der Box. Die großzügig angeklebten Puffer und Moosgummileisten bieten Schutz beim Transport

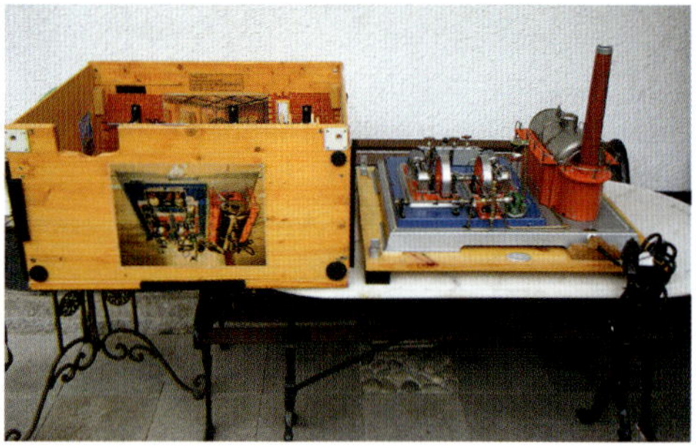

Auch hier beherbergt der obere, übergestülpte Kistenteil eine Werkstatt, welche die Maschine sinnvoll ergänzt und den verfügbaren Raum optimal ausnutzt. Bei der Unterbringung in der Kiste wird der aufsteckbare Schornstein der Maschine abgenommen

Stahlwinkel aus 45-mm-Winkelstahl mit eingeschnittenem M8-Gewinde; Befestigung auf der Maschinengrundplatte

26.2 Dampfmaschine

Es handelt sich um die Zweizylinder-Dampfmaschine D32 el., hier aus dem Jahre 1966; das Datum war an der Rückseite der Schaltpulttafel eingeritzt. Die Maschine gelangte in sehr schlechtem Zustand in die Hände des Autors und wurde vollkommen aufgearbeitet. Die elektrische Heizung (220 V, 1.500 W; Daten auf dem kleinen Blechschild bei der Kabelzuführung) bekam eine neue, geprüfte, hitzefeste Verkabelung. Der Wilesco-Generator mit Lampe ist eine nachträgliche Ergänzung. Vor Kurzem hatte die Firma Wilesco die D32 el. in einer limitierten Auflage von 500 Stück noch mal neu aufgelegt, allerdings zu einem sehr hohen Preis (rd. 2.,000 €)

Ein interessanter Vergleich: So sah die Maschine vor der Restaurierung aus! Eine Ruine aus Rost und Dreck. Man beachte die mit Hanf abgedichtete Speisewasserpumpe im Vordergrund, das war offenbar das Werk eines „Heizungsfachmanns“. Es blutet einem das Herz, wenn man so etwas sieht

26.3 Werkstatt und Betriebsmodelle

Die Werkstatt, das Kistenoberteil, bekam neben nostalgischen Aufklebern aus der Dampfepoche eine Mauerwerkwand und einen „gefliesten“ Fußboden. Das Mauerwerk besteht aus „Steinen,“ die aus stabilem, ziegelsteinrotem Karton (Bastelladen) ausgeschnitten sind. Jeder Stein wird einzeln mit einem Modellbaukleber, hier „UHU-hart,“ angeklebt und erhält abschließend eine mehrfache Klarlack-Versiegelung. Der Fliesenfußboden, ein konservatives Fliesenmuster passend zur Epoche (siehe Kapitel „Zubehör Modellwerkstatt“), besteht aus bedrucktem Papier, welches mit Klarlack aufgeklebt ist. Auch hier ist eine zusätzliche, mehrfache Versiegelung zu empfehlen.

Transmissionsseite der Werkstatt mit Wanddurchbruch für den externen Antrieb durch die Dampfmaschine

Anlage von der Seitenwand aus gesehen

Der ansonsten ungenutzte „Platzanteil" in der Kiste über dem Maschinenaggregat bekam als „Füllung" verschiedene Antriebsmaschinen:

- Modellplatte Wilesco M56; diese wurde zusammen mit der Maschine restauriert und wie die Haupttransmission ebenfalls mit Holzriemenscheiben versehen
- Bügelsäge Wilesco M60; nachträglich mit großer Holzriemenscheibe versehen
- Hobelmaschine Wilesco M65; wird (leider) nicht mehr produziert
- Kleine Bocktransmission aus Wilesco-Resten und mit Holzriemenscheiben. Damit werden die beiden kleineren Antriebsmodelle versorgt.

Mauerwerk an der Wand und Fliesenfußboden. Die Aussparung rechts oben ist für das elektrische Anschlusskabel der D32 gedacht

26.4 Transmission

Die Wandtransmission ist mit Holzriemenscheiben aus verleimtem Sperrholz ausgestattet. Die Teilung der Riemenscheiben ist auch hier nur angedeutet. Ein „Durchbruch" an der „Wand" ermöglicht eine Verbindung mit der Antriebsmaschine, wenn diese gegenüberliegend aufgestellt wird. Die Lagerböcke aus Zinkdruckguss sind Wilesco-Ersatzteile.

26.5 Planung der Raumaufteilung

Der verfügbare Raum und Abstand für die übergestülpte Werkstatt wird durch Probieren und Messen wieder ausgelotet. Für ein derartiges Vorhaben eignet sich auch die Märklin-Verbunddampfmaschine aus den dreißiger Jahren, die im Jahre 2004 in begrenzter Stückzahl neu hergestellt wurde. Diese Märklin Maschine (Modell 16051) wurde seinerzeit für 999 € angeboten. Die Abhängigkeiten aller Maße ergeben sich aus den Grundmaßen der jeweils gewählten Dampfmaschine und den vorgesehenen Antriebsmodellen.

26.6 Zusätzliche Ausstattungsmerkmale

Neben dem bereits erwähnten Fliesenfußboden und dem Mauerwerk ist an der Rückwand eine kleine Werkzeugleiste mit selbstgefertigtem Modellwerkzeug angebracht. Ein aufgestelltes Holzwagenrad erinnert ebenfalls an die „gute alte Zeit".

Der Aufkleber an der Werkstattwand nennt das Datum der Maschinenrestaurierung.

27 Eine kleine Schmiedewerkstatt, gestaltet mit naiven Wilesco-Betriebsmodellen

27.1 Ansicht der Mini-Schmiede

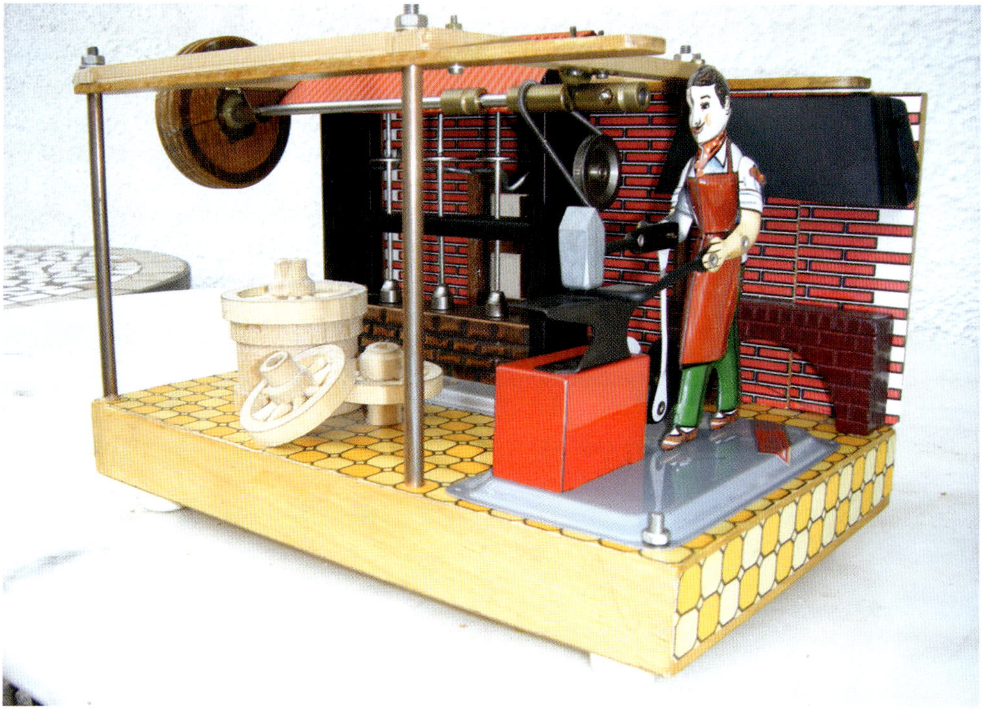

Eine kleine Schmiedewerkstatt auf einem Büromöbel-Schubladenbrettchen (220×140 mm, Höhe 140 mm) montiert

27.2 Ausgangslage

Mehrere Schubladenbrettchen aus furniertem, sehr stabil verleimtem Pressholz standen kostenlos zur Verfügung. Sie stammen wohl von einem älteren Büroschrank und waren auf dem Sperrmüll zu finden.

Für das Arrangement kleinere Betriebsmodellanordnungen, die mit einer separaten, größeren Transmission und einer ebenfalls separaten Dampfmaschine bei Ausstellungen zu individuellen Anlagen kombiniert werden kann, erschien das ideal. Auch aus dem Gesichtspunkt, weil solche Einzelkomponenten, wie die hier vorgestellte Schmiede, leichter transportier- und handhabbar sind.

27.3 Betriebsmodelle

Der Schmied aus der Wilesco-Handwerker-Serie („Hufschmied“ M86) ist eindeutig der naiven Betriebsmodellsparte zuzuschreiben, während das Hammerwerk (M61) etwas mehr in Richtung Vorbild tendiert.

Der Hufschmied ist in diesem Fall eher als Wagenschmied zu erkennen, weil in der Schmiede Holzwagenräder liegen, die noch mit Eisenreifen zu beschlagen sind.

27.4 Transmission

Blecherne Messinglager sind unterhalb der Decke montiert, die die Welle aus 4-mm-Silberstahl tragen, welche mit einfachen Antriebsrädern aus 8-mm-Rundmessing bestückt ist.

Die Rillen in den kleinen Messingrädern für die Aufnahme von Antriebsspiralen ist mit einer groben Dreikantfeile „geriffelt“ worden, damit die notwendige Haftreibung zustande kommt. Man presst dazu die Dreikantfeile in die eingedrehte Nut und bewegt das Ganze auf einer harten Fläche hin und her, bis der gewünschte Rauheitsgrad erreicht ist.

Das große Antriebsrad ist aus Eichenholz gedrechselt; insgesamt ist auf eine große Untersetzung zu achten, damit der Schmied nicht allzu schnell hämmert, was unrealistisch wirken würde.

27.5 Ausgestaltung

Der Fußboden ist wieder ein Karton, der mit einem konservativen Fliesenmuster bedruckt wurde (siehe Kapitel „Zubehör Modellwerkstatt“). Die Rückwand mit einem Fenster ist aus Sperrholz und wurde mit einem ebenfalls gedruckten Mauermuster beklebt. Eine angedeutete Schmiedeesse stammt aus einem alten Holzbaukasten, während die Haube darüber aus Konservendosenblech gefaltet wurde. Zum Schutz wurde alles wurde mit einer Schicht Klarlack überzogen.

Die beiden Säulen, die die Deckentransmission tragen, sind aus 5-mm-Schweißdraht gefertigt.

28 Kombinationsanlage mit einer kleinen Märklin-Dampfmaschine, verschiedenen Betriebsmodellen und unterschiedlichen Transmissionen

28.1 Betrachtung der Gesamtanlage

Eine etwas umfangreichere, ältere Dampfmaschinenanwendung des Autors mit eigentlich doch sehr unterschiedlichen Ausstattungsmerkmalen. Mit einer Grundplatten-Größe von 800×400 mm ist subjektiv die Grenze dessen erreicht, was eben noch handhab- und transportierbar ist. Größer sollte es wirklich nicht sein, es sei denn, die Anlage verbleibt stationär an einem Ort. Aus Gewichtsgründen ist als Basis Fichtenleimholz (Baumarkt) gewählt. Die Basisplatte ist unten mit Querleisten stabil verleimt und verschraubt; es kann also zu keinen Verwerfungen kommen.

28.2 Grundlagen für die Planung

Eine kleinere Märklin-Dampfmaschine vom Typ 4097/91/5 war die Ausgangsbasis. Diese Maschine, ein Geschenk eines älteren Arbeitskollegen in den 90er Jahren, legte auch den Grundstein für das Sammeln von weiteren Märklin-Betriebsmodellen. Die allgemein hohe Qualität der älteren Märklin-Produkte spricht für sich.

28.3 Thematik

Bei Vorführungen in der Öffentlichkeit sollte neben Bewegungen auch eine gewisse Klangkulisse erzeugt werden, um Aufmerksamkeit zu erwecken. „Tote“ Ausstellungsstücke werden erfahrungsgemäß weniger beachtet; interessanter wird es, wenn es „echt“ dampft, zischt und lärmt. Aus diesem Grund wurden ein Hammerwerk, ein Stampfwerk und ein „Schmied“ installiert. Es handelt sich eigentlich um eine Dampfanlage im klassischen Stil, wie sie seinerzeit bei Spielanwendungen oft umgesetzt wurde. Trotzdem sind auch vorbildgetreue Elemente, wie die zentrale Deckentransmission, enthalten.

28.4 Antriebsmaschine

Die Märklin-Dampfmaschine vom Typ 4097 ist preislich eher dem unteren Dampfmaschinensegment des Herstellers Märklin zu zuordnen. Ausgestattet mit dem kleinsten Kessel der Serie und einfachwirkendem Zylinder ist die Maschine trotzdem erstaunlich leistungsfähig!

Der weichgelötete Messing-Kessel aus gefalztem dünnem Blech erschien nicht mehr betriebssicher und ist hier durch einen hartgelöteten „Neubaukessel“ mit drei zusätzlichen 5-mm-Kupfersiederöhren (nicht sichtbar an der Kesselunterseite) ersetzt. Der alte Originalkessel mit den Originalarmaturen wurde der Anlage als dekoratives Ersatzteil rechts unten beigelegt. Die neuen Armaturen sind Eigenbau (Wasserstand) und Wilesco-Ersatzteile (Sicherheitsventil, Hähne und Pfeife; die Küken der Wilesco-Hähne sind hier noch solide aus Messing).

28.5 Betriebs-/ Antriebsmodelle

Zwei Märklin-Schleifböcke unterschiedlicher Größe (hellgrün Guss, 100 mm hoch bzw. dunkelgrün Guss, 130 mm hoch),

Maschinenansicht der Anlage. Neben dem Original-Spiritusbrenner (im Bild auf dem Aggregat abgelegt) können zwei weitere Eigenbau-Brenner verwendet werden: Ein Schalenbrenner für Trockenbrennstoff („Esbit“) und ein Vergaser-Rohrbrenner aus Edelstahl. In der Praxis hat sich der neue Vergaserbrenner bewährt, der hier unter dem Kessel eingeschoben ist; die Verbrennung erfolgt weitgehend rußfrei und sauber. Die Mehrfarbenlackierung des Schornsteins ist hier ebenfalls erneuert

Blick auf die Betriebsmodelle mit den zugehörigen Transmissionen

ein Aluminium-Schleifbock unbekannter Herkunft und ein Stampfwerk aus Blech, ebenfalls unbekannter Herkunft, sind die „kommerziellen“ Betriebsmodelle.

Ein beweglicher „Schmied“ aus Holz, der kräftig auf einen kleinen Stahlamboss hämmert, ist, wie das zentrale, sehr stabile Hammerwerk aus Stahl, Eigenbauten. Die gut gestalteten Stahl-Ambosse konnten für wenig Geld auf örtlichen Flohmärkten erworben werden.

Auf einer mittleren Stahlplatte, beklebt mit einem konservativen Fliesenmuster (bedrucktes Papier; siehe Kapitel „Zubehör Modellwerkstatt“) sind ein großer Märklin-Gussschleifbock und ein schweres Eigenbau-Hammerwerk befestigt. Das Hammerwerk wird über einen Leder-Flachriemen versorgt. Rechts daneben befindet sich ein „Schmied“, dessen Arm über einen Hebel bewegt wird.

Ein Amboss links über dem alten Originalkessel dient lediglich der weiteren Ausgestaltung. Der Originalkessel, außen „aufgehübscht“ und mit Zaponlack versiegelt, ist mit Lederbändern an einer Aufnahme befestigt.

Man beachte den stabilen Griff aus Eisenguss an der Stirnseite, der den Transport erleichtert und die Kunststoff-Kofferecken, die vor Beschädigungen schützen.

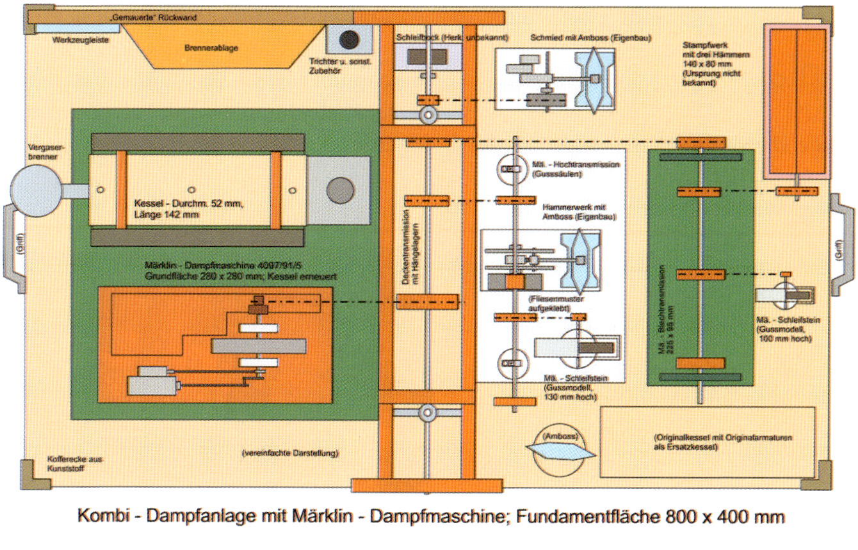

Kombi - Dampfanlage mit Märklin - Dampfmaschine; Fundamentfläche 800 x 400 mm

Auf die Deckentransmission kann ein Dach mit „echten" Tonziegeln aufgesetzt werden. Die Ziegel sind mit Zweikomponentenkleber an den Sparren befestigt

28.6 Anlagenanordnung

Schematische Darstellung der Anlage in der Draufsicht. Aus Übersichtsgründen sind nur die wichtigsten Komponenten dargestellt.

28.7 Transmissionen

Über eine große, zentral platzierte Deckentransmission werden Anlagenteile sowie zwei weitere Transmissionen mit Drehbewegung versorgt. Die Holzbalken, Streben und Ständer sind miteinander verschraubt (M3-Verschraubungen), teilweise auch durch Holzdübel (Zahnstocher) verzapft.

Die Deckentransmission besitzt vorbildgetreue Guss-Hängelager und Holzriemenscheiben.

Die mittlere Werkstattplatte mit dem Schmiedehammer trägt eine Transmission mit formschönen blauen Märklin-Gusssäulen und ebensolchen Märklin-Gussrädern.

In Vordergrund befindet sich noch eine einfache Märklin Blechtransmission in hellgrüner Ausführung mit Blechrädern. Dieses Teil dürfte wohl aus der letzten Produktionsphase des Märklin-Dampfspielzeugs stammen.

28.8 Zusätzliche Ausstattungsmerkmale

An der Kesselseite befindet sich eine von der Außenseite her „gemauerte“ Wand mit Fenster, die Werkzeuge und allerlei nützliche Utensilien (Blechwanne, Leiter, Trichter, Brenner, Besen etc.) trägt. Die „Mauersteine“ sind einzeln mit einem Schustermesser aus einer Sperrholzplatte herausgearbeitet, eine echte Fleißarbeit! Das Fenster besteht aus Plexiglas und die Sprossen sind mit der Laubsäge aus dickem Aluminiumblech gefertigt worden; eine Technik, die auch bei weiteren Anlagen des Autors zur Anwendung kommt.

Die farbenfrohen kleinen Bastfiguren (Höhe ca. 120 mm) beleben das Ganze. Es sind liebevoll gefertigte Handarbeiten aus Mittelamerika, die für vergleichsweise wenig Geld erworben wurden. Auch bei einer anderen Märklin-Anlage des Autors wurde dieses „Personal“ eingestellt.

28.9 Sonstiges

Eine alte Griffelbox des Autors, die an der Anlagen-Unterseite befestigt ist, lässt sich seitlich herausschwenken. Hier befinden sich weitere Werkzeuge und Utensilien (Schraubenschlüssel „Made in GDR“ SW 5,5/7 mm sowie Dichtungen), die den praktischen Vorführbetrieb unterstützen. Rechts im Bild ein farbefroher „Bast“-Mitarbeiter.

Die gesamte Anlage ruht, der geneigte Leser wird es sicher schon erahnt haben, wieder auf unverwüstlichen Gummi-Türstoppern, die eine Aufstellung der Modellanlage an nahezu jedem Ort ermöglichen, sofern die Unterlage einigermaßen eben ist.

29 Kompaktwerkstatt

29.1 Eine ziemlich dicht gedrängte Werkstatt

„Kompaktwerkstatt“ mit einer kleinen Dampfmaschine und drei Betriebsmodellen auf einem handelsüblichen Küchenschneidbrett montiert.

29.2 Grundlagen für die Planung

Basis für diese Anlage war ein günstig erstandenes, stirnholzverleimtes Küchenschneidbrett vom Lebensmitteldiscounter mit den Abmessungen 300×400 mm. Das

ist zugegebenermaßen nicht sehr viel Platz, auf dem hier Einiges an Modelltechnik zusammengepfercht ist. Aber warum tut man sich diese Enge an? Die Antwort ist einfach: Eine Anlage sollte nicht zu viel Raum in Anspruch nehmen und gleichzeitig noch gut transportierbar sein. Großzügig dimensionierte Modellanlagen beanspruchen Raum, welcher der Wohnung oder dem Bastelkeller dann verloren geht.

Was bietet sich für den Bau einer kompakt und übersichtlich gehaltenen Dampfwerkstatt an? Hier waren es eine kleine Spielzeugdampfmaschine unbekannter Herkunft und drei einfache Betriebsmodelle der bekannten Firma Wilesco.

29.3 Thematik

Der gewählte Themenbereich ist hier die Metallverarbeitung, also eine Art Metallwerkstatt.

Zur Auswahl der Betriebsmodelle folgende Empfehlung: Eine bunte Mischung aus verschiedenen Themenbereichen, z.B. Metall- und Holzbearbeitung, Zirkus- oder Jahrmarktbereich, naiv oder vorbildähnlich gehaltenen Betriebsmodellen sollte unbedingt vermieden werden, da es solche Zusammenstellungen des „dreigeteilten Maschinensystems“ in der Wirklichkeit nicht gab. Seltsamerweise werden derartige buntgewürfelten Zusammenstellungen auch von dem bekannten kommerziellen Hersteller in Werbeproschüren hin und wieder gezeigt.

29.4 Antriebsmaschine

Die hier verwendete Maschine ist aus technischer Sicht gesehen nichts Besonderes; sie wurde günstig von einem Blechspielzeughändler erstanden. Bemerkenswert war nur das massive Guss-Sockelelement, welches sie von ihren „Schwestern“ mit geprägtem Blechsockel wohltuend unterscheidet. Folgende Veränderungen erfuhr die Maschine:

- Ersatz des weichgelöteten Messingdampfkessels aus 0,3 (!) starkem Messingblech gegen eine solidere Ausführung aus 1-mm-Kupferblech, komplett mit Silberlot hartgelötet, geprüft und mit durchgehendem Flammrohr an Stelle der ursprünglich aufgesteckten Kaminattrappe. Durchmesser 42 mm; Länge 130 mm. Zusätzliche Ausstattungsmerkmale: Zugdampfpfeife, Absperrhahn, Wasserstandeinfüllschraube. Der Kessel wird mit demineralisiertem Wasser befüllt, bis Wasser aus dieser Öffnung austritt. Dann ist der Kessel zu ca. 2/3 mit Wasser gefüllt. Befeuert wird wahlweise mit Spiritus (Vergaserbrenner) oder Brennpaste. Auch Trockenbrennstoff („Esbit“) ist möglich, riecht aber ziemlich streng bei der Verbrennung. Bei jeder Brennstoffergänzung wird Wasser wie oben beschrieben im Kessel nachgefüllt. Ein Trockenheizen ist damit so gut wie ausgeschlossen. Die Einfüllschraube oben auf dem Kessel dient gleichzeitig als Sicherheitsventil.

- Verkleidung des oszillierenden Zylinders (7 mm Durchmesser, 20 mm Hub) mit einer „Einhausung“ aus Edelstahlblech und Zylinderentwässerungshahnattrappen. Damit verschwindet der „Wackelzylinder“ aus dem Blickfeld des Betrachters und das kleine Triebwerk wirkt etwas vorbildähnlicher. Zu Wartungsarbeiten kann die Verkleidung durch Lösen einer Langmutter leicht abgenommen werden.
- Spritzschutzblech mit Geländer aus Edelstahl an der Kurbel. So was gab es auch im Vorbild.
- Kondensatbehälter zum Auffangen des ausgestoßenen öligen Dampfes, um Verschmutzungen der näheren „Umwelt“ zu vermeiden.
- Edelstahlplatten am Kesselgehäuse zur optischen Aufwertung
- Galerie aus Riffelblech mit Geländer und Leiter an der linken Kesselseite

Diese Änderungen können sinngemäß auch an einer kleineren Wilesco- (z.B. D5, D6; D8, D10, D12), Jensen- oder MAMOD-Maschine vorgenommen werden. Bei Verwendung dieser Maschinen sind die jeweiligen Grundflächenmaße bei der Planung der Anlage zu berücksichtigen, Abmessungen z. B.:

Wilesco D5/D6:	140×200 mm
Wilesco D8/D10:	200×260 mm
Wilesco D12:	250×310 mm
Wilesco D14:	140×220 mm (stationäre Lokomobile, platzsparende Maschine)
Wilesco D455:	145×205 mm (stehende Lokomobile, platzsparende Maschine)
Mamod SP4:	210×260 mm
Mamod SP1:	80×180 mm (stationäre Lokomobile, platzsparende Maschine)
Mamod SP2:	170×210 mm (stationäre Lokomobile, platzsparende Maschine)
Jensen Style #75:	255×280 mm

29.5 Betriebs-/Antriebsmodelle

Es wurden die solidesten Betriebsmodelle des Herstellers Wilesco ausgewählt. Allen gemeinsam ist ein Gusskörper aus Aluminium, in welchem direkt die drehenden Wellen gelagert sind. Da diese Lagerpaarung reibungstechnisch nicht als erste Wahl zu bezeichnen ist, sollten die Lager aufgebohrt und mit Messing- oder Bronzebuchsen optimiert werden. Die Lagerbuchsen können mit einem Lagerkleber (z. B. Loctite 648) eingeklebt oder auch nur eingepresst werden. Der Aufwand lohnt sich! Zur zusätzlichen optischen Aufwertung empfehlen sich einschraubbare kleine Messingöler. Statt der einfachen Grundsockel aus geprägtem Blech erfolgt die Befestigung nun auf strukturpolierten Platten aus 1,5 mm starkem Edelstahlblech (Abfälle eines Schlossereibetriebs).

Wilesco-Stanze M59

Wilesco-Kaltsäge M60,

Die Befestigung am Sockel erfolgt mit M3-Hutmuttern aus Edelstahl, an Stelle der werksseitigen Pop-Vernietung.

Wilesco-Hobelmaschine M65

Weiteren Optimierungen zur Verbesserung der Funktion und Vorbildähnlichkeit sind keinerlei Grenzen gesetzt.

Die Antriebsmaschinen sind hier mit strukturpoliertem Edelstahlsockel und Modifikationen ausgestattet. Die Grundmaße weichen deshalb von den Grundmaßen der Originalmodelle (geprägter Blechsockel) geringfügig ab. Die Hobelmaschine hat hier noch ein einkuppelbares Vorgelege und die Kalt-/Bügelsäge ein „echtes“ Metallsägeblatt (von einer „Puk-Kleinsäge) und eine größere Antriebsscheibe bekommen. Insgesamt wurde der beim Original doch sehr wackelige Bügelmechanismus mit massiveren Teilen aus Messing und Stahl entscheidend stabilisiert. Hinweise zur Optimierung von Betriebsmodellen werden im Kapitel „Betriebsmodelle“ aufgezeigt.

Leider ist die Hobelmaschine M65 seit einigen Jahren nicht mehr im Programm der Firma Wilesco; mit etwas Glück kann man aber noch im Internet fündig werden.

29.6 Planungsarbeiten

Für die „Raumaufteilung“ empfiehlt sich ein Millimeterpapierblatt mit den Maßen der verfügbaren Basisplatte. So kann zunächst probiert werden, wie die Komponenten am besten angeordnet werden; anschließend werden die finalen Positionen auf dem Blatt eingezeichnet und auf die Basisplatte übertragen.

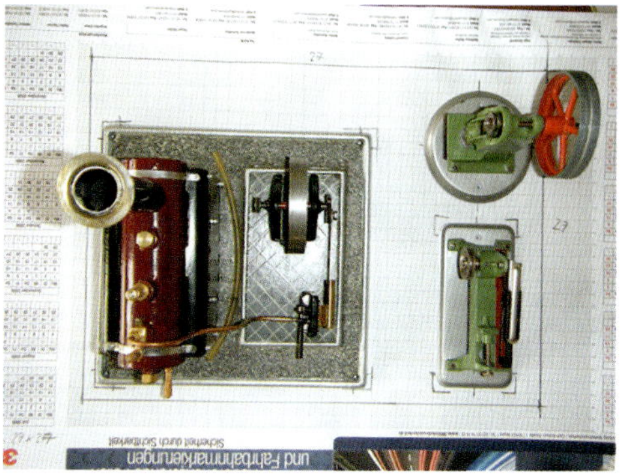

Erste Platzbedarf-Ermittlung auf einem Blatt Millimeterpapier; hier ist das obere Maß (27 cm) nicht korrekt, es müssten 40 cm sein

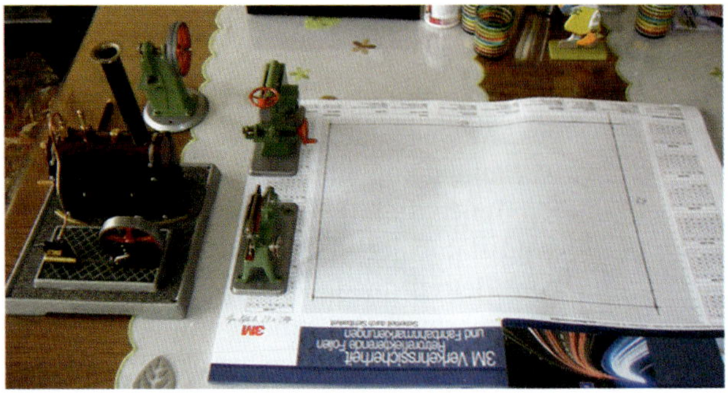

Erste Vorplanung der Anlage mit Festlegung der Positionen auf Millimeterpapier. Die Antriebsmodelle sind hier noch nicht modifiziert und bei der Dampfmaschine fehlt die Zylinderverkleidung und der Kondensatbehälter

Draufsicht auf die Modellwerkstatt mit Deckentransmission. Man sieht hier auch die Kupplung der geteilten Transmission in der Bildmitte

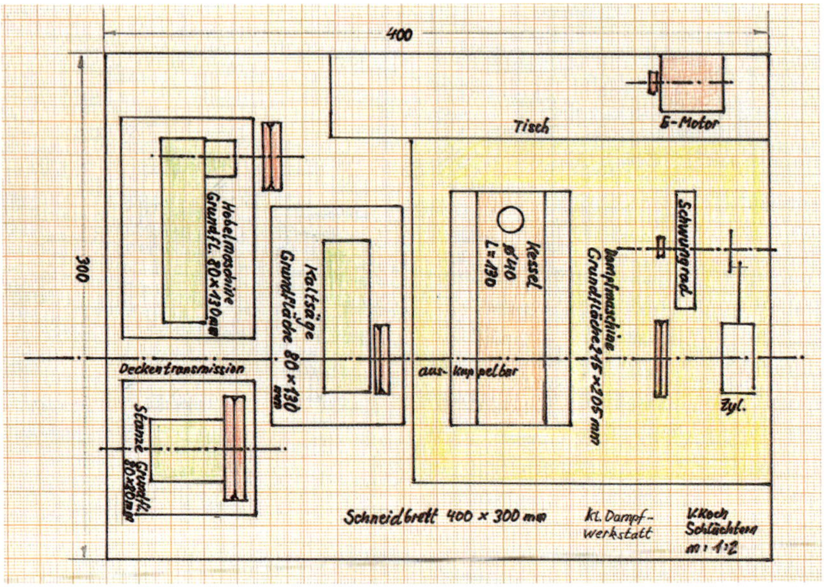

Konkrete Planung: Erstellung einer Planskizze auf Millimeterpapier mit den finalen Positionen der Modelle; hier aus Gründen der Handlichkeit im Maßstab 1:2.

29.7 Transmission

Neben der Antriebsmaschine und den angetriebenen Maschinen hat die Transmission als Bewegungsenergieverteiler eine zentrale Position im dreigeteilten Maschinensystem.

Transmissionen wurden und werden von kommerziellen Herstellern meist als niedrige Bocktransmissionen angeboten, was es in der Realität so gut wie nie gab. Aus diesem Grund sollten bei vorbildähnlichen Modellanlagen immer Hoch-/Decken- oder Wandtransmissionen gewählt werden.

Bei dieser Anlage ist es eine Deckentransmission, die einerseits an der an der Rückwand des Modellgebäudes an zwei langen Alu-Winkeln befestigt ist und andererseits an der Vorderseite auf zwei „gebauten" Säulen ruht. Die Aufnahme besteht hier aus starkem Aluminiumblech mit zusätzlich aufgesetzten „U"-Profilen, wobei die Durchbrüche mit der Laubsäge ausgesägt wurden. Eine Bemalung in stumpfem Grau verleiht der Konstruktion ein industriemäßiges Aussehen im „Vintage-Look".

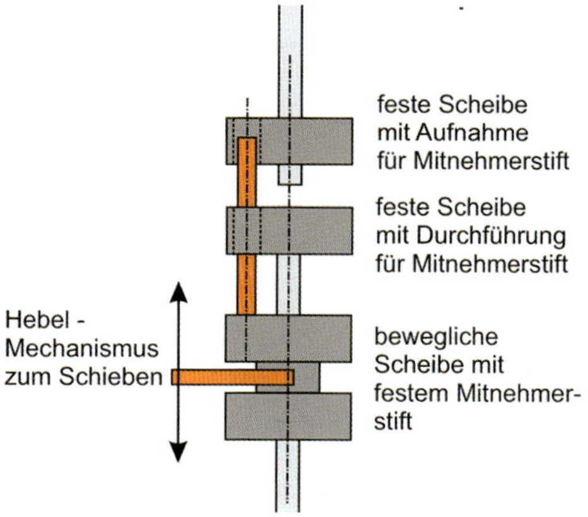

Prinzip der Transmissionskupplung

Die Transmissionswelle ist geteilt (170 mm/160 mm), wobei der Antriebsteil ein- und auskuppelbar ist. Die Kupplung als solches besteht aus einem beweglichen Mitnehmerstift, der auf der Welle über ein Gestänge verschoben werden kann und in eine Aussparung der festen Mitnehmerscheibe auf dem angetriebenen Teil (links) eingreift. Das Kuppelgestänge wird über eine Handradkonsole von der Basisplatte aus bewegt.

Die Transmission-Hängelager wurden aus Aluminium-Gussteilen erstellt, die seinerzeit von der Firma Dorrington erstanden wurden; es können aber auch die Lagerböcke der Firma Wilesco verwendet werden, wenn diese modellmäßig etwas aufgerüstet werden. Eine dritte Alternative wäre der aufwendigere Selbstbau von Hängelagern aus Metallteilen, die miteinander (hart) verlötet werden.

Handradkonsole an der Basisplatte zur Betätigung der Transmissionskupplung

Die kleinen Transmissionsräder entstanden ebenfalls aus Gussteilen (Firma Dorrington), während das große Rad mit den sichelförmigen Speichen aus dem Vollen gearbeitet wurde. Hinweise zur Herstellung von Transmissionen und speziellen Transmissionsrädern finden sich im Kapitel „Transmission“.

Die Deckenkonstruktion der Anlage ruht an der Vorderseite auf gebauten Säulen aus großen Zimmermannsnägeln und Messing-Sechskantprofilen. Für die Aufteilung der Säulenbestandteile wurde hier per Zufall in etwa der „Goldene Schnitt“ (~ 62 %) getroffen, ebenso bei der Wahl der Fensterhöhe bei Seiten- und Rückwand. Der „Goldene Schnitt“ ist eine mathematische Aufteilung, die z.B. bei der Dimensionierung einiger historischer Bauwerke anzutreffen ist und vom Betrachter subjektiv meist als harmonisch empfunden wird.

Schalttafel mit Beleuchtung und E-Motor

29.8 Zusätzliche Ausstattungsmerkmale

Diese Dinge sind sozusagen das „Salz in der Suppe“, sie bereichern und vervollständigen ein Modelldiorama. Erst dadurch wird die Anlage zu einem echten „Eyecatcher“.

Es soll aber nicht verschwiegen werden, dass die Herstellung dieser „Kleinigkeiten“ Zeit, Fleiß, Ausdauer und Geduld erfordert, aber dafür so gut wie kein Geld, da alles aus Abfallmaterialen herstellbar ist.

29.8.1 Elektromotor mit Schalttafel als Substitutionsantrieb

Ein 12-V-Elektromotor aus einem alten Spielzeug wurde in einem vorbildähnlichen, elektrograuen Gehäuse mit Klemmenkasten, Kühlrippen und Hebeöse versteckt. Der Motor ruht auf einer Konsole aus einem 30×30 mm schräg abgesägtem Eisenvierkantrohr. Darunter befindet sich eine „Schalttafel“ aus Aluminium mit Miniaturschaltern, welche die Beleuchtung und/oder den Motor schalten können. Die Stromversorgung erfolgt über ein 12-V-Steckernetzteil mittels Klinkenstecker. Die analogen Zeiger-Messinstrumente sind wegen der Kleinheit (Durchmesser 12 mm) nur als Attrappen nachgebildet. Mit diesem Zusatzantrieb ist jederzeit eine saubere und unkomplizierte Vorführung der Anlage möglich, wenn man sich nicht die Mühe machen möchte, die „Dampfe“ in Betrieb zusetzen.

29.8.2 Werkbank mit Schraubstock und Modellwerkzeug

Die Werkbank an der Rückwand besteht komplett aus Edelstahl genau wie der daran befestigte, richtig spannende Flaschenschraubstock und die beigelegten Miniaturwerkzeuge. Damit die kleinen Werkzeuge nicht auf Nimmerwiedersehen verschwinden, sind sie hier mit Spezialkleber (UHU-Hart) fixiert. Lose Kleinteile werden bei Ausstellungen in der Öffentlichkeit gern „mitgenommen“.

Werkbank aus Edelstahl mit einer Fülle von Miniaturwerkzeugen auf dem Tisch und an der Wand; man beachte auch den funktionsfähigen, kleinen Edelstahl-Schraubstock links unten. Daneben befindet sich eine kleine ausziehbare Schublade

29.8.3 Amboss

Der Amboss ist aus Stahleinzelteilen „gebaut" und als Ganzes hart verlötet. Natürlich könnte dieses Zubehör auch „aus dem Vollen" arbeiten, was aber einen wesentlich größeren Materialeinsatz erfordert. Beigelegte Werkzeuge verbessern auch hier den realistischen Eindruck. Im Kapitel „Zubehör Modellwerkstatt" sind, auch für den hier verbauten Schraubstock, Konstruktionsvorschläge aufgezeigt.

29.8.4 Rück- und Seitenwand mit angedeutetem Mauerwerk

Die Wände bestehen aus 8 mm starkem Sperrholz, wobei die Fenster (60×100 mm) an den Umrandungen mit angedeutetem Mauerwerk versehen sind. Die „Mauersteine" wurden mit einem scharfen Schustermesser aus der Platte geschnitten und sehen nach der abschließenden Bemalung fast wie echt aus. Die Fenster bestehen aus Acrylglas; die grauen Sprossen wurden mit einer Tuscheziehfeder (alter Tuschekasten) und grauer Emailfarbe gezogen. Auch diese Kleinigkeit tragen zu einem recht vorbildgetreuen Erscheinungsbild bei. Als Besonderheit sind die Fensterladen auf der Rückseite zu öffnen.

29.9 Sonstiges

Die Figuren stammen aus dem Spielzeugfachhandel. Es war in einer Packung eine „Familie" mit zwei Erwachsenen und zwei Kindern. Da die „Erwachsenen" schon eine Beschäftigung in einer anderen Werkstatt des Autors gefunden haben, kam es hier zu „Kinderarbeit", was in der historischen Epoche des „dreigeteilten Maschinensystems" gar nicht so selten war. Die Erwachsenen sind etwa 13 cm, die Kinder etwas über 10 cm groß, entsprechend in etwa einem Maßstab 1:14.

Die geraden Edelstahlgrundplatten und der Werktisch wurden zeitaufwändig strukturpoliert, was beim älteren Vorbild nicht anzutreffen war, aber insgesamt sehr gediegen wirkt.

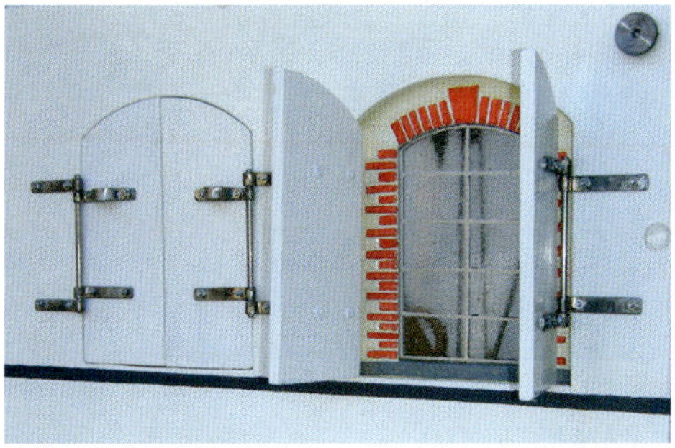

Zu öffnende Fenster auf der Rückseite der Anlage

30 Modellwerkstatt mit Märklin-Komponenten

30.1 Vorüberlegungen zur Gestaltung einer Anlage mit alten Betriebsmodellen

Eine Modellwerkstatt-Anlage mit fünf original belassenen Märklin-Betriebsmodellen ergänzt mit einigen Eigenbauelementen, das war die Idee. Zur Unterbringung und zum Transport dient in diesem Fall ein alter Holzkoffer aus Nadelholz im „Vintage-Look"; bei Vorführungen oder Ausstellungen kann die Werkstatt darauf optisch wirksam präsentiert werden.

Die Betriebs-/Antriebsmodelle wurden im Laufe der Jahre – wieder einmal per Zufall – zusammengetragen und mit dem beigerüsteten Elektroantrieb und der großen

Individuell konfektionierte Märklin-Werkstatt, präsentiert auf dem dazugehörigen Transport- und Aufbewahrungsbehältnis. Der alte Holzkoffer ist an den Seiten zum Schutz mit Moosgummistreifen beklebt

Ansicht von der Seite. Hier sind die angeschraubten Edelstahlplatten, die von alten Türzargen stammen, mit den eingearbeiteten Griffvertiefungen sehr gut zu erkennen

Märklin-Bock-Transmission ergibt sich ein vollständiges „dreigeteiltes Maschinensystem“. Natürlich kann auch eine separate Dampfmaschine als Antriebsmaschine eingesetzt werden.

Die hölzerne Grundplatte aus Buchenholz ist dem verfügbaren Innenraum der untergestellten Holzkiste angepasst und hat seitliche Verblender aus 3 mm starkem Edelstahlblech mit eingearbeiteten Vertiefungen als Transportgriffe. Gleichzeitig bieten die Edelstahlplatten einen gewissen Schutz gegen mechanische Einflüsse bei der Handhabung und dem Transport. Was nutzt die schönste Anlage, wenn sie nicht einigermaßen praxisgerecht handhabbar ist?

Der „geflieste“ Fußboden mit einem konservativen Fliesenmuster ist ein aufgeklebter, bedruckter Karton, der mit Klarlack imprägniert ist.

30.2 Grundlage für die Planung der Zusammenstellung

Der alte Holzkoffer, ein Eigenbau eines Verwandten, stammt noch aus der Zeit des Zweiten Weltkriegs und sollte nun einer sinnvollen Verwendung zugeführt werden. Auf Grund der zur Verfügung stehenden Höhe konnte hier nur eine niedrige Bocktransmission, die es im realen Vorbild eigentlich kaum gab, verwendet werden.

Für die Herstellung von diversem Zubehör, wie Transmissionsräder und Werkbank war neben der üblichen Werkstattausrüstung Geduld und eine kleine Drehmaschine erforderlich.

30.3 Thematik

Die Kombination aus originalen Märklin-Betriebsmodellen und neu gestalteten Ausrüstungskomponenten ist zwar etwas ungewöhnlich, aber dennoch einigermaßen passend, so die Vorstellung des Erbauers. Die Märklin-Betriebsmodelle aus Eisenguss wirken filigran und ziemlich vorbildähnlich, obwohl sie seinerzeit als Spielzeug gehandelt wurden.

Die 14 cm hohe Spielzeugfigur – sie stammt tatsächlich aus einem Spielwarenladen – ist auf die verbauten Komponenten abgestimmt, sodass sich in etwa ein Maßstab von 1:12 ergibt.

30.4 Antriebsmaschine

Ein einfacher 12-V-„Igrashi“-Motor ist hier in ein Gehäuse aus einem passenden

Edelstahlrohr eingeschoben. Weitere Ausstattungsmerkmale sind die Hebe-Öse, ebenfalls aus Edelstahl, die aufgeklebten Kühlrippen aus gefaltetem Aluminiumblech, der gusseiserne Sockel aus einem „Buderus"-Gewicht und der „gemauerte" Grundsockel aus Holz mit aufgemaltem Mauerwerk. Der hintere Deckel mit eingesägten Lüftungsschlitzen ist aus 1-mm-Messingblech „gedrückt". Ach so, eine Klemmenkastenattrappe mit AEG-Schriftzug aus Aluminium ist auf der gegenüberliegenden Seite noch angeschraubt.

Über einen Selbstbau-Messerschalter, leider nur „eine" Phase, ist die Stromzuführung

Motor von der Klemmenkastenseite aus gesehen. Deutlich sieht man den „gedrückten" hinteren Deckel mit den eingesägten Lüftungsschlitzen. Der Amboss rechts im Bild ist ein Eigenbau aus Stahl

mit den beiden großzügig dimensionierten Polklemmen verbunden.

30.5 Betriebsmodelle

Es finden sich folgende Märklin - Betriebsmodelle auf der Anlagenplatte:

- Schleifstein, Höhe 100 mm, Gusseisen, dunkelgrüne Serie
- Stanze, Höhe 125 mm, Gusseisen, dunkelgrüne Serie
- Bohrmaschine, Höhe 145 mm, Gusseisen, dunkelgrüne Serie; Bohrtisch fest
- Ventilator, Höhe 80 mm, Gusseisen, hellgrüne Serie; kleine Variante

Die Modelle sind original belassen worden, haben also „ehrliche" Spiel- und Alterungsspuren, was aber durchaus seinen Charme hat. Jedes Modell hat zusätzlich einen Untersatz aus strukturpoliertem („Pfauenauge") Edelstahlblech bekommen. Das Verfahren zur Herstellung dieser Politur wird noch später beschrieben.

30.6 Planung

Die „Planung" ist hier wieder einmal ein geduldiges „Probieren". Es wird so lange auf der verfügbaren Grundfläche geschoben, bis ein einigermaßen akzeptabler Zustand erreicht ist.

Die Befestigung der Anlagenteile auf der Grundplatte erfolgte auch hier nicht mit Holzschrauben, sondern mit in die Grundplatte eingelassenen M2-Gewindebolzen; das Verfahren dazu ist unter anderem bereits bei der „Märklin1-Anlage" beschrieben worden.

30.7 Transmission

Die große Märklin-Bocktransmission mit den Maßen 500×95 mm (Lagerbockhöhe

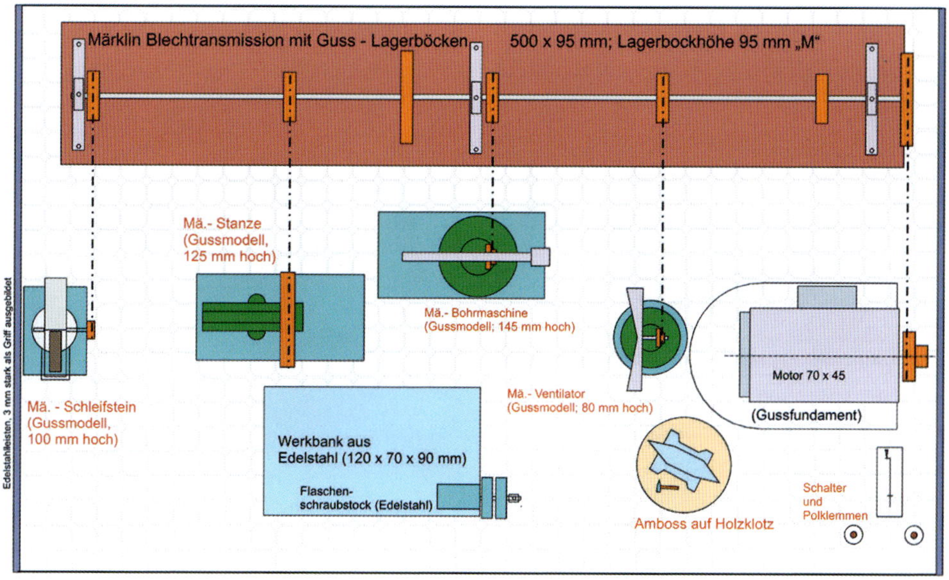

Märklin - Werkstattanlage mit Elektromotor auf Holzfundament (500 x 305 mm)

Die „Planung" ist hier wieder einmal ein geduldiges „Probieren." Es wird so lange auf der verfügbaren Grundfläche geschoben, bis ein einigermaßen akzeptabler Zustand erreicht ist.

95 mm) hat drei gegossene Lagerböcke mit „M"-Monogramm.

Zu erwähnen wäre hier, dass die originalen Riemenscheiben aus Blech waren, was dem Autor nicht so sehr zusagte. Aus diesem Grund wurden „Gussräder" mit sichelförmigen Speichen in Hartlöttechnik neu aufgebaut (Herstellung von Transmissionsrädern, siehe Kapitel „Transmission").

30.8 Zusätzliche Ausstattungsmerkmale

Die Werkbank ist eine kleine Liebhaberei, in welche viel Arbeit investiert wurde. Das Grundmaterial, nachträglich strukturpoliertes 1,5-mm-Edelstahlblech stammt vom Schrott, ebenso wie andere Materialien. Alles

Die Lagerböcke aus Gusseisen mit dem markanten Märklin-M stehen auf einem einfachen Blechsockel

Werkbank aus strukturpoliertem Edelstahl mit Zubehör und selbstgebautem Flaschenschraubstock, ebenfalls aus Edelstahl. Die Schublade ist ausziehbar

musste in Handarbeit gerade und rechtwinklig gefeilt werden. Zum Strukturpolieren der Edelstahloberflächen wird ein 6-mm-Rundholzstab genommen, dessen Stirnfläche mit einer 6-mm-Schleifpapierronde (gutes Metallschleifpapier, mit 6-mm-Locheisen ausgestanzt) beklebt ist. Am besten erfolgt die Verklebung mit Modellbau-Hartkleber. Dieses Schleifwerkzeug wird in die Standbohrmaschine eingespannt und dann ganz feinfühlig und mit mäßigem Druck ein Schleifpunkt exakt neben den nächsten, zur Hälfte überlappend, gesetzt. Zugegeben, dieses Verfahren erfordert etwas Übung und Geduld, bringt aber sehr ansehnliche Ergebnisse, wenn man sich Zeit nimmt. Nach dem gleichen Verfahren sind die Grundsockel hergestellt, auf denen die Märklin-Antriebsmodelle stehen.

Das Verfahren zur Herstellung von strukturpolierten Edelstahlflächen ist bebildert auch im Kapitel „Zubehör Modellwerkstatt", Politur für Edelstahlflächen, erläutert.

Selbstgebaut ist auch das Handwerkszeug (kleine Edelstahlreste und Holz) auf der

Gebauter Modellamboss aus Stahl. Es kann sofort gearbeitet werden; zwei Hämmer liegen griffbereit auf dem Holzklotz. Man beachte das Vierkantloch zur Aufnahme von Steckambossen

aufliegenden Holzplatte. Natürlich sind auch hier die Kleinteile fixiert, ansonsten würden sie schnell verlorengehen. Diese Dinge kosten kein Geld, dafür kostet es aber Zeit und Geduld, will man solche Kleinode des Modellbaus schaffen.

Viel Zeit erfordert auch die Herstellung eines modellmäßigen Ambosses, der aus drei gefeilten Stahlteilen zusammengesetzt ist; auf dem „Motorbild" ist er gut zu erkennen. Er steht auf einem Holzsockel und auch hier wurde nicht versäumt, etwas Miniaturwerkzeug beizulegen. Schwierig war die Herstellung des Vierkantloches zur Aufnahme von Steckambossen; die feinen Rechteck-Nadelfeilen der heimatlichen Hobbywerkstatt „können ein Lied davon singen".

Skizzen und Hinweise zu dem Schraubstock und dem Amboss sind im Kapitel „Zubehör Modellwerkstatt" zu finden.

31 Eine einfache Mamod-Anlage

31.1 Vorbetrachtung

Ja, Sie haben Recht, natürlich ist dies nicht der „richtige“ Modellbau, sondern nur eine ganz einfache Anwendung. Die wesentlichen Komponenten, Dampfmaschine und Werkstatt mit integrierter Transmission sind auf einer verzinkten Stahlgrundplatte (vom Schlosser kostenlos erhalten) mit den Maßen 600×300×2 mm aufgeschraubt. Die Anlage ist für unkomplizierte Vorführungen an jedem Ort gedacht; alles ist leicht zugänglich und wartungsfreundlich angeordnet. Zudem wird die Anlage mit Echtdampf und Spiritus betrieben, so wie es eigentlich sein sollte. Auf sogenannten „Dampftreffen“ werden oftmals nur noch „Pressluftmotoren“ vorgeführt, was nicht sehr authentisch wirkt.

31.2 Antriebsmaschine

Es handelt sich um die „Steam Power Engine SP4“; Kesselmaße 102×45 mm, Grundflächen- Maße 260×210×195 mm; „This splendid engine is also capable of driving larger workshop models. Fittet with whistle, boiler sight glass, reserve controll and exhaust to chimney“ (so der Originaltext wie im Mamod - Werbeprospekt abgedruckt). Dies ist die klassische Bauweise einer typischen Mamod - Dampfmaschine mit oszillierendem, um steuerbarem Zylinder.

Abweichend vom Original sind hier einige „Nachbesserungen“ dazugekommen,

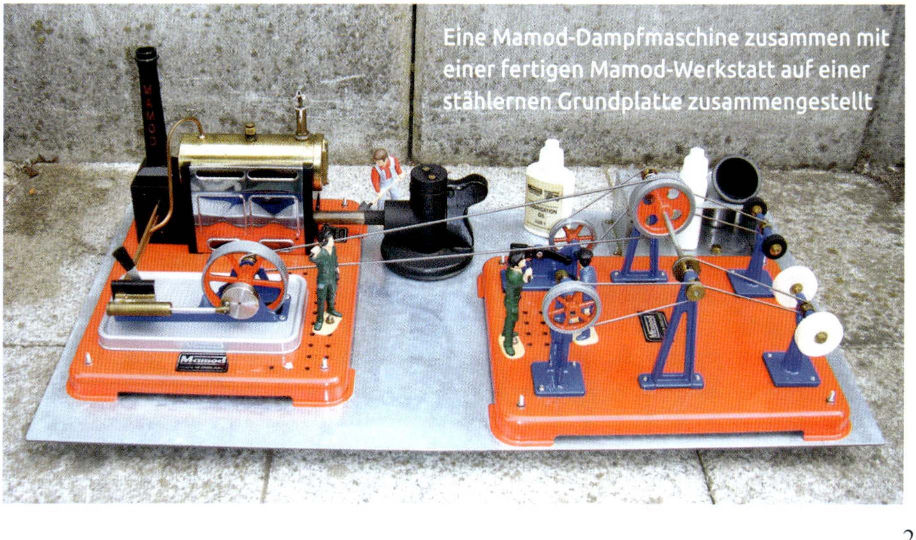

Eine Mamod-Dampfmaschine zusammen mit einer fertigen Mamod-Werkstatt auf einer stählernen Grundplatte zusammengestellt

die man auf den ersten Blick nicht gleich wahrnimmt:

- Messinglagerung der Kurbelwelle in dem Maschinenrahmen aus Blech, vorher lief Stahl auf Stahl
- Kurbelscheibe neu aus rostfreiem Stahl (Ronde aus Material-Nr. 1.4571)
- Zylinderverlängerung (neuer Zylinder) und längerer Kolben aus Edelstahl, was Reibung und Verschleiß etwas vermindert
- Ölbohrung im Zylinderspiegel, welche die Schieberplatte mit Schmieröl versorgt
- Spiritusvergaserbrenner an Stelle der standardmäßigen Hartbrennstoffschale, die eine Art englisches Esbit („Mamod solid fuel“) als Brennstoff aufnimmt. Mit dem Spiritusvergaser bildet sich so gut wie kein Ruß oder sonstiger Belag an der Kesselunterseite; zusätzlich wird der unangenehme Geruch vermieden, der beim Verbrennen von Hartbrennstoff entsteht.

Der Brenner besteht aus einem mehrfach geschlitzten 10-mm-Messingrohr mit eingezogenem Baumwolldocht, verbunden mit einem Brennstofftank, ein Kupfer-„T“-Fitting auf rundem Holzsockel mit Griff. Der Spiritus wird nur bis zur Rohrhöhe eingefüllt und kann dadurch nicht auslaufen. Das Rohr muss zum Entzünden angewärmt werden, bis der Spiritus vergast und mit hellblauer Flamme verbrennt. Damit der Brenner auf der Grundplatte nicht verrutschen kann, sind zwei Aufnahmestifte an der Bodenplatte angebracht.

Ansicht der Mamod SP4 von der Brennerseite

31.3 Modellwerkstatt mit Transmission

Im Originalprospekt der Firma Mamod ist die Werkstatt folgendermaßen beschrieben:

„Workshop WS1“

„This ideal companion piece to Mamod engines. Can be driven by any Mamod engine or other motors. Includet are: Lineshaft, polishing machine, grinding machine, power hammer, power press, Pack 260×210×140 mm, Gross Wt. 1.100 g“ (Originaltext).

Es wird darauf hingewiesen, dass die Werkstatt-Komponenten auch einzeln bezogen werden können:

„Polishing Machine. Pack 90×70×85 mm“ (Poliermaschine)

„Grinding Machine. Pack 90×70×85 mm“ (Schleifbock)

„Hammer. Pack 90×70×65 mm“ (Aufwerfhammer)

„Power Press. Pack 90×70×115 mm“ (Exzenterpresse)

„Lineshaft. Pack 165×90×120 mm“ (Transmission mit Riemenscheiben)

Komplette Werkstatt von Mamod mit Transmission; hier eine Version mit blauen Betriebsmodellen

Die Grundkörper aller Mamod-Modelle bestehen aus Zinkdruckguss („die-cast"), genau wie die größeren Riemenscheiben und das Schwungrad der Dampfmaschine.

31.4 Zusätzliche Ausstattungsmerkmale

Neben dem „Workshop" befindet sich eine Blechhalterung aus gesägtem, 1 mm starkem verzinktem Stahlblech, welche die beim Betrieb notwendige Utensilien aufnimmt: Mamod-Ölflasche, Trichter, Becher, Schraubschlüssel. So ist alles griffbereit und schnell erreichbar.

Ein paar festgeschraubte Maschinenarbeiter (Firma Wilesco) beleben die Anlage ein wenig.

Die Grundplatte ruht auch hier wieder auf den praxisbewährten Gummi-Türstoppern, sodass die Anlage überall auf ebenem Grund abgestellt werden kann. bei Vorführungen und Veranstaltungen im Freien hat man nicht immer die Wahl des optimalsten Stellplatzes.

31.5 Wartungshinweise

Nach dem Betrieb mit demineralisiertem Wasser (z.B. Regenwasser) wird das Kesselwasser in warmen Zustand (!) komplett abgelassen (mit einer Einwegspritze und Silikonschlauch aussaugen), um Korrosion („selektive Korrosion"; diese zehrt das unedlere Legierungsbestandteil Zink unter der Einwirkung von Flüssigkeiten auf) im Messing-Kessel zu vermeiden. Den Kessel offenlassen, damit verbliebene Restflüssigkeit verdunsten kann.

Die gesamte Maschine wird trockengeputzt und die Lagerstellen leicht geölt. Bei längeren Stillstandszeiten empfiehlt sich eine Konservierung mit Korrosionsschutzöl, z.B. „Gear Flon". Diese Empfehlungen (siehe auch Kapitel „Allgemeine Hinweise") gelten generell für alle Modelldampfmaschinen.

31.6 Sonstige Bemerkungen

Für die Anlage fehlt noch ein passendes Transportbehältnis, das gleichzeitig vor Staub, Beschädigung und Schmutz schützt. Leider konnte im Handel bislang noch nichts Passendes gefunden werden. Bis dahin wird das Ganze etwas stilfremd in einem größeren Plastikbeutel verwahrt.

32 Märklin Kleinwerkstatt

32.1 Zusammenstellung der kleinen Anlage

Zwei einfache Märklin-Betriebsmodelle und eine kleine Märklin-Dampfmaschine konnten bereits vor vielen Jahren über ein bekanntes Internet-Verkaufsportal erstanden werden. Diese Dinge sind hier auf einer Grundplatte mit den Maßen 375×270 mm zusammengefasst. Die Größe wurde bewusst so gewählt, weil die Anlage in einer handelsüblichen Holzstapelbox (Baumarkt; Innenmaße ca. 380×275×220 mm) platzsparend und gleichzeitig geschützt untergebracht ist und dabei leicht transportierbar bleibt.

Werkstattanlage mit Transportbox im Hintergrund und neu gefertigtem Spiritusbrenner links im Bild

32.2 Aufbau

Die Grundplatte aus Fichte-Leimholz ist an der Unterseite durch zwei starke Holzstreben gegen Verwerfungen gesichert. Alles ist mehrfach mit Klarlack versiegelt und somit vor Feuchtigkeit und Schmutz geschützt. Die Stapelbox, ebenfalls aus Nadelholz, wurde mit Leinölfirnis behandelt.

Zwischen den beiden Antriebsmodellen und der Dampfmaschine ist in platzsparender Anordnung eine niedrige Bocktransmission angeschraubt. Die formschönen Lagerböcke sind nicht, wie man meinen könnte aus Grauguss, sondern aus einer Kompositionsgusslegierung, aber das ist nicht weiter tragisch. Passend zu den Märklin-Modellen sind die roten Riemenscheiben ebenfalls von Märklin; sie sind Ersatzteile der neueren Metallbaukästen, die inzwischen leider nicht mehr hergestellt werden. Im Internet kann man aber noch fündig werden.

32.3 Dampfmaschine

Es dürfte sich um eine der kleinsten Märklin-Stationär-Dampfmaschine in liegender Anordnung mit einfachwirkendem, feststehendem Zylinder handeln. Der weichgelötete Walzenkessel ist an dem Stutzen für die Pfeife sichtbar nachgelötet worden, ansonsten ist bis auf den Brenner alles „original".

Aus einem Stück Kupferrohr wurde nachträglich ein neuer Brenner erstellt, weil der originale Spiritusbrenner nicht mehr vorhanden war. Die Hartlötung erfolgte hier mit preiswertem Phosphor - Hartlot, das kein weiteres Flussmittel benötigt.

32.4 Betriebsmodelle

Die Betriebsmodelle aus Blech, ein Hammerwerk und eine Kreissäge in hellgrüner Ausführung sind der Spätphase des Märklin-Dampfspielzeugs (Anfang bis Mitte der 50er Jahre) zu zuordnen. Beide Modelle sind kaum bespielt und deshalb in einem sehr guten Zustand.

32.5 Sonstiges

An der Kesselseite ist aus Blech eine Seitenwand angeschraubt, die ein wenig verschönern und gleichzeitig vor Zugluft schützen soll. Das Blech stammt von einem alten Elektrogerätegehäuse, wobei ein Sprossenfenster, in Manier des Industrie-Historismus, mittels einer Laubsäge ausgesägt wurde. Die „Mauersteine" sind mit Emailfarbe einfach aufgemalt.

Alle Verschraubungen mit der Grundplatte erfolgen mit eingelassenen M3-Gewindebolzen, was besser als die sonst übliche Holzschraubenbefestigung auf den Betrachter wirkt.

33 Aufbau einer umfangreichen Schreiner-Werkstatt mit Märklin-Komponenten

33.1 Eine Dampfmaschinenanlage im „Sarg"

Eine für die Verhältnisse des Autors doch recht große Werkstattanlage mit älteren Märklin Modellen. Auf Grund der Zusammenstellung der Betriebsmodelle könnte es sich um eine Schreinerei handeln. Die Abmessungen der Grundplatte von 1.150×280 mm erfordern für den Schutz ein stabiles Behältnis und für den Transport eine zweite Person.

Die Anlage wurde vor einigen Jahren auf Oldtimer-Treckertreffen (u. A. Baiersröderhof in der Wetterau/Hessen) ausgestellt und mit Echtdampf im Freien vorgeführt. Auf „richtigen" Dampftreffen dagegen dominiert leider meist der „Pressluftbetrieb".

Das Transportbehältnis, es sieht fast wie ein Sarkophag aus, besteht wie die Anlagengrundplatte aus Fichte-Leimholz und misst 1.200×300×340 mm. Wie bei den meisten der hier beschriebenen Modellanlagen befinden sich an der Kisten-Unterseite und auch

Eine für die Verhältnisse des Autors doch rechte Werkstattanlage mit älteren Märklin Modellen. Auf Grund der Zusammenstellung der Betriebsmodelle könnte es sich um eine Schreinerei handeln. Die Abmessungen der Grundplatte von 1.150×280 mm erfordern für den Schutz ein stabiles Behältnis und für den Transport eine zweite Person.

Die Modellanlage untergebracht in der stabilen Transportkiste. Eine M12-Verschraubung mit Flügelmutter (Bildmitte unten) hält beides für den Transport sicher zusammen

unter der Anlagengrundplatte stabile Gummifüße (Türstopper), die eine Aufstellung auf problematischen Untergründen ermöglichen. Diese Maßnahme hat sich – man kann es immer wieder nur empfehlen – als sehr praxisgerecht erwiesen.

Zu der Transportkiste und der Anlagengrundplatte wäre noch zu sagen, dass eine Behandlung mit Holzöl oder Lasur zu empfehlen ist, wenn die Anlage auch im Freien vorgeführt werden soll.

33.2 Planung und Thematik

Verschiedene Holzbearbeitungsmaschinen des Herstellers Märklin sollten mit einem dazu passenden Umfeld arrangiert werden. Als „Motor" bot sich wieder die bewährte Märklin-Kleindampfmaschine vom Typ 4097/91/5 an, von welchen der Autor insgesamt drei Stück sein Eigen nennt, weil diese einerseits recht leistungsfähig sind und andererseits auch heute noch zu vernünftigen Preisen im Internet oder auf Auktionen erworben werden können.

M12-Verschraubung von Transportkiste und Anlagengrundplatte im Detail. Die Anlage kann somit in der Kiste beim Transport nicht verrutschen. Durch die Flügelmutter mit Schraube sind Behältnis und Anlagengrundplatte werkzeuglos trennbar und die Anlage kann problemlos aus der Kiste entnommen werden

Ein Schwerpunkt bei der Anlagengestaltung bildet hier die Ausstattung mit selbsterstelltem „Beiwerk", da die Betriebsmodelle komplett von Märklin stammen. Sie konnten relativ günstig erworben werden (aus dem Internet), da die Einzelzustände aus Sicht eines „ernsthaften" Sammlers nicht der allerersten Wahl entsprechen, aber trotzdem noch annehmbar sind. „Ehrliche" Spiel- und Alterungsspuren sind hier eigentlich nicht als Mangel zu sehen.

Alle Betriebsmodelle – mit Ausnahme der Antriebsmaschine – sind darum im Originalzustand belassen. Nur eine Inspektion mit Reinigung war jeweils erforderlich.

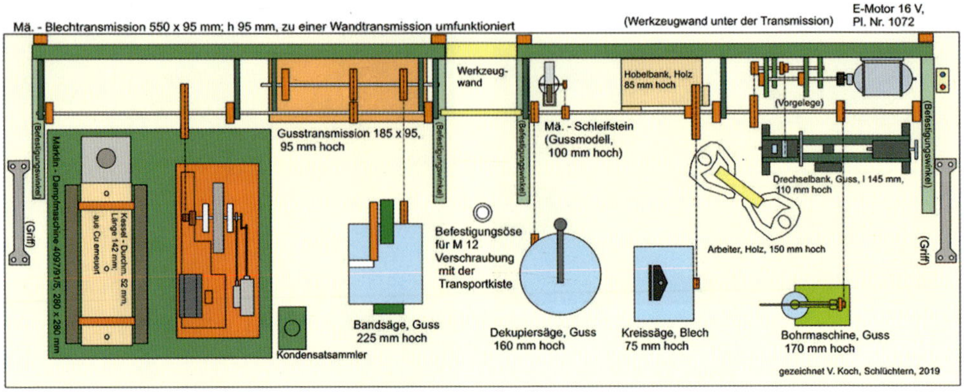

„Schreinerwerkstatt“ mit Märklin - Dampfmaschine; Fundamentfläche 1150 x 280 mm, Höhe 270 mm

Schematische Gesamtansicht in der Draufsicht

33.3 Betriebsmodelle

Nachfolgend seien die verwendeten Märklin - Betriebsmodelle hier kurz beschrieben:

- Bandsäge; Guss, dunkelgrüne Ausführung, Höhe ca. 225 mm, Grundfläche ca. 149×85 mm. Leider fehlt – wie bei den meisten alten Bandsägen – das Sägeblatt. Als Ersatz wird ein Wilesco-Spiralriemen verwendet.
- Dekupiersäge; Guss, mittelgrüne Ausführung, Höhe ca. 160 mm. Mit einem gekürzten Laubsägeblatt lässt sich z. B. Balsaholz „richtig“ sägen.
- Kreissäge; Blech, hellgrüne Ausführung mit dunkelgrünem Sockel. Ein eher einfaches Modell des Herstellers Märklin.
- Bohrmaschine; Guss, hellgrüne Ausführung, Höhe ca. 170 mm. Es ist die Nummer 3811 eingegossen.
- Schleifstein; Guss, hellgrüne Ausführung, Höhe 100 mm. Es gab dieses Modell auch größer (Höhe 130 mm) und in dunkelgrüner Ausführung.
- Drechselbank; Guss, dunkelgrüne Ausführung, Länge ca. 145 mm, Breite ca. 70 mm, Höhe ca. 110 mm. Es fehlte die Werkzeugauflage, die aus Stahl nachgebildet wurde. Das Modell wurde auch als Drehbank angeboten.

Die Betriebsmodelle auf der rechten Anlagenseite in der Draufsicht. Man beachte auch das vielfältige Zubehör, wie „selbstgebastelte“ Spann- und Handsägen

Sägen und Schleifstein in der Anlagenmitte. Deutlich erkennt man hier die Kupplung der beiden Wandtransmissionen durch ein Verbindungsrohr. Die beiden „Holzarbeiter“ sind tätig

Auch bei der Drechselbank ist in den Böcken das „M“ eingegossen. Die Auflage für das Drechselwerkzeug ist hier nachgebaut worden

33.4 Antriebsmaschinen

In diesem Fall muss man im Plural sprechen, weil gleich zwei Antriebsmotoren untergebracht sind.

Bei der Märklin-Dampfmaschine vom Typ 4097 war Einiges zu ändern, weil ein gefahrloser Echtdampfbetrieb bei Vorführungen möglich sein sollte.

Der weichgelötete Messingkessel erschien nicht mehr betriebssicher und wurde durch einen komplett hartgelöteten Kupferkessel aus 1-mm-Kupferblech ersetzt. Auch die Einschraubstutzen sind aus Kupfer; selektive

Ein „Schutzblech“ an der Kesselseite aus Konservendosenblech. Das Märklin-Emblem wurde vom Autor aufgemalt. Beim Betrieb im Freien ist ein abnehmbarer Schutz vor Zugluft durchaus sinnvoll.

Dampfmaschine in der Draufsicht. Man erkennt deutlich den neuen Kupferkessel. Ein Nachbau-Generator ist an der Aggregatseite ergänzt; das Gussteil dazu stammte von der Firma Probst-Dampfmodellbau

Der Märklin-Getriebemotor 1072 mit angeschlossenem Selbstbau-Vorgelege. An der darunterliegenden Werkzeugwand befindet sich der dazugehörige Schalter (blau) und an der Grundlatte sind zwei Buchsen für die Aufnahme von Bananen-Steckern angebracht. Man beachte auch das vielfältige Modellwerkzeug an der Rückwand: Sägen, Dechsel, Äxte, Hämmer usw.

Korrosion, wie sie bei nicht geeigneten Messinglegierungen auftreten kann, wird hier so schnell kein Thema sein. Trotzdem sollte nach Betriebsende das Kesselwasser komplett abgesaugt werden. Dieser Hinweis gilt für alle Modelldampfmaschinen.

Der Kondensatbehälter (rechts neben dem Aggregat) nimmt über einen Silikonschlauch

„Verkupplung" der beiden Blechtransmissionen. Mitnehmerstifte durch die Wellen und das Verbindungsrohr ermöglichen den Kraftfluss. Angeschraubt an Holzleisten und Stahlwinkel ergibt sich eine solide Verbindung mit der Grundplatte

den öligen Abdampf auf und schützt die Anlage vor Verschmutzungen. An der Kessel-Außenseite ist ein abnehmbares „Schutzblech" angebracht, das die Brennerflamme bei Vorführungen im Freien vor Windstößen schützt. Der Original-Spiritusbrenner war nicht mehr vorhanden und wird jetzt durch einen Brennpasten-Brenner ersetzt. Auch der Schornstein war nicht mehr vorhanden; Ersatz bildet nun ein Wilesco-D16-Mauerschornstein.

Als Substitutionsantrieb ist an der zweiten Wandtransmission ein Märklin-Getriebemotor mit den Abmessungen 70×70×60 mm angeschraubt: Spannung 16 V, Pl. Nr. 1072, hellgraue Gussausführung. Dem Motor ist ein selbstgebautes, kleines Vorgelege vorgeschaltet.

33.5 Transmissionen

Zwei einfache Märklin-Blech-Langtransmissionen, hellgrüne Ausführung/rote Linierung, mit den Abmessungen 550×95×95 mm sind hier zu einer zentralen Wandtransmission umfunktioniert. Stabile Stahlwinkel mit angeschraubten Hartholzleisten verbinden diese Anordnung mit der Grundplatte. Beide Transmissionen sind über ein 6/4-mm-Messingrohr miteinander gekuppelt.

Die zentrale Transmission ist mit vorbildähnlichen Eigenbau-Riemenscheiben ergänzt, ansonsten dominieren die einfachen Märklin-Blechräder.

An der Dampfmaschinenseite ist unter der ersten Blechtransmission eine Bocktransmission (185×95×95 mm, rote Grundplatte) mit dunkelgrünen Gusslagerböcken platziert. Die Gusslagerböcke haben einen eingegossenen „M"-Buchstaben. Über diese Bocktransmission wird die große Bandsäge angetrieben, weil deren Antriebsscheibe relativ tief gelegen ist.

Eine weitere kleine Gusstransmission (65×55×50 mm, hellgrün) übernimmt die Vorgelegefunktion für die Drechselbank.

33.6 Zusätzliche Ausstattungsmerkmale

Zwei selbstgeschnitzte Arbeiter-Kollegen aus Buchenholz, Höhe 15 mm, tragen gemeinsam einen Rundholz-Stamm zur Säge. Für bessere, detailliertere Schnitzarbeiten wäre Lindenholz zu empfehlen, was aber hier nicht verfügbar war.

In die Hobelbank ist ein -Holzstiel zur weiteren Bearbeitung eingespannt.

Unter und zwischen den Wandtransmissionen befinden sich Werkzeugwände, die ebenfalls mit selbstgebauten Kleinwerkzeugen (Hämmer, Schraubenschlüssel, Sägen aller Art, Äxte) umfangreich bestückt sind. So etwas lässt sich nahezu kostenneutral aus Restmaterialien herstellen, vorausgesetzt, es wird etwas Geduld und Fleiß investiert.

Besonders „gut“ sind die hölzernen Spannsägen gelungen, die jeweils mit gekürzten „Puk“-Metallsägeblättern bestückt sind. Eine liegt auf der Hobelbank und eine weitere hängt an der Werkzeugwand.

Auf einer Hobelbank sind diverse Handwerkzeuge abgelegt. Die Hobelbank wurde ähnlich gestaltet wie bei der „Holzwerkstatt“, siehe Kapitel „Auf dem Holzweg“

34 Dampfwerkstatt mit Märklin-Komponenten/Märklin-Werkstatt 1

34.1 Eine rustikale Märklin-Dampfwerkstatt

Eine Werkstatt-Anlage, zusammengestellt mit Komponenten der Firma Märklin, teilweise modifiziert und teilweise restauriert. Nicht „original", aber dafür voll funktionsfähig, wurde die Komposition schon auf einigen Nostalgietreffen für Trecker und Landmaschinen gezeigt und natürlich unter Echtdampf vorgeführt. Die Antriebsmodelle und die Dampfmaschine sind willkürlich zusammengestellte Zufallsfunde.

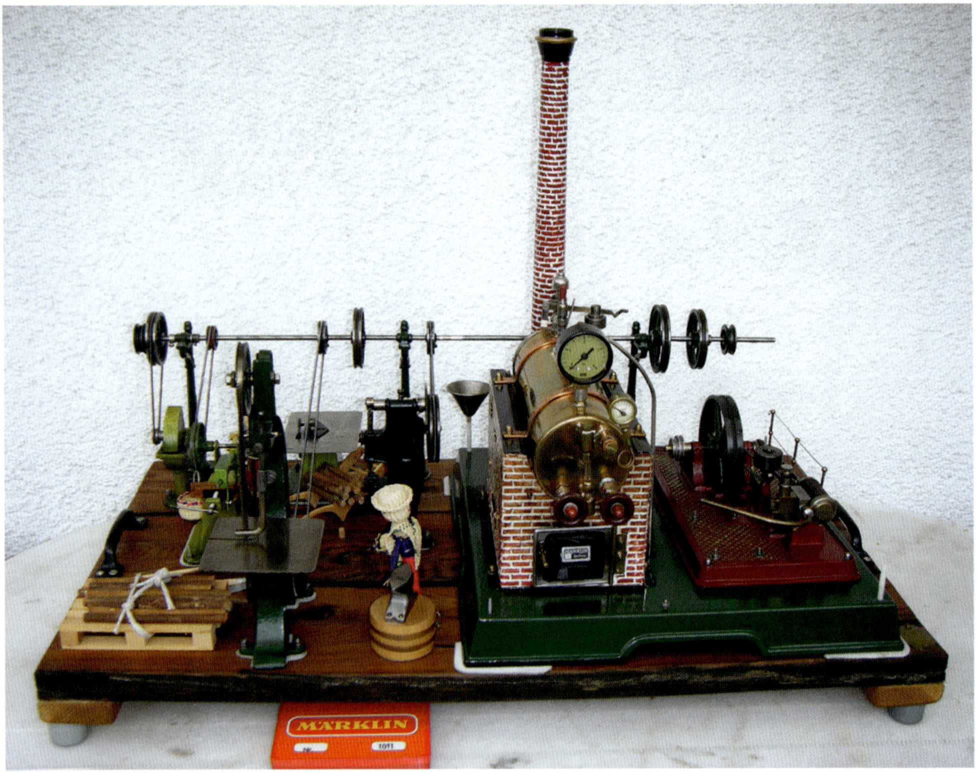

Eine Werkstatt-Anlage, zusammengestellt mit Komponenten der Firma Märklin

Die Grundplatte ist aus alten Eichenholzbrettern „gezimmert“ und ergibt einen nostalgisch-rustikalen Gesamteindruck im „Vintage-Look“. Man beachte die gusseisernen schwarzen Handgriffe zum Transport; das sieht zwar nicht unbedingt schön aus, hat sich aber in der Praxis als sehr hilfreich erwiesen.

34.2 Grundlage für die Planung der Zusammenstellung

Die bohlenartigen Eichenholzbretter stammen aus Balken eines alten Fachwerkhauses und wurden von einer befreundeten Schreinerei zurecht gesägt. Das Holz ist zur Konservierung mit Leinölfirnis behandelt. Auf solch eine „Grundlage“ passen eigentlich nur alte Maschinen. Vor rund 25 Jahren hatten sich einige Märklin-Modelle angesammelt, die entsprechend präsentiert werden sollten.

Die verfügbare Grundfläche von 410×710 mm ergab sich nach der Zusammenlegung dreier Bretter.

Für die hier beschriebene Komposition war keine besondere Werkstattausrüstung notwendig.

Ansicht von der Betriebsmodellseite. Zubehör und weitere Ausstattungsmerkmale bereichern die Anlage

34.3 Thematik

Eine nostalgische Dampfmaschinen-Werkstattanlage oder ein nostalgisches Spielzeug, so könnte man das Ganze beschreiben. Von den Betrachtern wird dies als solches meist erkannt: „So eine hatten wir auch einmal, die wurde aber mit so weißen Tabletten betrieben . . .“, das sind Worte, die man oft bei Vorführungen hört. Man muss dann geduldig nähere Erläuterungen dazu geben.

34.4 Antriebsmaschine

Die Märklin-Dampfmaschine mit den Grundmaßen 350×350 mm wurde vor fast 40 Jahren auf einem Flohmarkt in einem sehr bedauernswerten Zustand aufgefunden. Niemand wollte sie haben und der Allgemeinzustand war in der Kennersprache der Blechspielzeugspezialisten als absolut sammelunwürdig zu bezeichnen. Der Kessel war durch selektive Korrosion innen angegriffen und ansonsten alles stark angerostet. Armaturen fehlten bis auf die Pfeife und den Absperrhahn. Aber die „Bausubstanz“, wie das gusseiserne, fein und detailreich gegossene Triebwerkfundament, eigneten sich zum Herrichten. Der Kessel ist jetzt neu erstellt,

Maschine von der Triebwerkseite aus gesehen.

hartgelötet und geprüft, das Kesselhaus innen zusätzlich mit verzinktem Eisenblech ausgekleidet. Der Zylinder ist bei dieser Maschine nur einfachwirkend, aber erstaunlich leistungsfähig.

So hergerichtet ist die Maschine, die wohl aus der letzten Produktionszeit der Firma Märklin Anfang der 50er Jahre stammt, nicht mehr „original" und daher auch, wie bereits erwähnt, nicht sammelwürdig, aber dafür betriebssicher und leistungsfähig, besser als sie es jemals zuvor gewesen war.

Der Öleraufsatz an dem Schieberkasten ist vergrößert und die Zylinderverkleidung aus Teakholz. Die Galerie stammt aus dem Schiffsmodellbauzubehör. Alle Verschraubungen an der Maschine wurden aus rostfreiem Material ersetzt. Das Kesselhaus ist mit Emailfarben beige/rot bemalt, was das geprägte Mauerwerk realistisch hervorhebt. Das alte Gewichtssicherheitsventil, von Wilesco stammend, sorgt zusammen mit dem neuen Federsicherheitsventil, ebenfalls von Wilesco, für zusätzliche Sicherheit. Pfeife und Absperrhahn bekamen längere Bedienhebel, was die Betätigung im Betrieb erleichtert. Dazu ein Tipp: etwas Armaturenfett (Sanitärabteilung im Baumarkt) auf die Hahnwirbel geben, dann „fressen" die nicht so schnell fest.

34.5 Betriebsmodelle

Von der Größenordnung – aber nicht unbedingt thematisch – passen hier die folgenden Märklin-Betriebsmodelle zusammen:

- Schleifstein, Höhe 100 mm, Gusseisen, hellgrüne Serie
- Stanze, Höhe 155 mm, Gusseisen, dunkelgrüne Serie
- Tischkreissäge, ca. 80×103 mm, Blech, hellgrüne Serie
- Bügel- oder Kaltsäge, ca. 80×130 mm, Blech, modifiziert, hellgrüne Serie
- Bandsäge: Eindeutig zu große ist die dunkelgrüne Bandsäge aus Gusseisen (ca. 90×140×230 mm). Aber das originale Sägeblatt war noch vorhanden, was bei vielen Märklin-Bandsägen meistens fehlt.

Die Bügelsäge war nur noch ein Fragment und der Sägebügel inklusive Führung und Antriebsrad sind deshalb selbstgebaute Nachrüstteile.

34.6 Planung

Auf der verfügbaren hölzernen Grundplatte wurde alles bis zum optimalen Zustand „geschoben" und angezeichnet. Der verfügbare Platz sollte – wie bei den meisten hier vorgestellten Anlagen – möglichst gut und raumsparend ausgenutzt werden (Skizze mit verkleinerter Abbildung). Die Befestigung der Anlagenteile auf der Grundplatte erfolgt nicht mit einfachen Holzschrauben, sondern auch hier mit eingelassenen M3-Gewindebolzen, das sieht einfach besser aus. Dazu wird ein Loch von 2,5 mm Durchmesser in das Hartholz gebohrt, ein M3-Gewinde eingeschnitten und der M3- Gewindebolzen mittels Modellbauhartkleber eingeschraubt. Die so erzielte Festigkeit ist vollkommen ausreichend. Damit die Metallteile der Betriebsmodelle und der Dampfmaschine

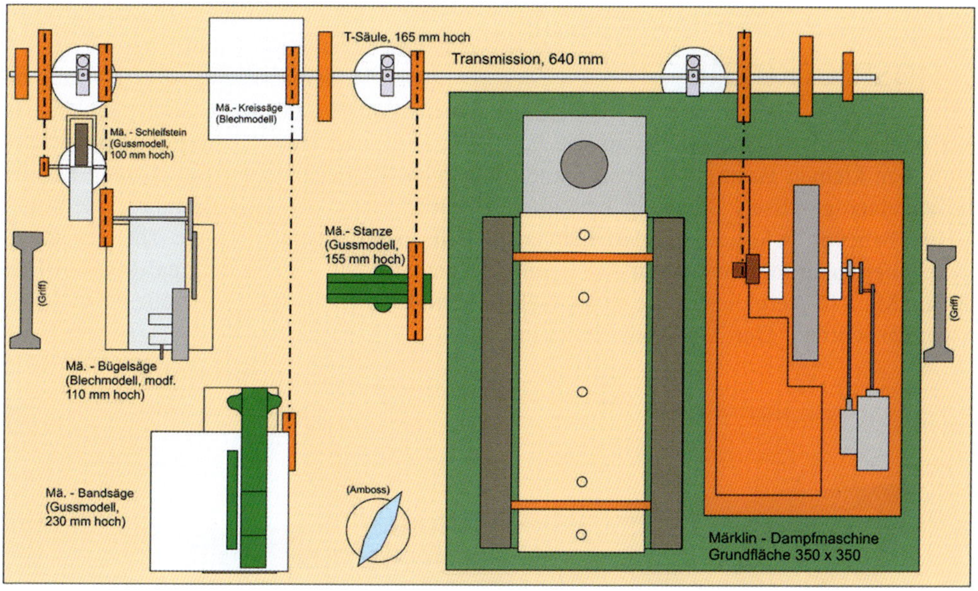

Märklin - Dampfanlage auf Bohlenfundament (710 x 410 mm), gezeichnet V. Koch, Schlüchtern, 2019

nicht durch das Eichenholz angegriffen werden (Gerbsäure!), ist jeweils eine Kunststoffzwischenlage beigelegt.

Bei der Anordnung wurde auf eine optimale Funktionalität der Einzelkomponenten Wert gelegt, schließlich soll das Ganze als lebendiges Diorama vorführbar sein.

34.7 Transmission

Der geneigte Kenner historischen Spielzeugs wird auch hier anmerken, dass die Teile nicht mehr „original“, weil neulackiert, sind. Aber was soll´s! Alles – auch bei den Transmissionsteilen – war in einem stark angerosteten Fund-Zustand. So aufgearbeitet wird die Anlage den Erbauer mit Sicherheit um einige Jährchen überleben und gegebenenfalls auch späteren Besitzern noch Freude bereiten – so soll es sein!

Gegossene Transmissionssäulen, Höhe 165 mm, und ebenso gegossene Transmissionsräder aus feinem Eisenguss. Die Radspeichen sind hier kunstvoll geschweift, typisch für Märklin. Leider wird solch eine Qualität heutzutage nicht mehr angeboten

34.8 Zusätzliche Ausstattungsmerkmale

Auf dem „Transmissionsbild" sind die farbenfrohen kleinen Bastfiguren zu erkennen, die zu einer gewissen Belebung beitragen. Es sind liebevoll gefertigte Handarbeiten aus Mittelamerika, die auf einem Markt in Frankfurt am Main für vergleichsweise wenig Geld erworben wurden. Der Autor hat noch eine weitere Märklin-Werkstatt mit diesem originellen Personal ausgestattet.

Etwas Modellwerkzeug, dieses Mal von einem Weihnachtsmarkt, eine Schubkarre mit Holz und eine Palette mit ebensolchem sorgen für zusätzliche Abwechslung bei der Betrachtung. Der kleine Amboss, selbstgefeilt, passt eigentlich nicht zur gewählten Thematik. In einer Original-Märklin-Box befinden sich diverse Ersatzteile.

Gesamtanlage mit Ersatzteilebox „Märklin 1011" links im Bild

35 Mini-Dampfanlage mit angeschlossenem Hammerwerk

35.1 Klein und kompakt

Bei dieser kleinen Dampfanlage mit Hammerwerk bildeten gerade verfügbare Metallplatten und ein „Opitec"-Materialsatz für eine kleine Dampfmaschine die Grundlage für den Bau. Von der Firma Opitec werden noch andere interessante Bau- /Materialsätze angeboten, deswegen sei an dieser Stelle ein Bezugshinweis gegeben (Stand 07/2019):

OPITEC Handel GmbH, Hohlweg 1, 97232 Giebelstadt

Tel: 01806/908908, Fax: 01806/909909

E-Mail: info@opitec.de

35.2 Materialien

Die 2 mm starken Stahlplatten, Grundplatten für den Schmiedehammer und die Dampfmaschine, sowie die 6 mm starke Aluminiumgrundplatte stammen von einem heimischen Schlosserbetrieb, der diese auf Anfrage kostenlos (!) abgegeben hat. Sonstige Materialien und Halbzeuge, Messing, Aluminium, Kupferrohr, Stahl, Edelstahl waren als Reste im eigenen „Lager" vorhanden.

35.3 Planung der Anlage

Nur was Geräusche erzeugt, wird, wie bereits mehrfach erwähnt, bei Vorführungen vom Publikum auch beachtet. Aus diesem Grund wurde auch hier ein Hammerwerk gewählt. Da nur ein Betriebsmodell von einer Antriebsmaschine bewegt wird, konnte auf eine separate Transmission verzichtet werden. Es handelt sich eigentlich um ein „Zweigeteiltes Maschinensystem".

Die Antriebsmaschine und der Aufwerfhammer stehen jeweils auf einer separaten, brünierten Stahlplatte. Ein zusätzlich beigefügter Schmied (Biegefigur aus dem Modellbaufachhandel, 90 mm hoch), eine Werkzeugkiste mit selbstgebasteltem Mini-Werkzeug und ein gefeilter Amboss aus 40-mm-Rund-Edelstahl ergänzen das Ganze.

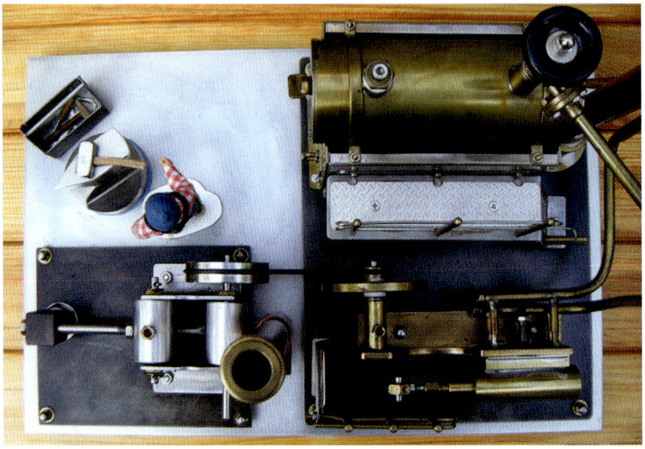

Draufsicht auf die Anlage

35.4 Antriebsmaschine

Der ursprüngliche Opitec-Bausatz ist hier vollkommen abgewandelt. Das Kesselhaus ist aus Edelstahlblech an Stelle des ursprünglich vorgesehenen, dünnen Messingblechs. Die Kesselanlage bekam zusätzlich eine begehbare Galerie mit Leiter, einen Absperrhahn (Firma Wilesco), Wasserfüllstandschraube und einen Kamin, der den Abdampf aufnimmt.

Durch die Wasserfüllstandschraube kann der Kessel maximal zu 2/3 befüllt werden. Die Brennstoffmenge (Brennpaste) ist so zu

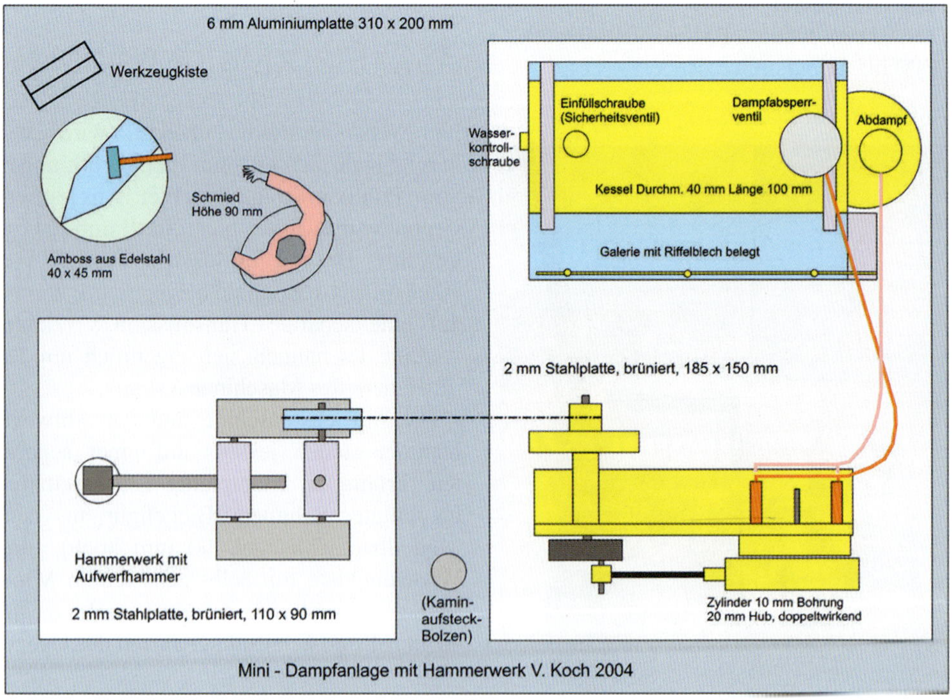

Schematischer Plan der Mini-Anlage

bemessen, dass der Kessel nicht trockengeheizt wird. Selbstverständlich ist der Kessel hartgelötet und geprüft.

Das oszillierende Aggregat ist doppeltwirkend (Bohrung 10 mm, Hub 20 mm) gebaut und der Kurbeltrieb mit Schwungrad für den Antriebszweck angepasst. Alles ist sehr massiv gearbeitet. Der Abdampf wird in den Abdampfkamin hinter dem Kesselhaus geleitet.

Die Leiter ist aus Edelstahlblech mit der Laubsäge ausgesägt. Unter dem Abdampfkamin ist ein Kondensat-Reservoir mit Ablasshahn (Firma Wilesco). Leider werden bei Wilesco inzwischen nur noch Hähne mit Plastikküken hergestellt.

Zylinderseite mit Verrohrung

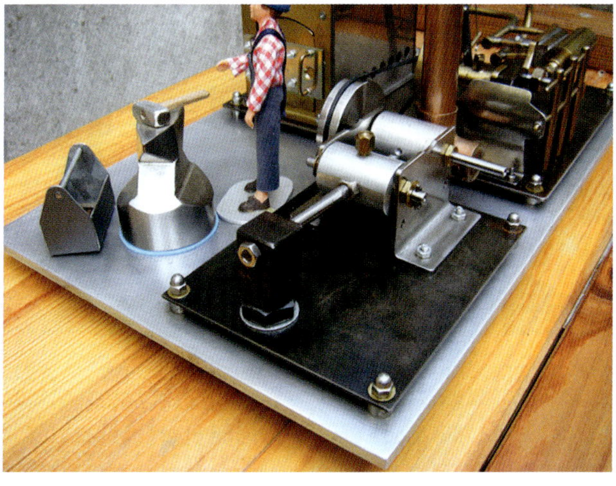

35.5 Aufwerfhammer

Zu dem einfachen Aufwerfhammer ist eigentlich nicht viel zu sagen. Der Aufwerfschweif und der Bolzen sind aus gehärtetem Silberstahl, da diese Teile funktionsbedingt einem gewissen Verschleiß unterliegen.

Der Hammeramboss (Schabotte) ist ein M10-Schraubenkopf, während der Handamboss des Schmieds vollkommen aus Edelstahl besteht.

35.6 Besonderheiten

Dieses Mal wurde auf eine Lackierung einzelner Anlagenteile vollkommen verzichtet. Die 2-mm-Stahlblechplatten sind brüniert und das Aluminiumblech matt poliert. Messingteile wurden ebenfalls so belassen. Farbe kann also nicht abblättern. Nach jedem Betrieb ist alles trocken zu putzen und mit Konservierungsöl leicht einzuölen.

36 Prefo-EKT-Werkstatt

36.1 Betriebsmodelle aus der DDR

In den Kapiteln „Prefo-Werkstatt“ und „Betriebsmodelle“ werden unter Anderem Betriebsmodelle des DDR-Herstellers „Prefo“ angesprochen. In der DDR existierten aber mindestens noch zwei weitere Produzenten derartiger Modelle: EKT (Elektro Klein Technik, Dresden) und Oesterwitz (Rudolf Oesterwitz, Jüterbog). Beide stellen ihre Produkte hauptsächlich aus Aluminiumguss und teilweise auch aus Bakelit her. Es ist allgemein festzustellen, dass im Osten Deutschlands die Modellvielfalt dieser Sparte relativ breit gefächert war.

Die Geschichte der EKT-Modelle ist unter anderem auf der Internet-Seite www.ekt-modelle.de nachzulesen. Hier werden auch die seinerzeit produzierten Betriebsmodelle dargestellt.

Im Vergleich zu dem bekannten Dampfspielzeugproduzenten Wilesco sind die EKT- und Oesterwitz-Modelle etwas vorbildähnlicher ausgestaltet. Es lohnt sich also, diese zu sammeln und gegebenenfalls eine Werkstatt damit aufzubauen, so wie das hier beschrieben wird.

36.2 Werkstattaufbau

Die Werkstatt hat als Haupt-„Inventar“ drei Prefo-Betriebsmodelle, Drehbank, Schleifbock, Bügelsäge und eine EKT-Säulenbohrmaschine. Ein Elektroantrieb mit Schalteinrichtung ist zusätzlich vorhanden;

In der Mitte steht ein „hölzerner“ Meister, der alles im Blick hat

Ansicht von der „Transmissionsseite.“ Der E-Motor kann den Antrieb der Werkstatt über die große Riemenscheibe übernehmen

Die Messgeräte an der „AEG"-Schalttafel sind nur Attrappen. In diesem Fall wurden alte, nicht mehr funktionsfähige Manometer dafür „verarbeitet"

Werkbank mit aufgelegtem Miniaturwerkzeug und Flaschenschraubstock. Das Werkzeug an der Wand wird durch einen Magnet gehalten. Hinter dem Schraubstock ist der Kupplungshebel zum Einkuppeln eines externen Antriebs

Die händisch eingeschnittenen „Mauersteine" an der Sperrholz-Rückwand wirken einigermaßen „echt"

▸ Kupplung der Hauptantriebsscheibe. Über einen Hebel mit Griff (Bildmitte unten) wird die Hauptantriebsscheibe ein- oder ausgekuppelt

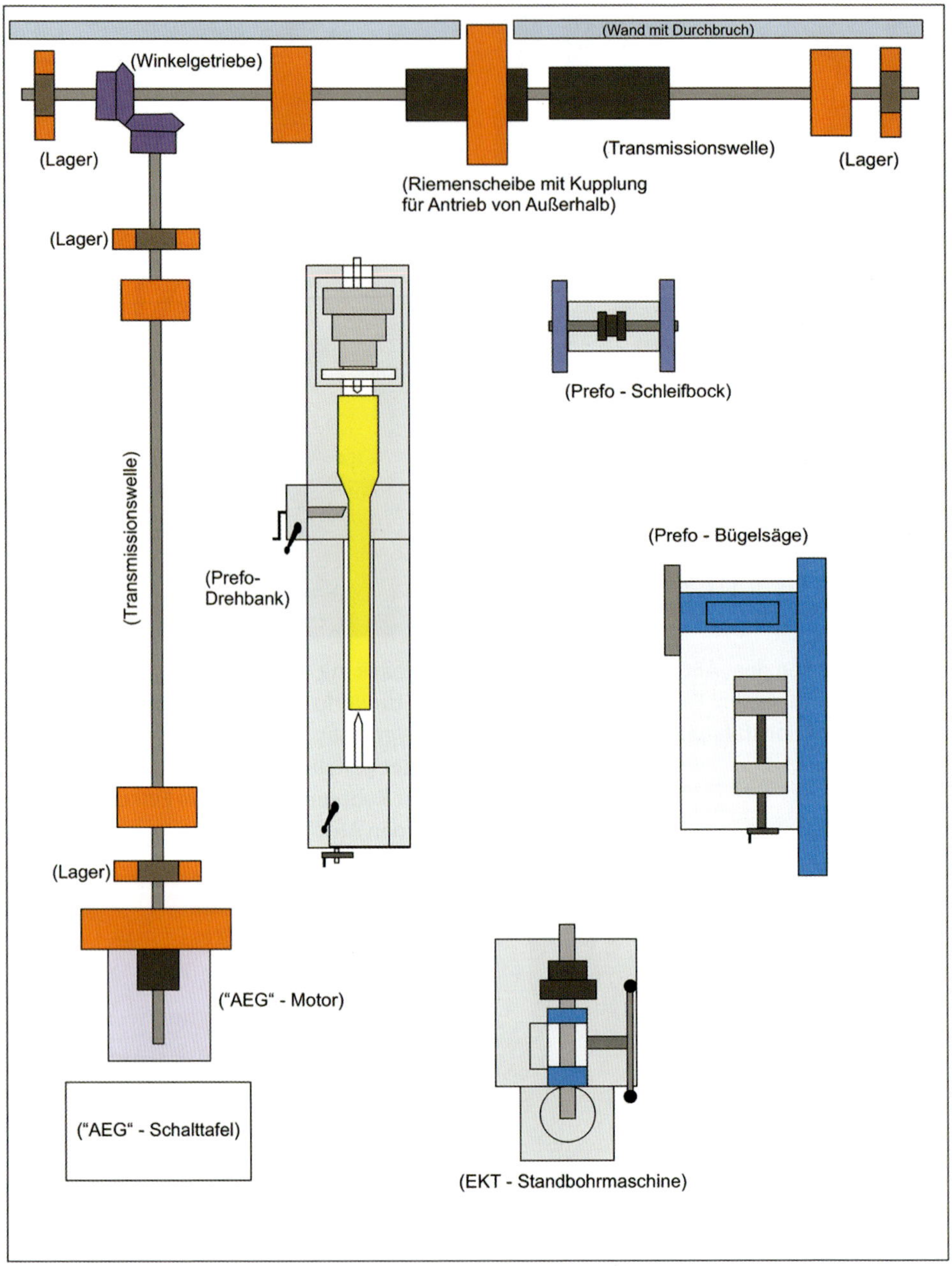

Schematische Anordnung der Hauptkomponenten; Energieverteilung durch eine Winkeltransmission. Winkeltransmissionen findet man auch bei älteren, aufwändig gestalteten Transmissionsmodellen. Inzwischen bietet Fa. Wilesco eine Winkeltransmission als Zubehör an, diese ist aber nur als wenig vorbildgetreue Bocktransmission ausgebildet das Ganze kann aber auch über eine separate Antriebsmaschine (Dampfmaschine) mit Energie versorgt werden. Alles wurde hier mit vielen Details arrangiert.

Die Anlage ruht auf soliden Gummifüßen (Türstopper) und kann deswegen ohne Bedenken direkt auf den Boden gestellt werden.

Die Bodenplatte ist ein mit konservativem Fliesenmuster (siehe Kapitel „Zubehör Modellwerkstatt") beklebtes Stahlblech mit den Maßen 300×405 mm, welches an den Rändern unten durch Holzstreben verstärkt ist. Die Rückwand ist recht aufwändig aus 8 mm starkem Sperrholz gestaltet mit folgenden Merkmalen:

- Einzeln ausgeschnittene „Mauersteine," auch auf der Rückseite; farbig lackiert und mit Klarlack wetterfest versiegelt. Die Mauerfugen wurden hell belassen.
- Fensterscheiben aus Acryl mit ausgesägten Aluminiumrahmen, beidseitig; „gemauerter" Bogen oben
- Wandleuchten aus Messing/Kupfer hartgelötet, mit Miniaturglühlampen, Sockel E5
- Werkzeugleiste mit „echtem" Miniaturwerkzeug, über einen Magnet an der Wand gehalten. Das Miniatur-Handwerkzeug ist aus Edelstahlresten gefeilt.
- Wandwerkbank mit Flaschenschraubstock (Stahl) und sonstiges Kleinwerkzeug
- Wandtransmission, verstärkt mit Metallwinkeln und kuppelbarer Hauptantriebsscheibe
- Wanddurchbruch für einen externen Antrieb (Dampfmaschine)

36.3 Besonderheit bei der Transmission

Um die Drehbewegung „um die Ecke" zu leiten, ist hier eine Winkeltransmission mit Kegelzahnrädern aus Stahl im Modul 1 aufgebaut. Damit kann die Anordnung der Werkzeugmaschinen auf der verfügbaren Fläche variabler gestaltet werden.

36.4 Ausstattungsmerkmale

Aus Eichenholz gedrechselte Transmissionsräder sind bei diesem Beispiel recht einfach gehalten, lediglich Rillen zur Aufnahme der Antriebsspiralen sind eingedreht. Die kleineren Räder bestehen aus Automatenstahlresten, nachträglich kalt brüniert.

Die 5-mm-Transmissionswellen aus Silberstahl laufen in geteilten Messinglagern aus 10×10-mm-Vierkantmessing mit aufgeschraubten Wilesco-Ölern. Man kann solche Öler, verschließbar, auch leicht aus Sechskantmaterial selbst herstellen.

Der Gleichstrommotor „AEG" ist in ein Gehäuse aus 50-mm-Sechskantmessing (Schrott vom Heizungsbau) eingepasst

„AEG"-Schalttafel mit Messgerätattrappen aus alten Manometern improvisiert

„AEG"-Motor mit gedrehter Hebeöse aus Edelstahl. Der Motor ist ein einfacher „Igarashi"-Motor. Man hätte vielleicht noch eine Klemmenkastenattrappe ergänzen können. Der Fuß aus Stahl ist angelötet

und wird über die Schalttafel des gleichen Herstellers „AEG" geschaltet.

Die „Marmor"-Vorderfront ist aus einem alten Frühstücksbrett (Melaminharz) recycelt. Die Miniaturschalter schalten den Motor und die Werkstattleuchten. Der eigentliche Schaltschrank ist aus einem massiven Stück Buchenholz hergestellt.

36.5 Sonstige Besonderheiten

Der großen Amboss an der Rückwand ist ein Flohmarktfund. Auf derartigen Märkten kann man solche Dinge mit etwas Glück für kleines Geld erhalten.

In der Werkstattmitte steht ein selbstgeschnitzter Handwerker aus „heimischem" Birnbaumholz. Er entstand aus einem abgesägten, getrockneten Aststück.

Amboss an der Rückwand, wohl ein Gesellenstück. Man beachte auch die Werkzeugleiste darüber sowie die Winkeleisen, welche die Hoch-/Wandtransmission tragen und die Rückwand dabei gleichzeitig stabilisieren. Gesägte 45-mm-Winkeleisen tragen die Lager der Transmissionswellen; eine „Stabilisierungstrebe" ist zur Zierde nachträglich angelötet worden

Es handelt sich um eine individuell gestaltete Werkstattanlage, deren Material teilweise vom Schrott oder sonstigen Hilfsquellen stammt. Die Betriebsmodelle stammen aus der gleichen Quelle wie bei der „Prefo-Werkstatt", einem Blechspielzeughändler des Vertrauens. Da es sich um eine aus Zufallsstücken gebaute Anlage handelt, wird hier keine separate Stückliste aufgezeigt.

37 Prefo-Werkstatt

37.1 Ein kurzer Rückblick

„Prefo“, ein Kunstwort, abgeleitet von Pressformwerk, war ein Volkseigener Betrieb (VEB) der DDR, welcher hauptsächlich Spielwaren produzierte. Diese gelangten teilweise bereits zu DDR-Zeiten in den westlichen Spielwarenhandel und konnten in den 80er Jahren z. B. in den bekannten „Vedes“-Spielwaren-Fachgeschäften erworben werden.

37.2 Aufbau einer Prefo-Werkstatt

Auf einer vom gleichen Hersteller angebotenen Kunststoffgrundplatte konnten mehrere Betriebsmodelle zu einer kleinen Werkstatt kombiniert werden. Der Maßstab ist in etwa 1:12. Die Grundplatte hat bereits die entsprechenden Bohrungen zur Befestigung der Prefo-Betriebsmodelle. Die Befestigung selber erfolgt mittels Blechschrauben, die jedem Betriebsmodell beigelegt waren.

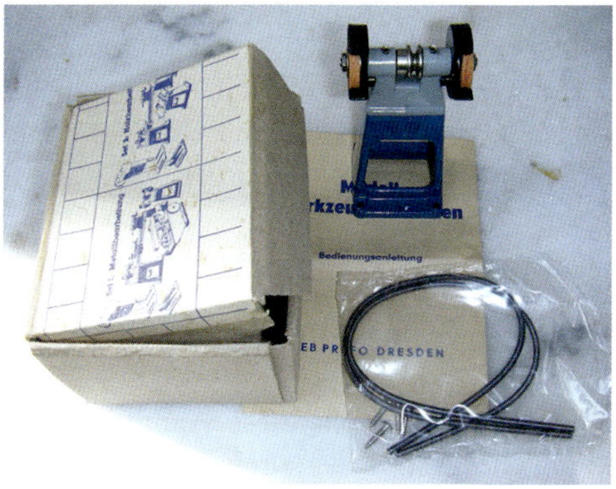

Neuwertiger Prefo-Schleifbock mit Originalverpackung, Bedienungsanleitung, Antriebsspiralen und Befestigungsschrauben

Prefo-Werkstatt des Autors auf einer Prefo-Grundplatte montiert. Die Figur stammt nicht von Prefo, die Buchsen und der Schalter für den Elektromotor wurden vom Autor nachgerüstet

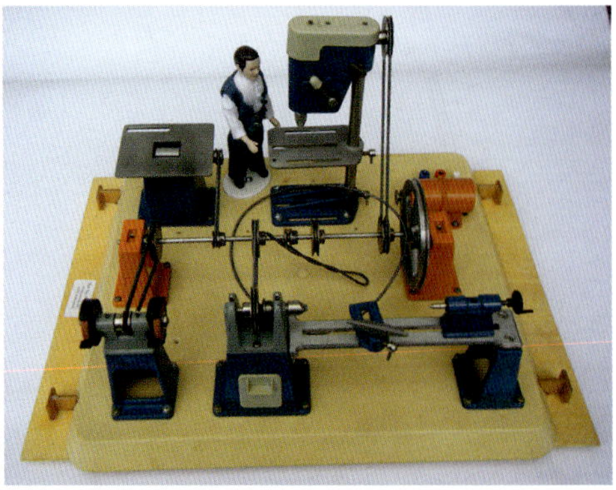

Hier sind eine Schleifmaschine mit zwei Naturschleifscheiben, eine Drechselbank, eine Fräse und eine Bormaschine als Werkstatt zusammengefasst. Bei der „Holzwerkstatt" kann an Stelle der hier montierten Schleifmaschine auch eine Kreissäge verwendet werden

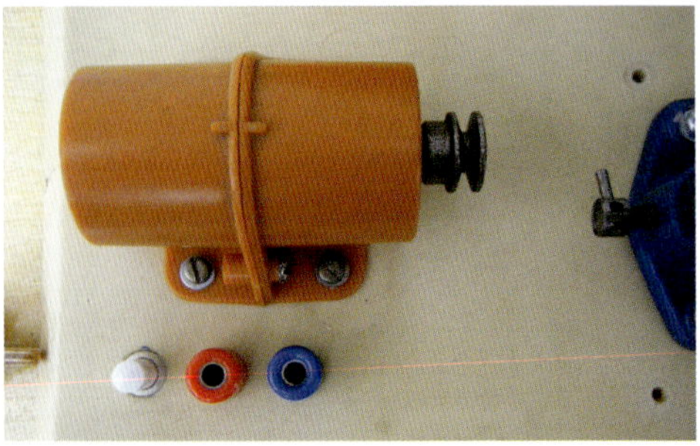

12-V-Prefo-Gleichstrommotor mit Lampenschalter und Anschlussbuchsen

Die gezeigte Werkstatt beinhaltet auch den Antrieb, hier in Form eines Prefo-Elektromotors, und fasst damit die drei Komponenten des „dreigeteilten Maschinensystems" in einer moderneren Variante recht elegant zusammen.

Die Modelle bestehen aus Aluminiumguss und einem etwas sehr spröden Kunststoff (in seinen Eigenschaften ähnlich wie Bakelit) hergestellt. Das gilt insbesondere für die Grundplatte, welche bei mechanischer Belastung zu Rissen neigt. Aus diesem Grund hat der Autor die Unterseite dieser Prefo-Grundplatte mit glasfaserverstärktem Gießharz ausgegossen und die Oberfläche durch einen Überzug aus Klarlack gegen UV-Strahlung stabilisiert. Zusätzlich steht alles noch auf einer Sperrholzplatte.

Die kleinen Transmissionsräder (Durchmesser 30 bzw. 14 mm) sind aus Stahl gedreht und vernickelt, das große Transmissionsrad (Durchmesser 86 mm) ist aus gedrehtem Aluminiumguss. Es gab bei Prefo auch Räder, die aus Blechscheiben mit eingepresster Nabe bestehen. In den Originalverpackungen der Modelle sind Blechschrauben und Antriebsspiralen beigefügt. So etwas würde man sich auch bei heutigen, kommerziellen Herstellern wünschen.

Die Wellen laufen teilweise direkt auf Kunststoff; deswegen wurden bei der gezeigten Werkstatt bei der Bocktransmission Messingbuchsen eingezogen. Brüche an dem spröden Kunststoffmaterial lassen sich recht gut mit einem Modellbau-Spezialkleber, z. B. „UHU-Hart", reparieren.

Mit diesen Änderungen sind die Anlagenteile zwar nicht mehr „original", aber dafür haltbarer und funktioneller als im Original.

Für den 12-V/0,6-A-Gleichstrommotor sind hier zwei Buchsen und ein Schalter in der Grundplatte verbaut worden.

37.3 Aufteilung der Einzelkomponenten

Alles in Allem stellt diese Anordnung ein komplettes Abbild des „dreigeteilten Maschinensystems" dar, nur, dass die Antriebsmaschine hier ein Elektromotor ist.

In der DDR wurden gleichermaßen Modelldampfmaschinen hergestellt und vertrieben, mit denen ein „ostalgiegerechter" Dampfantrieb möglich wäre:

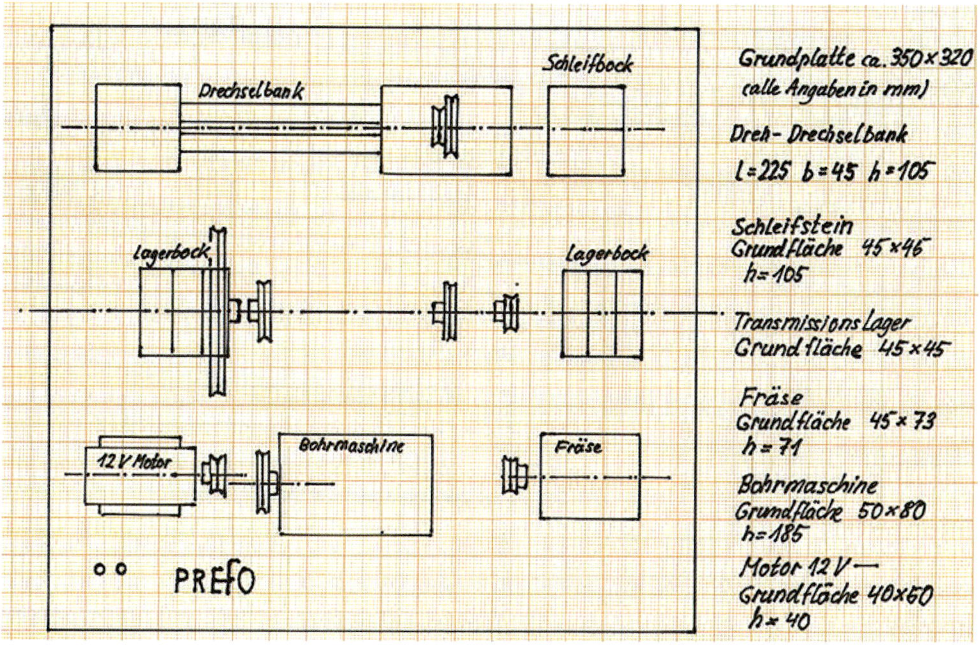

Planung der Werkstatt: Der Grundriss mit den Maßen der hier verbauten Prefo - Maschinen (Holzfräse, Schleifstein, Drechselbank, Bohrmaschine, Transmission, Antriebsmotor

- Gaselan, Fürstenwalde, VEB Chemie- und Tankanlagenbau
- VEB Geräte u. Pumpenbau Merbelsrod/ Thüringen

Näheres dazu ist im Kapitel „Antriebsmaschinen“ erläutert.

Diese Antriebsmaschinen/Betriebsmodelle des VEB Prefo sind mit etwas Glück zu vernünftigen Preisen aus dem Internet zu beziehen oder können von seriösen Blechspielzeughändlern erworben werden.

38 Eine besonders robust aufgebaute Modellwerkstatt

38.1 Grundlagen für Planung und Bau

Bei der aktuell vorgestellten Werkstatt kann man von einer sehr stabilen, gediegenen Konstruktion sprechen; das Ganze ist überaus solide aus Stahl und Holz aufgebaut.

Eine kompakte Werkstatt mit „AEG"-Antriebsmotor, Bohrmaschine, Bügelsäge, Werkbank, Amboss, Schaltschrank und Schleifbock auf einem stirnholzverleimten Schneidbrett (400×300 mm) aufgesetzt. Um den verfügbaren Platz optimal auszunutzen, ist alles (wieder einmal) ziemlich gedrängt angeordnet. Auf Grund der Auswahl der Betriebsmodelle und des Zubehörs kann man von einer einfachen Metallwerkstatt sprechen

Die Säulen bzw. das Winkeleisen an den Ecken sind mit einem oberen Rahmen aus Flacheisen verschraubt, an welchem auch die Abdeckhaube befestigt wird.

Für Ausstellungen oder Vorführungen lässt sich die etwas brachial aussehende, stählerne Aufsatzkonstruktion komplett abmontieren, dann sieht die Sache schon ein wenig gefälliger aus.

Eine aufgesetzte Haube aus 15 mm starkem Buchenholz mit Rückwand aus 3-mm-Aluminiumblech (eloxiert, aus einem alten Schaltschrank) und einer Frontscheibe aus Plexiglas (Baumarkt) schützen die Anlage vor Staub und Beschädigungen. Die Gesamtmaße der Kiste betragen 430×310×360 mm, damit ist die Sache noch einigermaßen handhab- und transportierbar. Aufgrund der sehr massiven Bauweise ist das Gewicht mit ca. 10 kg allerdings recht hoch

Im Vordergrund liegt „Modellwerkzeug“, welches in selbstgenähte Ledertaschen eingesteckt ist. Auch ein hölzerner Werkzeugkoffer darf als nützliches Zubehör nicht fehlen.

Die Haube ist so stabil gebaut, dass sie wiederum auch als „Sitzhocker“ z.B. bei Ausstellungen „missbraucht“ werden kann. Als Gerätefüße befinden sich an der Unterseite angeklebte, halbmondförmig geteilte Kunststoff-Flaschenkorken. Das ist die Alternative zu den doch recht teuren Türstoppern, die bei anderen der hier vorgestellten Modellanlagen meistens verwendet wurden.

Für die Entwurfsplanung der Betriebsmodelle war wieder einmal gerade verfügbarer (Eisen-) Schrott ausschlaggebend: Flacheisen, 40 mm breit und Vierkantstahlrohr 80×50 mm aus einem alten Traktor-Überrollbügel. Das stabile Schneidbrett war ein preisreduziertes Sonderangebot eines bekannten Lebensmitteldiscounters.

Das Beispiel verdeutlicht, dass mit etwas Fantasie auf diesen einfachen Grundlagen viel machbar ist; der finanzielle Gesamtaufwand hielt sich darum in Grenzen.

38.2 Betriebsmodelle

38.2.1 Schleifbock

Mit dem Schleifbock kann man „richtig“ arbeiten. Die schwenkbare Winkelauflage ist für das Anschleifen von kleinen Bohrern gedacht. Der Antrieb erfolgt vorbildgetreu von der Transmission aus durch einen Lederflachriemen.

Auf die Konstruktion dieses einfachen Antriebsmodells soll ein wenig näher eingegangen werden. Der Sockel ist aus Vierkantstahlrohr 80×50×5 mm gesägt und genau rechtwinklig gefeilt. Eine ähnliche „Grundlage“ wird bei Betriebsmodellen der in dieser Ausarbeitung vorgestellten „großen Werkstattanlage“ angewandt (siehe Kapitel „Große Werkstattanlage“). Der aufgesetzte

Lagerbock stammt aus der gleichen Materialquelle, nur, dass dieses Teil gekürzt und halbrund gefeilt ist. Zusammen mit der Basisplatte aus 40-mm-Flachmaterial ist alles mittels M4 stabil miteinander verschraubt. Durch die in der Zeichnung angedeuteten Senkkopfschrauben wären die Gesamtoptik des Betriebsmodells wohl noch etwas besser geworden, aber es wurde auf gerade verfügbares Schraubenmaterial zurückgegriffen.

Die Auflage ist ein 30-mm-Winkelstahl, der durch Ausfeilen an die Größe der verwendeten Schleifscheiben angepasst wurde.

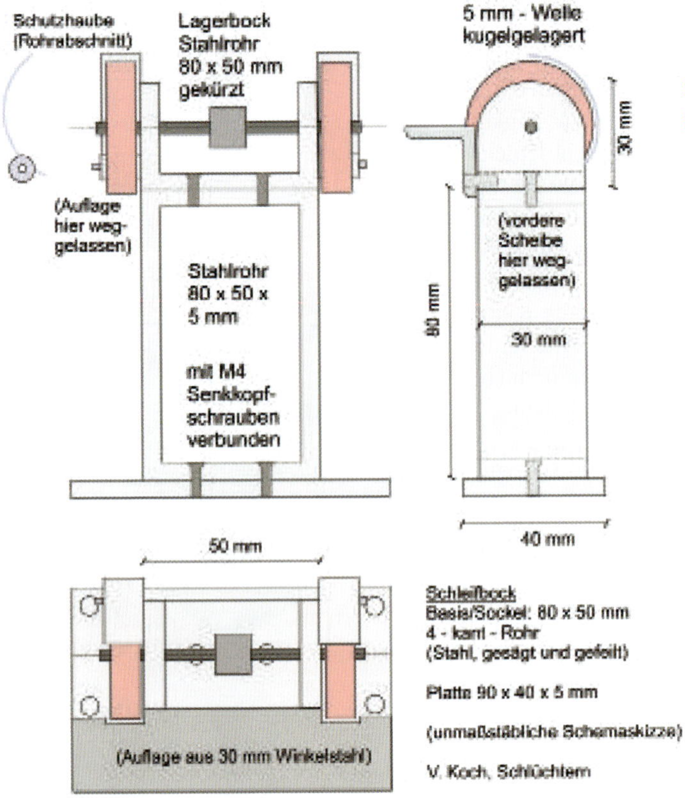

Schemaplan des Schleifbocks

In den aufgeschraubten Lagerbock sind staubdicht gekapselte 5-mm-Kugellager eingebracht; es wären aber auch Sinterbronze- oder ähnliche Lager möglich.

Die Naturschleifscheiben stammen als Zubehör für Kleinelektrowerkzeuge aus dem Baumarkt. Die Schutzhauben sind aus einem passenden Edelstahlrohr abgesägte Segmente, an die jeweils eine ebenfalls aus Edelstahl bestehende Buchse hart angelötet ist, womit die Schutzhauben an dem Hauptrahmenrohr angeschraubt werden.

38.2.2 Bügelsäge

Der Sockel ist auch hier aus Vierkantstahlrohr 80×50×5 mm hergestellt. Die Grund- und die Arbeitsplatte bestehen aus 40-mmFlachmaterial.

Die Bügelsäge ist ähnlich aufgebaut wie andere „Bügelsägen-Modellanwendungen"

dieses Buches. Für den Lagerbock fand sich im Schrott ein „U“-Stück aus Messing, in welches ein 20-mm-Rundmessing eingelötet ist. Die Lagerung erfolgt wie bei dem Schleifbock durch staubdicht gekapselte 5-mm-Kugellager. Der Sägebügel ist aus 5-mm-Stahlblech ausgesägt und chemisch dunkel brüniert.

Über eine verstellbare Gewindespindel mit Drehhandgriff lässt sich die Arbeitshöhe des Sägebügels einstellen.

Der Maschinenschraubstock ist dieses Mal als Block auf die Arbeitsplatte aufgesetzt und in seiner Ausführung fast baugleich wie der Schraubstock der hier vorgestellten Bohrmaschine. Beide Teile sind aus gerade verfügbarem 14×14-mm-Quadratstahl gefeilt. Die Stirnflächen des Schraubstockkörpers und die Backen wurden mit der Drehmaschine im Vierbackenfutter rechtwinklig geplant.

38.2.3 Bohrmaschine

Die sehr stabil ausgeführte Bohrmaschine, die eine etwas „modernere“ Variante der Bayreuther-Bohrmaschine ist (siehe Kapitel „Große Werkstattanlage“), entstand aus einem 15 mm starkem Reststück Stahl, das passend zurechtgesägt und gefeilt wurde. Eigentlich ist die Maschine eine „Zufallskonstruktion“ ohne ein konkretes Vorbild.

Mechanismus für den Riemenwurfhebel. Über das Fußpedal wird der Flachriemen von der losen Scheibe auf die feste Scheibe gezogen und die Bohrmaschine somit in Gang gesetzt. Eine Feder zieht den Hebel zurück, sobald das Pedal losgelassen wird

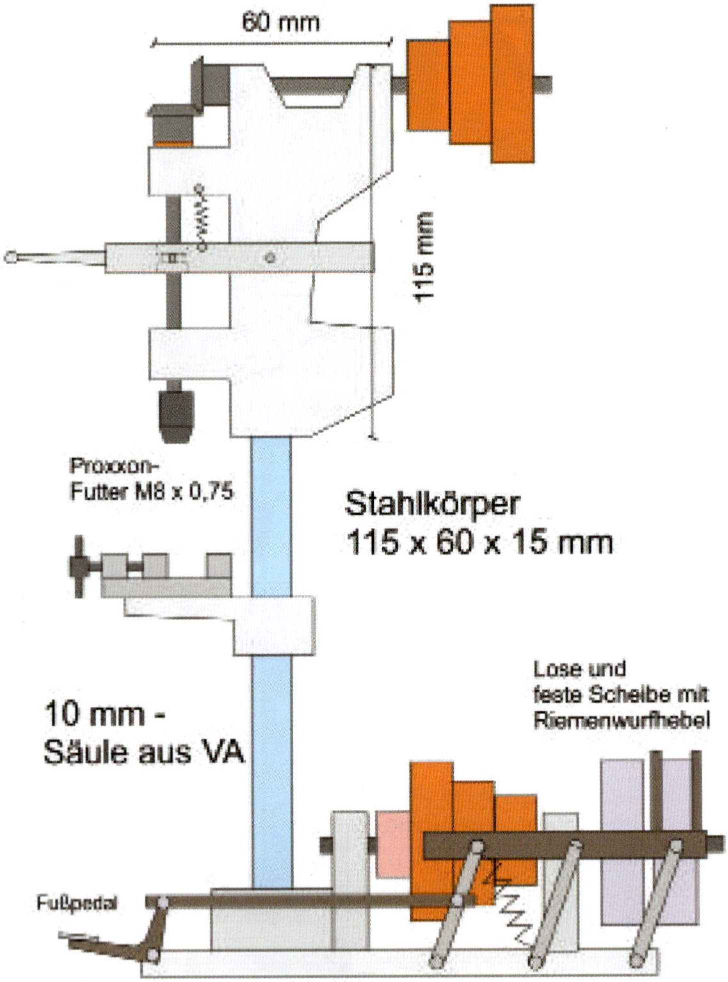

Bohrmaschine 150 x40 x 250 mm
(unmaßstäbliche Schemaskizze) V.Koch, Schlüchtern

Die Bohrspindel mit einem kleinen Proxxon-Bohrfutter ist ebenfalls nach derselben Methode gebaut, wie im Kapitel „Große Werkstattanlage“, Bayreuther-Bohrmaschine, beschrieben.

Die Stahl-Winkelzahnräder im Modul 1,0 mit je 19 Zähnen unterstreichen den robusten Charakter.

Das Unterteil ist aus passenden Reststücken zusammengesetzt, „gebaut“ und die Einzelteile dazu in Handarbeit (Sägen, Feilen) gearbeitet.

Die Stufenriemenscheiben sind mangels passendem Aluminiumrundmaterial aus Holz zusammengesetzt; vielleicht werden irgendwann mal „richtige“ Scheiben nachgerüstet.

38.3 Zubehör

38.3.1 Maschinenschraubstock

Bei Bügelsägen wird der Schraubstockkörper fest an die Arbeitsplatte angeschraubt.

Ein kleiner 1-mm-Stift greift in eine eingedrehte Vertiefung der Spindel ein und sorgt dafür, dass sich die bewegliche Backe immer mitbewegt.

Wegen mangelnder Fräsmöglichkeit sind bei den abgebildeten Schraubstöcken nur die Stirnseiten bzw. die Backen mit der Drehmaschine rechtwinklig geplant worden, alles andere ist in Handarbeit gefeilt. Glücklich ist, wer eine Fräsmaschine sein Eigen nennen kann.

38.3.2 Werkbank

Das reichliche Modellwerkzeug in der Schublade und auf dem Tisch (festgeklebt) kann aus Materialresten selbst hergestellt werden, vorausgesetzt, man investiert etwas Fleiß und Geduld.

Der einfache Flaschenschraubstock besteht im Wesentlichen aus einem Stück gebogenem Flachstahl, der nach der Bearbeitung (Bohren, Feilen) an der Stelle der Spannbacken aufgetrennt wird. Die Maße der gezeigten Werkbank betragen 120×80×95 mm.

Die Verzapfung der vorher verleimten Tischteile (12×12-mm-Quadrathartholz) ist hier durch 1,5-mm-Drahtnägel realisiert, wobei vorgebohrt werden muss, weil ansonsten das Holz splittern würde. Schlussendlich wird alles mit Klarlack geschützt.

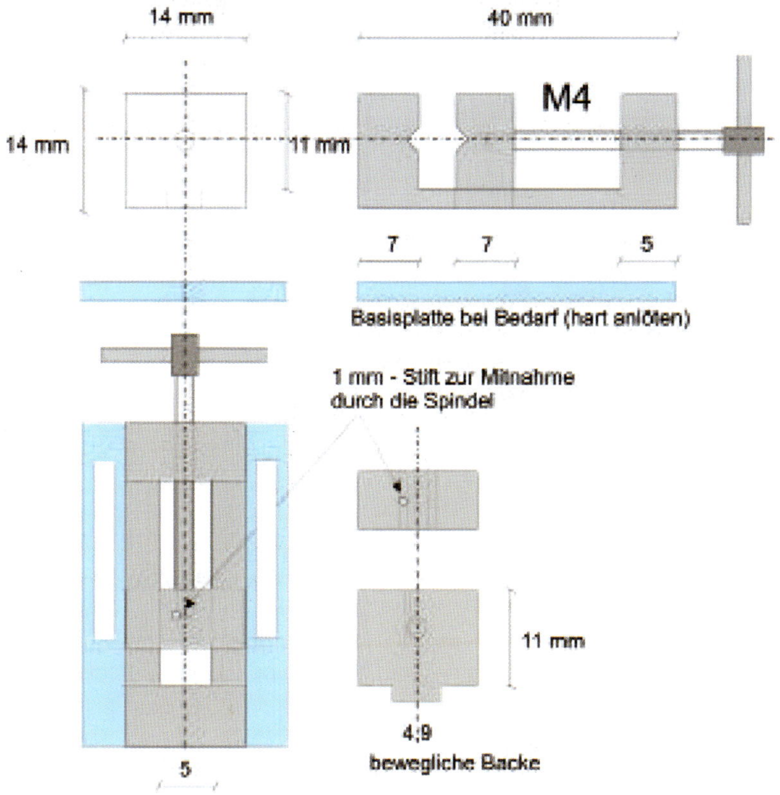

Schematische Darstellung eines Maschinenschraubstocks für Bohrmaschinen im Maßstab 1:10 oder Bügelsägen. Für den Einsatz an der Bohrmaschine ist die blau dargestellte Basis mit Langloch-Aussparungen notwendig, hart an den Schraubstockkörper angelötet, damit der Schraubstock auf dem Bohrtisch festgestellt werden kann

Werkbank mit ausziehbarer Schublade

38.3.3 Amboss

Der Amboss, auch hier ein Fundstück vom Flohmarkt, ist aus einem Stück Stahl gearbeitet und nachträglich verchromt. Die Maße betragen 115×40×40 mm. Ob dieses Teil mal das Gesellenstück eines Metallbauers war? Auf alle Fälle hatte der Erbauer reichlich Arbeit damit. Einfacher kann man Modellambosse herstellen, in dem man sie aus drei Teilen zusammensetzt (siehe Kapitel „Zubehör Modellwerkstatt").

38.3.4 Kupplung mit Riemenwurfhebel

Mit der Wurfhebel - Kupplung kann die Bügelsäge über eine kleine Bocktransmission unter der Haupttransmission in Betrieb gesetzt werden. Der Hebelmechanismus ist an einem Winkeleisen befestigt.

Ein formschöner Stahlamboss auf einem Holzklotz. Die passenden Schmiedehämmer sind griffbereit angeordnet.

Wurfhebel-Kupplung mit fester und loser Riemenscheibe. Der Wurfhebel ist aus einem Stück 1,5-mm-starkem Stahlblech ausgesägt. Der Handhebel links ermöglicht die Betätigung

38.3.5 Schaltschrank

Die nostalgisch wirkenden Messerschalter sind aus Messingresten selbst erstellt; es könnten aber auch kleine Kippschalter verwendet werden. Messerschalter wurden nur in der Anfangszeit der Elektrotechnik angewandt. Die „Messgeräte“ sind aufgrund der Kleinheit, Durchmesser 15 mm, wieder nur als Attrappen angedeutet.

„Schaltschrank“ mit den Maßen 130×70×25 mm. In Wirklichkeit werden hier keine drei Drehstromphasen geschaltet, sondern nur der Stromkreis für den 12-V-Gleichstrom-Antriebsmotor

38.4 Antriebsmotor

Der 12-V-Gleichstrommotor ist in ein Gehäuse aus einem passenden Stück Edelstahlrohr gezwängt. Die Befestigung mit dem Werkstattboden geschieht durch ein gefeiltes Winkeleisen, an welches der Motor flanschseitig angeschraubt ist. Der Klemmenkasten, eine Attrappe, hat ein originales „AEG“ Schild aus Edelstahl, das aus der alten Gabel einer AEG-Werkskantine „gewonnen“ wurde. Das Lüftungsblech auf der Rückseite ist aus 0,5-mm-Messingblech „gedrückt“ und die Lüftungslöcher sind mit der Laubsäge gesägt worden. Kühlrippen aus gefaltetem 0,5-mm-Aluminiumblech und eine aufgesetzte Edelstahl-Hebeöse machen den Motor noch ein wenig realistischer.

38.5 Transmission

Die Transmissionssäulen sind nach dem Zeichnungsmuster gebaut, wie es im Kapitel „Transmission“ beschrieben wird. Die Metallriemenscheiben sind dieses Mal aus dem Vollen herausgearbeitet worden, wobei der dazu notwendige Arbeitsaufwand (Drehen; Speichen anschließend aussägen und feilen) in etwa mit der „Bauversion“ verglichen werden kann. Entscheidend ist, was als Materialien jeweils verfügbar ist.

Etwas grob wirken die Holzräder, die aus massivem Eichenholz eines alten Grabkreuzes gesägt sind. Die Teilung mit den Verbindungsverschraubungen sind nur angedeutet.

In den Lagerböcken sind auch hier staubdicht gekapselte Kugellager nicht sichtbar untergebracht, damit ist alles erfreulich leichtgängig.

Transmission mit Holz- und Metallrädern. Die Kraftübertragung erfolgt vorbildgetreu mit Lederflachriemen aus dünnem Nappaleder. Die Lederüberlappungen sind zusätzlich vernäht

39 Variable Transmissionsanlage

39.1 Mal etwas Anderes, eine veränderbare Zusammenstellung

Auf einem gemeinsamen Eichenholzbrett mit den Maßen 1.100×150 mm sind vier unterschiedliche, miteinander kombinierte Transmissionen und einige Betriebsmodelle untergebracht. Weitere Applikationen, Betriebsmodelle, kleinere Anlagen und Antriebsmaschinen lassen sich bei Bedarf individuell ergänzen.

39.2 Vorüberlegung

Eine leistungsstarke Dampfmaschine, wie z.B. die Wilesco D24, sollte über einen großen Energieverteiler viele Antriebsmodelle mit Bewegungsenergie versorgen. Auf der anderen Seite ist eine große, sperrige Anlage nichts für Ausstellungen oder Vorführungen an unterschiedlichen Orten, da diese kaum zu transportieren wäre.

Mit dieser Transmissionsanwendung können bei Vorführungen Arrangements variabel und individuelle ganz nach Belieben zusammengestellt werden. Das „Transportproblem" der Einzelkomponenten bleibt dabei noch handhabbar.

39.3 Planung und Aufbau

Es waren unterschiedliche Transmissionen verfügbar, die nach Bedarf zusammenschalbar sein sollten:

- Hohe „A" - Säulen aus Gusseisen, wohl von Rehse oder Bischoff, zu einer Hochtransmission auf einem Hartholzfundament aufgebaut. Die Räder mit geschwungenen Speichen sind aus Messing „aus dem Vollen" gedreht, gesägt und gefeilt. Das Fundament ist mit einem konservativen Fliesenmuster beklebt und mit Klarlack versiegelt. Auf dem Fundament befindet sich ein uralt-Betriebsmodell, ein Schleifstein mit einem Korpus aus Kompositionsguss.
- Eine zur Hochtransmission umfunktionierte Wilesco-Bocktransmission. Die Wilesco-Transmission ruht umgedreht auf vier 8-mm-Rundstahlsäulen, die im unteren Bereich jeweils durch einen 20-mm-Aluminiumrundfuß erweitert wurden. Damit man die etwas unschöne Unterseite des Blechfundaments der Bocktransmission nicht sieht, ist ein gewölbtes Holzdach aus Zedernholz (aus einer Zigarrenkiste) aufgesetzt. Als Betriebsmodelle sind der Wilesco Scherenschleifer M74 und der Wilesco-Schleifstein M52 sowie ein Eigenbau-Schleifbock untergesetzt. Die Verbindung zu der vorgelagerten „A"-Transmission geschieht auskuppelbar durch einen verschiebbaren Mitnehmerstift.
- Prefo-Bocktransmission mit Prefo-Elektromotor auf einem Hartholzfundament montiert. Die Lagerböcke aus sprödem Kunststoff sind hier mit Messingbuchsen ausgebuchst, was Lagereigenschaften etwas verbessert. Die Verbindung zur Hochtransmission kann über einen Spiralriemen hergestellt werden. Die Höhe des Hartholzfundaments wurde so gewählt, dass die Transmissionswelle mit der Welle einer weiteren, nachgeschalteten Transmission fluchtet.
- Bocktransmission des Chemnitzer Heißluftmotorenbauers Roland Reichelt. Diese Transmission ist aus Gusskomponenten (Alu-/Messingguss) erstellt. Die lösbare Verbindung zur Prefo-Transmission geschieht wieder über einen verschiebbaren Mitnehmerstift.

Die Transmissionswellen aller vier Transmissionen bestehen aus 4-mm-Silberstahl.

39.4 Sonstiges

Die gesamte Anordnung besitzt durch das Eichenholzfundament ein recht hohes Eigengewicht, sodass bei variabler Aufstellung ein Verrutschen durch die Zugkräfte der Antriebsriemen nicht zu befürchten ist. Die hohen Türstopper-Gummifüße erlauben eine Aufstellung auf nahezu jedem ebenen Untergrund, auch im Freien.

Bei dem Beispiel sind neben den beiden losen Fleischmann-Betriebsmodellen (Mann am Schleifstein, naive Stilrichtung; Exzenterpresse, modellhafte Stilrichtung) die beiden „naiven" Wilesco-„Handwerker" M74 (Scherenschleifer) und M75 (Stampfer) auf einer kleinen Grundplatte mit einer gemeinsamen Transmission beigestellt.

40 Eine nostalgische Werkstatt-Anlage mit Bockdampfmaschine und Betriebsmodellen nach dem Vorbild der Firma Mamod

40.1 Werkstatt-Ansichten

Diese Werkstatt ist auf einer gemeinsamen, gekanteten 1,5 mm starken Stahlplatte montiert. Den Antrieb übernimmt eine einfache Bockdampfmaschine mit Stehkessel. Die Betriebsmodelle – mit Ausnahme der Bügelsäge in der Mitte – sind denen der britischen Firma Mamod nachempfunden. Auch ein elektrischer Teil mit Schaltschrank (links im Bild, hier etwas verdeckt) und ein E-Motor als Substitutionsantrieb sind in das Ganze integriert.

Eine überstülpbare Holzkiste kann an dem abnehmbaren, hölzernen Grundbrett befestigt werden und dient als Schutz vor Staub und mechanischer Beschädigung bei Transporten. Die Kiste ist – wie bei ähnlichen Beispielen in diesem Buch – wieder dekorativ mit Motiven aus der Dampfepoche beklebt.

40.2 Vorüberlegungen und Baugrundlage

Bei dieser Komposition handelt es sich wieder um eine „Zufallsbekanntschaft“. Es sollte eine kleine Modellwerkstatt nach historischem Vorbild entstehen (wie sie z.B. von den Firmen Plank und Bing zu Anfang des 20. Jahrhunderts angeboten wurden). Andererseits sollte eine nicht gewöhnliche Antriebsmaschine mit einem zusätzlichen Substitutionsantrieb und mit überschaubarem Aufwand – was die eigene Werkstattausrüstung betrifft – realisierbare Betriebsmodelle Verwendung finden.

Das starke Eisenblech für die Grundplatte stammt wieder mal vom Schrott, genau wie die vier in den Ecken befindlichen Tragesäulen mit oben angeordnetem Stahlrahmen aus 15-mm-Winkeleisen und Eisenstreben zur Aufnahme der Deckentransmission. Das wirkt zwar etwas wuchtig, ergibt aber insgesamt eine sehr stabile Konstruktion. Dampfanlagen sind für die „Ewigkeit“ gebaut.

40.3 Thematik und Planung

Die Gesamtanlage könnte als vorbildähnlich (nicht vorbildgetreu!) bezeichnet werden. Von der einfach-naiven Stilrichtung der genannten frühen Dampfspielzeughersteller hebt sie sich jedoch deutlich ab. Bei einer vorbildgetreuen Ausführung müssten Flachriemen mit Kupplungen (Riemenwurfhebel),

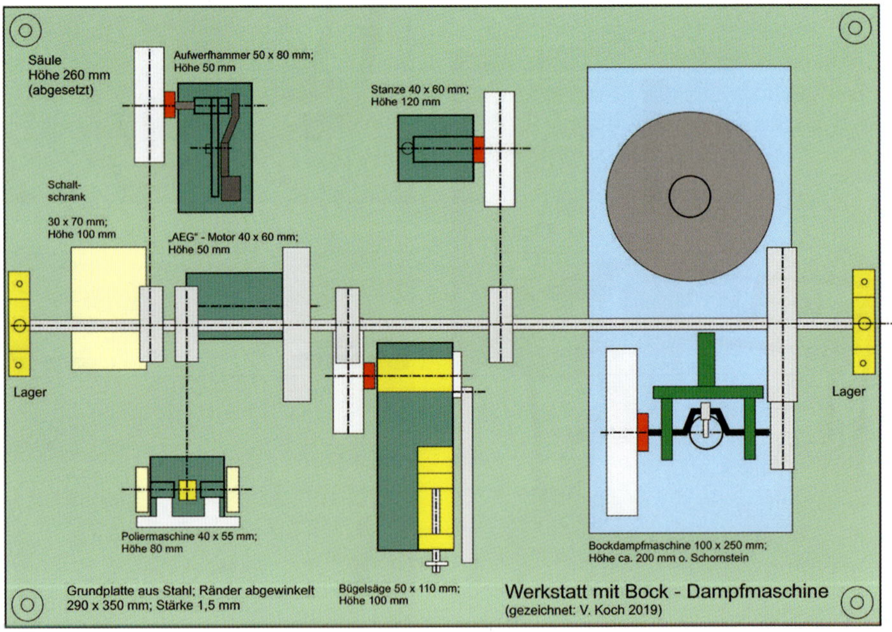

Schematische Draufsicht mit allen wesentlichen Komponenten der Werkstatt. Aus Übersichtsgründen wurde hier der obere Rahmen zur Aufnahme der Deckentransmission weggelassen

Vorgelege und weitere Details ergänzt werden. Dafür bleibt die Gesamt-Grundfläche mit der Holzgrundplatte von 400×380 mm noch überschau- und transportierbar, eine Eigenschaft, die besonders bei Transporten zu Ausstellungen nicht zu unterschätzen ist.

Die Planung richtete sich im Wesentlichen nach den Maßen der gerade verfügbaren Stahlgrundplatte; ein paar einfache Betriebsmodelle nebst Zubehör sollten darauf platziert werden.

40.4 Antriebsmaschine

Neben der bekannten Lokomobile ist die hier gewählte Bockdampfmaschine mit Stehkessel eine besonders platzsparende Ausführung der Antriebsart Dampfmaschine. Der weichgelötete Stehkessel ist ein Ersatzkessel der Wilesco-Dampfmaschine D455. Man kann Wilesco-Kessel inzwischen preisgünstig als Ersatzteile über diverse Online-Anbieter beziehen. Eine Holzverkleidung und Probierhahnattrappen sowie eine funktionelle Ofentür mit Sichtfenster tragen zu einem gefälligen Aussehen der an sich einfachen Kesselanlage bei. Geheizt wird mit einem einfachen Spiritus-Dochtbrenner. Das Aggregat hat einen einfachwirkenden oszillierenden Zylinder (Ø10 mm, Hub 20 mm) und eine „geschmiedete" Kurbelwelle aus Silberstahl. Das Schwungrad ist aus Eisenteilen gebaut und hartverlötet. Nach der

Holzverkleideter (4-mm-Kiefernleisten aus dem Baumarkt, farblos lackiert) Stehkessel mit Probierhahnattrappen links neben dem Wasserstandglas. Der Befestigungsflansch unten für das Ofengehäuse aus Stahlblech wurde auf einem Amboss gebördelt. Über das Handrad an der Ofentür kann die Flamme kontrolliert werden

Aggregat mit „kaltgeschmiedeter" Kurbelwelle aus 4-mm-Silberstahl. Das Teil wurde in einem starken Schraubstock mittels Beilagen in die richtige Form gepresst. Der Zylinder ist mit Birnbaumholz verkleidet und hat unten einen Entwässerungshahn. Die Schieberplatte ist aus 5 mm starkem Edelstahl, während die Schwingachse aus gehärtetem Silberstahl besteht.

Endbearbeitung sieht es wie ein bearbeitetes Gussteil aus. Die Maschine steht auf einer strukturpolierten 1,5 mm starken Edelstahlplatte.

40.5 Betriebsmodelle

Die Stanze, die Poliermaschine und der Aufwerfhammer sind Nachempfindungen bekannter Mamod-Betriebsmodelle. Während die Grundkörper der originalen Mamod-Modelle aus Zinkdruckguss bestehen, sind hier die Grundkörper aus verfügbaren Eisenteilen zusammengeschraubt und verlötet, also insgesamt etwas „wertiger" und solider ausgebildet. Nach der Bemalung könnte man auch hier meinen, es handele sich bei den Rohlingen um Gussteile.

Die Bügelsäge ist ein eigener Entwurf, größenmäßig angepasst zu den genannten Modellen.

Alle Antriebsräder sind hier aus massivem Edelstahl (Werkstoffnummer 1.4571) gefertigt worden, weil entsprechende Reststücke verfügbar waren. Dieses Material ist sehr zäh und hart, also nicht ausgesprochen

Bügelsäge mit Maschinenschraubstock (per Hand gefeilt!) und Bügel aus massivem (!) 5-mm-Edelstahlblech. Das Sägeblatt ist „echt“ und stammt von einem alten Puk-Metallsägeblatt. Zur Bearbeitung wird das Original-Sägeblatt enthärtet und nach der Bearbeitung wieder gehärtet (obwohl das hier eigentlich nicht nötig ist)

werkzeugfreundlich bei der Bearbeitung. Für eine einfachere Bearbeitung ist gut zerspanbarer Automatenstahl zu empfehlen, was bei derartigen Anwendungen vollkommen ausreichend ist.

40.6 Transmission

Eigentlich ist es eine recht realistische Deckentransmission, so wie sie auch in der Realität anzutreffen war. Störend wirken nur die nicht vorbildgetreuen Spiral-Antriebsriemen.

Die Transmissionswelle aus 5-mm-Federstahl ist besonders hart; die Madenschrauben

der Transmissionsräder können diese deshalb kaum „beeindrucken“. Alle Transmissionsräder sind hier aus dem Vollen (Aluminium) gefertigt. Die sichelförmigen Speichen werden mit der Laubsäge ausgesägt und im Profil oval gefeilt, eine sehr zeitintensive Angelegenheit. Zur Minimierung der Reibungsverluste sind die Lagerböcke aus 8-mm-Vierkantmessing mit kleinen Kugellagern versehen, die man aber nicht sieht. Es empfehlen sich Kugellager mit beidseitigen Deckscheiben aus Teflon (Conrad Electronic), diese sind gegen Schmutz und Wasser geschützt. Wegen der besseren Handhabbarkeit kommen wieder einfache Spiralriemen von Wilesco zum Einsatz. Besser wären vorbildgetreue Flachriemen

40.7 Zusätzliche Ausstattungsmerkmale

Über eine Schalttafel, Marke „AEG“ werden die drei Phasen eines „AEG“-Motors geschaltet. Über die Buchsen unten kann eine externe 12-V-Gleichstromversorgung angeschlossen werden, falls der E-Motor den Antrieb übernehmen soll.

Schaltschrank mit Messerschaltern und Messgeräte-Attrappen

„AEG"-Motor; 12-V-Gleichstrommotor/ Generator in einem Aluminiumgehäuse

40.8 Sonstiges

Der auf den Stehkessel aufsteckbare Schornstein stammt von einem alten Besenstiel aus Eisenrohr; er kann an der Holzgrundplatte befestigt werden, wenn die Anlage in die Schutzkiste kommen soll.

Das „Personal" stammt aus dem Spielzeugfachhandel. Die beiden Personen haben eine Höhe von ca. 12 cm, was bei einer Körpergröße von 1,70 cm in etwa dem Maßstab 1:14 entspricht. Damit passen die Personen größenmäßig recht gut zu den Betriebsmodellen.

Im Laufe der Zeit wurden alle Befestigungsmuttern gegen solche aus rostfreiem Stahl ausgetauscht. Bei der Lagerung im Keller hatten sich bei den ursprünglichen Verschraubungen aus verzinktem Stahl Korrosionserscheinungen gezeigt. Ganz allgemein ist für Verschraubungen aller Art rostfreier Stahl zu empfehlen, auch wenn es etwas teurer ist.

Hutmuttern aus V2A mit Unterlegscheiben aus ebensolchem Material (Baumarkt)

41 Eine Wilesco-Werkstatt, außergewöhnlich farbenfroh

41.1 Nur für eine kurze Zeit

Dieses äußerst farbenfrohe Erzeugnis der Firma Wilesco gab es vermutlich nur für eine kurze Zeit; hier die „Transmissionsansicht“ einer Modellplatte. Vielleicht handelt es sich auch nur um ein Einzelstück.

Unter dem Motto „Mehr Dampfspaß mit Farbe“ wurden unter anderem auch die kleinere Dampfmaschine D8 und die Bohrmaschine M51 seinerzeit angeboten. Die D8 mit oszillierendem Zylinder wird inzwischen nicht mehr produziert.

41.2 Aufbau und Betriebsmodelle

Die Grundplatte aus Stahlblech hat die Maße 270×360 mm. Folgende Wilesco-Betriebsmodelle sind montiert:

- Schmiedehammer M58
- Exzenterpresse M59
- Schleifbock M52
- Bohrmaschine M51 („farbenfrohe Version“, nachträglich ergänzt)
- Transmission M57

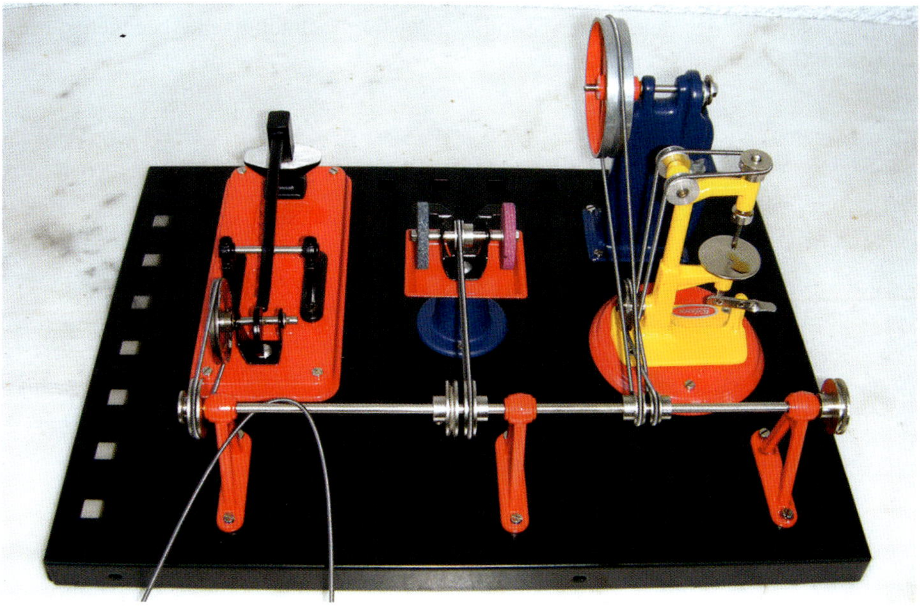

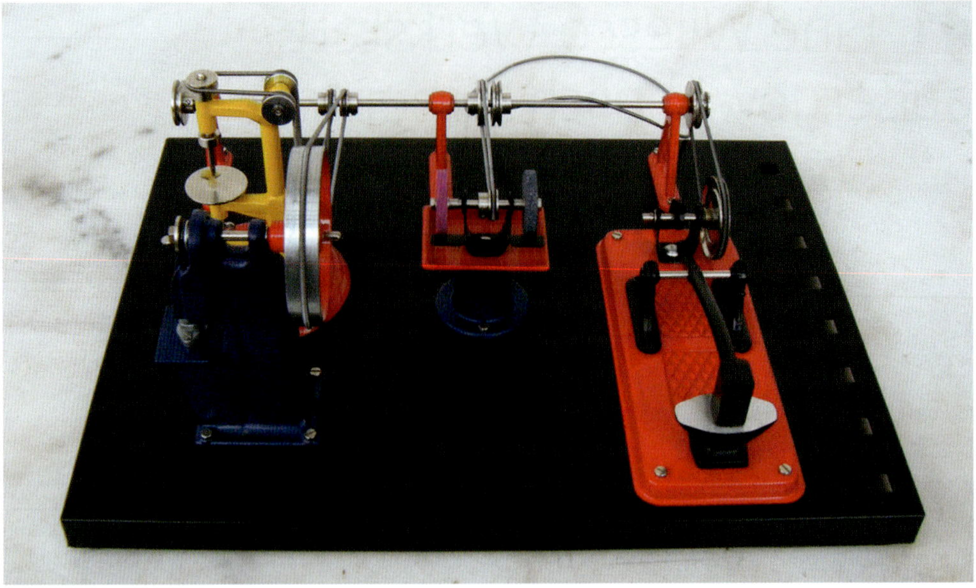

Die Modelle sind – eigentlich etwas ungewöhnlich für Wilesco – dieses Mal sehr farbenfroh gehalten. Man denke nur an die Anfangsmodelle aus den 50er Jahren in schlichtem Industriegrau. Die bunte Bohrmaschine M51 gab es auch separat; sie war ursprünglich nicht auf der Werkstattplatte und wurde nachträglich ergänzt. Ansonsten blieb alles im Originalzustand.

An der Unterseite des gekanteten Grundbleches sind Moosgummistreifen angebracht, damit die Anordnung bei Vorführungen nicht verrutschen kann.

Die Platte wurde vor ca. 15 Jahren über eine Internetplattform von einer Privatperson erworben. Ob es sich um ein Einzelstück, ein Werbeartikel oder eine Kleinserie handelt, konnte im Nachhinein nicht mehr ausfindig gemacht werden.

Eigentlich schade, dass diese farbenfrohe „Ausflug“ schnell wieder beendet wurde.

42 Wilesco D14 - Stationär-Lokomobile mit nachgerüsteter Winkeltransmission

42.1 Eine ungewöhnliche Zusammenstellung

Diese Anordnung ist eigentlich schon ein komplettes „Dreigeteiltes Maschinensystem“. Über die Winkelhochtransmission können optional weitere Betriebsmodelle angetrieben werden.

42.2 Dampfmaschine

Die Wilesco Stationär-Lokomobile vom Typ D14 wurde aus betrieblichen und optischen Gründen geringfügig modifiziert:

- Manometer an einem Sechskant-Messingwinkelblock, an dem auch das Sicherheitsventil als Einfüllstopfen eingeschraubt ist.

Die stationäre Lokomobile der Firma Wilesco, Modell D14, mit Winkeltransmission und einem Kreissäge-Betriebsmodell (M53) auf einer gemeinsamen Grundplatte montiert. Im Vordergrund befindet sich ein abnehmbarer Spiritusrohrbrenner

Galerieansicht mit Blick auf das Winkelgetriebe

- Ein älteres Wilesco-Gewichtssicherheitsventil mit Pfeife; wird heute nicht mehr produziert
- Galerie aus Edelstahl mit Leiter auf der gegenüberliegenden Kesselseite. Die Leiter ist aus einem Stück Eisenblech gesägt und gebogen. Die Galerie ist mit dünnem Riffelblech belegt.
- Spiritusrohrbrenner, der nach dem Vergasungsprinzip arbeitet. Der Tank ist ein 40/42-mm-Kupferrohr-Winkelstück aus dem Heizungsbau. An Stelle des Esbitbrenners wird das Brennerrohr nach dem Entzünden in die Brennerschiene unter dem Kessel eingeschoben. Die Tankanordnung verhindert, dass Spiritus ungehindert austreten kann.
- Der Kamin ist auf einem gedrehten Messing-Sechskant (SW27) fest an dem Kaminhaus befestigt

42.3 Transmission

Als Getriebe wurde ein robustes Stahlradpaar mit je 19 Zähnen im Modul 1,0 gewählt. Die Lagerböcke von Wilesco (Ersatzteilnummer 549) sind als Hängelager angeordnet. Eine Hartholzkonstruktion aus 12-mm-Quadratholz und 20×12-mm-Vierkantholz ist verleimt, verzapft und verschraubt (M3). Befestigt wird die Holzkonstruktion über zwei 15-mm-Stahlwinkel mit der Grundplatte. Vereinfachte Holz-Transmissionsräder sind aus Eichenholz gedrechselt und auf die 5-mm-Silberstahlwellen aufgepresst.

Die Abmessungen der Transmission betragen 170×160 mm, Höhe 250 mm. Trotz der

Winkeltransmission auf Holzgestell. Die „Fachwerkbauweise" hat sich als praxistauglich erwiesen

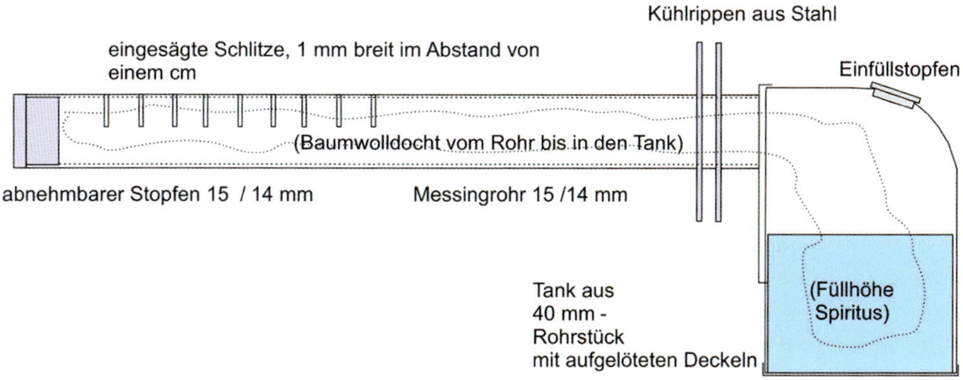

Schematische Darstellung eines Rohr-Vergasungsbrenners für Spiritus

Holzkonstruktion ist die Transmission sehr stabil und hat sich in über zwanzig Betriebsjahren sehr bewährt.

42.4 Betriebsmodell

Die Wilesco-Kreissäge vom Typ M53 ist an der Sockelbefestigung durch vier M3-Verschraubungen sehr solide befestigt; beim Original waren Hohlnieten vorhanden, die nicht gefielen. Verstärkt wurde auch die Lagerung der Sägewelle; die Zähne des Sägeblattes sind durch „anfeilen" etwas schärfer geworden, sodass auch dünnes Balsaholz geschnitten werden kann.

42.5 Brenner

Durch den hier dargestellten Brenner kann preiswerter Spiritus geruchsfrei und sauber verbrannt werden. Trockenbrennstoff („Esbit") riecht bei der Verbrennung unangenehm und verursacht Verbrennungsrückstände.

In der Übersichtszeichnung ist der prinzipielle Aufbau des Brenners dargestellt. Es ist auf eine wärmetechnische Entkopplung zwischen dem Brennstofftank und des Brennbereichs zu achten. Ein Baumwolldocht saugt den Spiritus in das Brennerohr, wo er durch die Verbrennungswärme gasförmig aus den Schlitzen austritt und sauber verbrennt. Die Brennerfläche. d.h. der Rohrteil mit den eingesägten Schlitzen, ist der jeweiligen (Wilesco-) Maschine anzupassen. Der Brennbereich ist beim Entzünden durch ein Feuerzeug anzuwärmen, damit der Verbrennungsprozess in Gang kommt.

42.6 Sonstiges

Die Grundplatte ist ein verzinktes 1-mm-Stahlblech mit den Maßen 440×160 mm. An der Unterseite ist eine Versteifung aus Quadrathartholz angebracht.

Zwei Maschinenarbeiter aus dem Hause Wilesco, ein Heizer und ein Maschinist haben hier einen unbefristeten Arbeitsvertrag.

43 Wilesco-Werkstatt D 161 modifiziert, eine „verbesserte" kommerzielle Spielzeuganwendung

43.1 Ein handelsübliches Werkstattmodell, leicht modifiziert

Eine „fertige" Werkstattanwendung ist die Wilesco D161 mit den Abmessungen 420×340 mm. Auf einer gemeinsamen Grundplatte aus geprägtem Blech sind die Dampfmaschine D16, der Schleifbock M52, die Kreissäge M53 und die Bohrmaschine M51 zusammen mit einer niedrigen Bocktransmission montiert.

Alles ist recht einfach und spielzeugmäßig gehalten. Der Autor erhielt eine D161 in einem relativ schlechten Gesamtzustand;

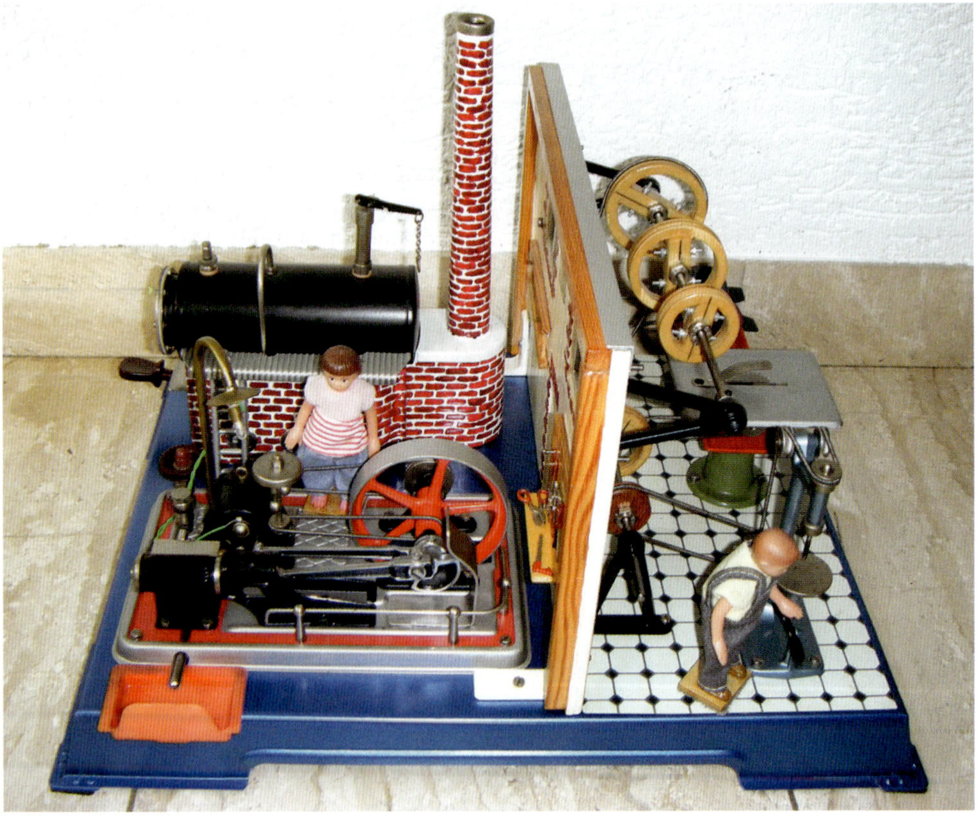

Rost und Korrosion hatten sich überall ausgebreitet. Ein gewisses Maß an Patina wirkt authentisch und kann somit akzeptiert werden, aber bei großflächigen Schäden ist eine „Grundrenovierung“ angesagt. Da dieses Modell noch keinen richtigen Sammlerstatus besitzt, kann auch eine individuelle Aufwertung – manche bezeichnen es auch als „Verbastelung“ – in Betracht gezogen werden.

43.2 Modifikationen

Was wurde im Einzelnen geändert oder ergänzt?

Nach einer kompletten Demontage mit einer gründlichen Überarbeitung aller Einzelkomponenten (säubern, entrosten, grundieren, lackieren) wurde als erste Veränderung eine Mittenwand in „Trockenbauweise“ eingezogen, um eine optische Trennung zwischen Maschinen- und Werkstattteil zu erreichen. Diese Trennwand bekam eine Hoch- bzw. Wandtransmission, obwohl das eigentlich gar nicht notwendig ist, nur zur Verbesserung der Optik. Zwei stabile Winkel, aus 45-mm-Winkelstahl gesägt, verbinden die Wand mit der Grundplatte über M3-Verschraubungen.

Die Trennwand, eingerahmt durch Fichtenleisten, ist eine wasserfest verleimte 8 mm starke Sperrholzplatte, die mit den folgenden Attributen versehen ist.

Maschinenseite:

- Werkzeugtafel (dieses Mal mit dazugekauftem Modellwerkzeug)
- Holzleiter, mit zwei Haken an der Wand abnehmbar aufgehängt

Werkstattseite:

- Werkzeugleiste (mit Selbstbau-Modellwerkzeug)
- Wandtransmission (unter der Verwendung von Wilesco-Lagerböcken)
- Täfelung mit Fliesenmuster mit dünnen Holzleisten eingerahmt (bedruckter Karton aufgeklebt)

Maschinenseite der Anlage. Der Kessel war äußerlich etwas korrodiert und ist deshalb an der Oberseite mit hitzebeständigem, schwarzem Mattlack beschichtet worden

Werkstattseite mit Fliesenfußboden. Der Arbeiter ist eine 12 cm hohe Puppe aus dem Spielzeugfachhandel

Beidseitige Applikationen:

- Fenster mit ausgesägtem Aluminiumrahmen. Es ist kein „Fensterglas“ eingesetzt.
- „Durchgang“ für den Antriebsriemen
- „Mauersteine“ ausgeschnitten und farblich hervorgehoben

Das Aggregat ist hier durch einen Wilesco-Generator mit einer Selbstbau-Bogenlampe ergänzt. Auch „Personal" wurde eingestellt, um die Maschine regemäßig zu warten, zu pflegen und zu inspizieren

Die Wand ist mehrfach mit Klarlack versiegelt und somit weitgehend unempfindlich gegen Verschmutzung, Öl und Feuchtigkeit.

Auch der Werkstattboden ist nun mit einem konservativen Fliesenmuster belegt. Die Transmissionen bekamen vorbildähnliche Riemenscheiben aus Holz (wasserfest verleimtes 8-mm-Sperrholz) mit angedeuteter Trennung und aufgeklebten Verbindungsverschraubungen.

An der Maschinenseite bekam das Kesselhaus durch eine zweifarbige Lackierung der Mauersteinprägung eine optische Aufwertung. Innen ist das Kesselhaus mit dünnem Edelstahlblech ausgekleidet, was diese Lackierung einigermaßen vor der Brennerwärme schützt.

43.3 Vergleich

Zum Abschluss und Vergleich noch eine neuwertige, „unverbastelte" Wilesco D101, die kleinere Schwester der D161. Diese etwas nüchtern wirkende Miniwerkstatt wird inzwischen nicht mehr angeboten.

43.4 Ausblick

Als weitere Fertigwerkstatt bietet Wilesco die D141 an, welche eine Lokomobile als Antrieb hat und etwas vorbildähnlicher mit einer Deckentransmission ausgerüstet ist. Auch hier wäre ein älteres, überarbeitungsbedürftiges Fundstück ein lohnendes Projekt für eine modellmäßige Aufrüstung. Es lohnt sich bestimmt!

44 Wilesco-Werkstattplatte M56 modifiziert, ein weiteres „verbasteltes" Standardprodukt

44.1 Gedanken zur der „Sache"

Da mehrere Wilesco-Modellplatten der Serie „M56" aus unterschiedlichen Produktionszeiträumen verfügbar waren, kam die Idee zu einer praxisgerechten Herrichtung eines dieser Exemplare. Zudem sollte der werkstatt- und arbeitstechnische Aufwand für das „Kleinprojekt" in Grenzen bleiben.

Dieses Beispiel zeigt ein erweitertes, modellmäßig „verbasteltes" Standardprodukt der Firma Wilesco. Gedacht als variables Einzelelement, welches bei Vorführungen zu bestehenden Modellanlagen mit Transmissionen beliebig ergänzt werden kann.

Erweiterte Wilesco-Werkstattplatte M56. Es handelt sich um eine etwas ältere Version mit niedrigen Transmissionslagern

Man könnte es deshalb auch als „Modul“ bezeichnen.

44.2 Betriebsmodelle

Die bereits vorhandenen Wilesco-Betriebsmodelle M51 Bohrmaschine, M52 Schleifstein, M53 Kreissäge wurden um die Exzenterpresse M59 erweitert. Die bauseits vorhandene, wenig modellhafte Sockelbefestigung mit Hohlnieten ist durch besser ausschauende M3-Verschraubungen ersetzt. Die Mutter sollte immer von oben zu sehen sein, das wirkt modellmäßiger.

44.3 Transmission

Die Standard-Transmission, eine niedrige Bocktransmission, wurde zur Winkeltransmission erweitert.

Die Kegelzahnräder sind Märklin-Ersatzteile zu den beliebten Märklin-Metallbaukästen, die bis in die 90er Jahre angeboten wurden. Die zusätzlichen Doppelriemenscheiben stammen von Wilesco.

44.4 Ausstattung

Ein auf Karton gedruckter Kachelfußboden mit einem klassischen Fliesenmuster ist auf die Wilesco-Platte geklebt und mit Klarlack versiegelt.

Die Wilesco-Platte steht auf einer angeschraubten Eisenplatte mit auf der Unterseite angeklebten Gummi-Gerätefüßen. Durch das zusätzliche Gewicht kann die Platte auf einer trockenen Unterlage rutschfest ohne weitere Verankerung aufgestellt werden. Der Maschinenarbeiter wird zwar von Wilesco als Zubehör angeboten, wirkt hier aber doch ein wenig zu klein.

Für den Antrieb genügen die bekannte Wilesco-Dampfwalze oder der Dampftraktor aus dem gleichen Hause, falls man nicht eine Stationär-Dampfmaschine als Antriebsquelle verwenden möchte.

Ansicht der Winkeltransmission. Der angesetzte Winkel ermöglicht wahlweise eine Untersetzung von 1:2, womit die vier Betriebsmodelle etwas mehr Kraft und weniger Drehzahl bekommen

45 Zubehör allgemein

45.1 Fußboden

Es lassen sich verschiedene, konservativ gehaltene Fliesenmuster zeichnen, die auf einen geeigneten Karton ausgedruckt, auf den Werkstattgrund geklebt werden können. Eine solche „Grundlage“ lässt Modellanlagen authentischer wirken.

Für das Aufkleben verwendet man am besten einen guten Klarlack, mit dem der Karton an der Unterseite benetzt wird. Die Oberseite wird nach dem Auflegen ebenfalls mit Klarlack unter Zuhilfenahme eines weichen Pinsels aufgetupft. Nach dem Trocknen erfolgt optional eine weitere Beschichtung mit Klarlack. Besonders zu empfehlen ist Bootslack, der in seiner spezifischen Eigenschaft besonders wasserfest ist. Sprühkleber sind nach eigener Erfahrung nicht besonders geeignet. Gut ist es auch, wenn der Karton vom Klarlack vollkommen durchtränkt wird.

Werkstattboden mit gedrucktem Fliesenmuster belegt

Für eine aufwendigere Form der Fliesenverlegung können die Fliesen einzeln aus starkem, verschiedenfarbigem Karton (aus dem Bastelladen) ausgeschnitten und auf der Basisplatte verklebt werden. Für die Verklebung verwendet man am besten Modellbauhartkleber (z.B. UHU-hart), der unempfindlich gegenüber Öl, Säuren und Laugen ist. Nach der Verlegung wird alles mit Bootsklarlack zweimal gründlich versiegelt, womit ein ausreichender Schutz gewährleistet ist.

Einzeln verlegte Fliesen aus Karton auf einem Werkstattboden;

Große Werkstattanlage mit einzeln gebauten Fenstern und aufgeklebtem Fliesenfußboden

„Echte“ Fliesen zu verlegen ist zwar auch denkbar, wird aber problematisch, weil die Löcher zur Befestigung der Modelle im Nachgang gebohrt werden müssen. Probieren kann man es aber trotzdem.

45.2 Fenster

Werkstattfenster im klassischen Stil alter Industrieanlagen können ebenfalls sehr zur authentischen Ausgestaltung von Modellwerkstätten beitragen. Recht aufwendig ist ein Nachbau, bei welchem der Fensterrahmen mit Sprossen aus Aluminiumblech (am besten mit der guten, alten Laubsäge) ausgesägt und sauber gefeilt wird. Für das Fensterglas kann Plexiglas, eventuell auch mattiert, verwendet werden. „Ziegelsteine“ in Kaminrot oder Ocker lassen sich aus starkem Karton schneiden und wie einzelne Kartonfliesen mit Hartkleber befestigen. Auch hier ist eine abschließende Versiegelung mit Bootsklarlack zu empfehlen.

45.3 Raumaufteilung

Für eine gefällige Aufteilung der Werkstattdimensionen, z.B. Höhe der Werkstattfenster, Abmauerungen usw., kann der „Goldene

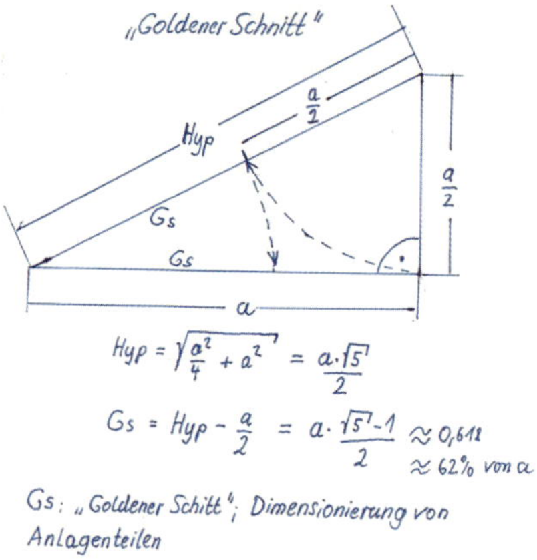

Herleitung des „Goldenen Schnittes.“ Der „Goldene Schnitt“ setzt eine Teilung bei ungefähr 62 % der Gesamtgröße

Konturen auf ein Buchenholzstück mit Bleistift grob vorgezeichnet

Zur besseren Handhabung ist das Holzstück im Schraubstock eingespannt

Schnitt“ angewandt werden. Bereits antike Bauwerke wurden – vermutlich eher unbewusst – nach diesem Verfahren gestaltet. Die Aufteilung nach dem „Goldenen Schnitt“ wird vom Betrachter als subjektiv gefällig und besonders harmonisch aufgenommen.

Bei Modellwerkstätten kann auf dieser Basis z. B. die Höhe der Fenster oder Türen festgelegt werden.

45.4 Personal für die Werkstatt

Passende Figuren kann man aus geeignetem Holz selber schnitzen, wenn die groben Konturen nach Anzeichnung mit einer Hand-Dekupiersäge vorgesägt werden. Das Schnitzen selber geschieht mit einem scharfen Schnitzmesser (großer Griff, kleine Klinge). Vorsicht, es besteht bei derartigen Arbeiten immer eine gewisse Verletzungsgefahr!

Am besten eignet sich Lindenholz, das eine feine Detaillierung ermöglicht und nicht all zu hart ist. Buchenholz, wie hier vom Autor verwendet, ist für Schnitzarbeiten weniger geeignet.

Wenn man sich diese Mühe nicht machen möchte, können aus dem Spielwarenfachhandel bzw. dem Puppenstubenzubehör ansprechende Figuren bezogen werden. Im „Puppenstubenzubehör“ finden sich noch viele weitere Dinge, die eine Werkstattanlage verfeinern können, wie z.B. Kannen, Flaschen, Besen, Leitern, Klein-Elektro.

45.5 Politur für Edelstahlflächen

Gerade Edelstahlflächen lassen sich mit einer gefälligen Strukturpolitur „Pfauenauge“ versehen, was besonders edel wirkt. Bei der Deutschen Bundesbahn in den 70/80er Jahren waren z.B. einfache Personenwagen mit diesem Muster verziert.

An ein 6- oder auch 8-mm-Rundhartholz wird an der Schnittfläche Metallschmirgelleinen angeklebt (Modellbauhartkleber). Entsprechende Schmirgelronden lassen sich mit einem 6/8-mm-Locheisen stanzen. Dieses selbstgebaute Polierwerkzeug wird in die Standbohrmaschine gespannt und bei

Strukturpolitur von Edelstahl mit der Standbohrmaschine

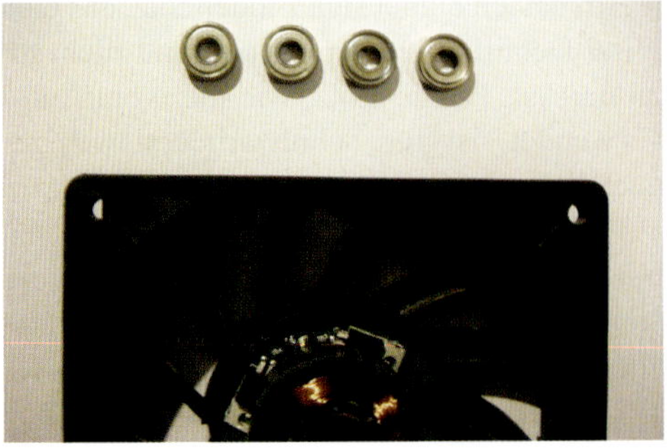

Lager aus einem alten Computerlüfter ausgebaut

mäßiger Drehzahl leicht an die zu polierende Edelstahloberfläche gedrückt. Punkt für Punkt werden die Schleifpunkte jeweils halb überlappend nebeneinander gesetzt. Für ein gutes Ergebnis ist etwas Übung erforderlich.

Die zu polierende Fläche muss beim Aufsetzen des rotierenden Polierstabs gegen ein Verrutschen gesichert werden, sonst verläuft die Politur. Derartige Fehlstellen lassen sich durch nochmaliges Überarbeiten aber leicht wieder korrigieren.

Da sich das „Schleifwerkezeug" relativ rasch abnutzt, empfiehlt sich die Anfertigung von mehreren Schleifstäben, auch in unterschiedlichen Längen. Zur besseren Führung können Linien auf der Oberfläche angezeichnet werden oder eine verstellbare Führung auf dem Bohrtisch helfen.

45.6 Lager

Kugellager bzw. Wälzlager bieten von allen Lagerungsarten den geringsten Rollreibungswiderstand. Mit etwas Geschick lassen sie sich so verbauen, dass der Betrachter die eigentlich stilfremden Lager nicht wahrnimmt. Es ist aber im Sinne der Leichtgängigkeit vorteilhaft, wenn man sich die günstigen Eigenschaften der Wälzlager zu Nutze macht.

„Gebauter" Amboss aus Eisenteilen

Aus alten Computern, Diskettenlaufwerken und Lüftern lassen sich entsprechende Lage zum Nulltarif recyceln. Der Autor erhielt so etwas aus der „IT-Abteilung" seiner Firma. Beim Ausbau bitte vorsichtig vorgehen, damit die empfindlichen Lager nicht beschädigt werden.

45.7 Sonstiges Werkstattzubehör

45.7.1 Amboss

Ein Amboss in einer kleinen Metallwerkstatt kann als wirkungsvoller „Eyecatcher" fungieren; selbst in KFZ-Werkstätten ist ein solch brachiales Werkzeug heutzutage manchmal noch anzutreffen.

Natürlich kann man einen Amboss „aus dem Vollen" arbeiten, was aber sehr zeit- und materialaufwändig ist. Einfacher ist ein Bau aus drei Einzelteilen, Basisplatte, Mittenstück und Ambossbahn mit Hörnern. Die bearbeiteten Teile werden mit einer durchgehenden Schraube verschraubt und bei Bedarf noch hartverlötet. Für ein vorbildgetreues Finish wird der fertige Amboss mattschwarz

Gebauter Flaschenschraubstock an einer Werkbank befestigt

oder anthrazitgrau bemalt, wobei die obere Arbeitsfläche und das runde Horn blank geschmirgelt wird. Ein wenig „Flugrost" wirkt sehr authentisch.

Ein passender Astabschnitt aus Hartholz dient als Ambossklotz. Ein paar beigelegte Schmiedehämmer vervollständigen den Gesamteindruck.

45.7.2 Flaschenschraubstock

Der Bau eines „richtiggehenden" Parallelschraubstocks ist zwar nicht unmöglich, aber immer noch ziemlich aufwändig und erfordert eine Fräsmaschine. Einfacher herzustellen ist ein sogenannter „Flaschenschraubstock", der in vielen alten Werkstätten und Schmieden anzutreffen war.

Aus z.B. 15/5-mm-Bandeisen lässt sich die Grundform durch Biegen – eventuell auch durch Schmieden – formen. Nach der Fertigbearbeitung des Bügels wird dieser an der Position der späteren Spannbacken einfach auf gesägt.

Aus Metall- und Holzresten gebautes Miniaturwerkzeug in reichlicher Auswahl. Auch die Werkbank mit ausziehbarer Schublade ist selbstgebaut

45.7.3 Miniatur-Handwerkszeug

Solche Dinge lassen sich aus Metall- und Holzresten aller Art nahezu kostenlos herstellen, aber man muss Arbeit und Fleiß investieren. Natürlich gibt es so etwas – wie fast alle Arten von Modellzubehör – bestimmt

Handelsübliche Küchenschneidbretter aus Basisplatten für Modellanlagen

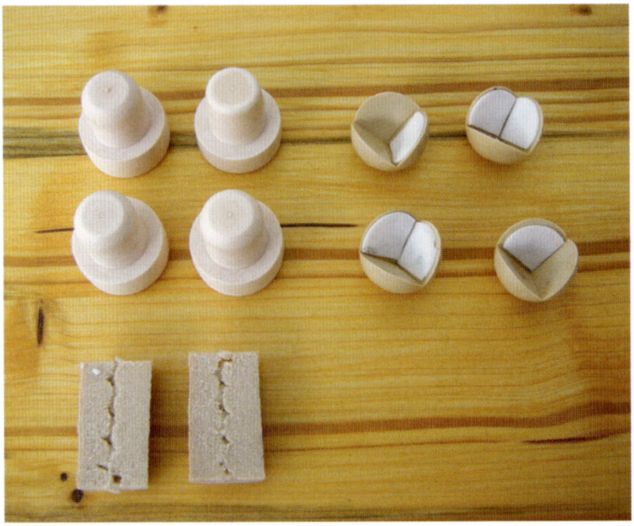

auch irgendwo fertig zu kaufen, aber „Selbstgebasteltes“ schafft irgendwie ein Mehr an Zufriedenheit.

Damit die mit viel Mühe fabrizierten Kleinteile nicht verschwinden, sollten sie mit einem geeigneten Kleber (z.B. UHU-Hart) vor Ort, z. B. auf der Werkbank, fixiert werden.

45.8 Basisplatten

Modellanlagen sollten immer eine solide „Basis“ haben. Eine „ordentliche“ Grundplatte als „Basis“ verhilft der Modellplatte zu einer gewissen Wertigkeit.

Natürlich kann man im Baumarkt entsprechende Platten aus Holz, Resopal, MDF oder sonstigen Materialien kaufen und diese auf das gewünschte Maß zuschneiden lassen. Der Zuschnitt ist beim Kauf solcher Platten meistes gratis.

Es lohnt sich aber auch, besonders bei den Angeboten der gängigen Lebensmitteldiscounter zu schauen. Nach Ablauf einer „Werbeaktion“ werden manchmal Markenprodukte als Reststücke nochmals reduziert abgegeben. Küchenschneidbretter aus Holz sind besonders gut geeignet, weil sie einerseits wasserfest verleimt und oftmals auch sehr schön gemasert sind.

Dampfmaschine mit Zubehör und Transportkiste

45.9 Gerätefüße

Getränkestopfen von Spirituosen- und Weinflaschen, die ansonsten achtlos weggeworfen werden, können als preiswerte Gerätefüße unter den Anlageplatten montiert werden. Rechts im Bild handelsübliche Eckenschützer („Kofferecken").

Weinflaschenkorken, heute fast durchweg aus Kunststoff, werden in der Mitte aufgeteilt und mit Kontaktkleber an der Plattenunterseite befestigt. Die Spirituosenkorken (auch aus Kunststoff) werden durchbohrt und mit einer passenden Holzschraube montiert. Der Schraubenkopf sollte in dem Korken verschwinden, damit beim späteren Aufstellen keine Kratzer entstehen.

45.10 Schutz- und Transportbehältnisse

Für die Unterbringung, den Schutz und den Transport von Dampfmodellen empfiehlt sich die Anfertigung eines stabilen Behältnisses. Es stellt sich die berechtigte Frage, wie ein Dampfmodell „artgerecht" untergebracht und dabei gleichzeitig vor Staub und mechanischen Beschädigungen geschützt wird. Staub ist der größte Feind von Modellen aller Art. Zudem sollte das Schutzbehältnis zugleich die Funktion eines praktischen Transportkoffers übernehmen, wetterfest im Außenbereich und noch einigermaßen ansprechend aussehen.

Hin und wieder hat der örtliche Baumarkt preislich reduzierte Fichteleimholzbretter im Programm, die sich hervorragend für den Bau einer Schutz- und Transportbox eigenen. Wenn die Maße feststehen, kann man sich im Zuschnitt alles maßgerecht zuschneiden lassen; diesen Service bieten viele Baumärkte gratis an. In dem gezeigten Beispiel wurde die Box aus einem Eichenholz-„Cube" eines bekannten skandinavischen Möbelhauses gebaut.

Die Schutzbehältnisse in dieser Ausarbeitung sind in den allermeisten Fällen so stabil gebaut, dass sie bei Ausstellungen oder Vorführengen als Notsitzgelegenheit missbraucht werden können. Eine wetterfeste Lasur ist zusätzlich zu empfehlen, da bei Außenveranstaltungen immer mit Regen gerechnet werden muss.

45.11 Restekiste

In einschlägigen Modellbauberichten wird bei der Materialsuche oftmals auf die berühmt berüchtigte „Restekiste" zugegriffen. Ohne zum „Messie" werden zu müssen lohnt es sich tatsächlich, ein kleines Schrottlager anzulegen, in welchem z.B. kleinere Restmetalle gesammelt werden. Daraus lassen sich mit etwas Phantasie kleinere Modellwerkzeuge oder auch andere Kleinteile fertigen und man braucht kein neues Halbzeug anzuschneiden.

„Restekisten" des Autors

46 Selbstbau von Betriebsmodellen

46.1 Allgemeine Anmerkungen zum Selbstbau

Grundsätzlich bieten sich für den Selbstbau solcher Modelle mehrere Möglichkeiten an:

- Bau nach vorgegebenen Plänen
- Bau aus Material-/Gussteilesätzen
- Bau nach eigenen Vorstellungen

Die Besonderheiten dieser drei Varianten sollen nachfolgend kurz angesprochen werden.

46.1.1 Bau nach vorgegebenen Plänen

Diese Vorgehensweise setzt voraus, dass das erforderliche Material in der Regel beschafft oder gekauft werden muss. Bevor man anfängt, ist selbstkritisch zu prüfen, ob die vorhandene Werkstattausrüstung und auch die eigenen handwerklichen Fähigkeiten ausreichend gegeben sind, um sich selber Enttäuschungen zu ersparen.

Die einschlägigen Modellbau-Verlage (z.B. Verlag für Technik und Handwerk oder Neckar Verlag) bieten entsprechende Baupläne an.

Im Kapitel „Modellbaupläne" sind Schemapläne des Autors für Betriebsmodelle zu finden, die nach den jeweils gegebenen Möglichkeiten individuell modifiziert werden können.

46.1.2 Bau aus Material-/Gussteilesätzen

Auch diese Arbeitsweise setzt eine entsprechende Werkstattausrüstung (Drehen und Fräsen) voraus. Bei solchen Material-Bausätzen sind dann in der Regel aber alle erforderlichen Materialen sowie Zeichnungen inkludiert.

Zu empfehlen sind die Gussteilesätze aus hochwertigem Grauguss der englischen Firma Stuart (u.A. Drehmaschine, Bohrmaschine, Hobelmaschine).

„Reine" Bausätze zu Betriebs- bzw. Antriebsmodellen, d.h. nur montieren, scheinen aktuell auf dem Markt nicht besonders präsent zu sein. Eine Ausnahme ist die Firma Böhm Stirling-Technik GmbH, die einfache Betriebsmodelle zur Selbstmontage anbietet.

46.1.3 Bau nach eigenen Vorstellungen

Bei dem Bau nach eigenen Vorstellungen wird nach den gerade gegebenen Möglichkeiten (Materialien und Werkstatt) geplant, entworfen und gebaut. Altmaterialen und Schrott sowie Abfallmaterialien aus Handwerksbetrieben sind günstig oder sogar kostenfrei zu bekommen und mit etwas Phantasie lassen sich daraus schöne Maschinen konstruieren. Diese Methode wurde (und wird) fast stets vom Autor gewählt.

Die Themen Nachhaltigkeit, Wiederverwendung und „Upcycling" gewinnen aktuell eine immer größere Bedeutung: Abfallmaterialien werden wiederverwendet, die Umwelt entlastet und damit gleichzeitig Kosten gespart.

46.2 Bau zweier einfacher Betriebsmodelle

Es werden nachfolgend zwei einfache Modelle beschrieben, die die eigenen Möglichkeiten sicher nicht überfordern werden. Ausgangsbasis waren verfügbare Schrottmaterialien, auf deren Grundlage entsprechende Pläne entworfen wurden. Diese Pläne können nach den jeweils verfügbaren Materialien, Wünschen oder Vorstellungen individuell modifiziert werden. Aus diesem Grund sind die Pläne auch etwas schematisch gehalten und lassen dem Erbauer entsprechende Freiräume. Mit etwas räumlichem Vorstellungsvermögen und handwerklichem Geschick wird man damit bestimmt zurechtkommen.

Kleinmaterialien, wie Anlauf- /Passscheiben, Stellringe, Madenschrauben, Unterlegscheiben, Schrauben und Muttern sind nicht explizit aufgeführt und bei Bedarf zu ergänzen. Bohrungspassungen in der in der gängigen, oft gewählten Ausführung H7 („Einheitsbohrung"), können mit handelsüblichen Reibahlen (Qualität HSS-E) hergestellt werden.

46.2.1 Tischkreissäge

Der Entwurf ist hier nach alter Väter Sitte von Hand auf Millimeterpapier gezeichnet worden. Vierkantrohrmaterial von einem alten Traktorüberrollbügel mit den Maßen 80×50×5 mm bildet den Grundkörper. Dieser

Ansicht von der „Riemenscheibenseite". Durch den E-Motor ist die Säge auch separat betreibbar

Der Schienenwagen hat die Spur „G" und war ein altes LGB-Wagendrehgestell

Motorseite mit dem „AEG"-Motor. Der Schalter stammt aus dem Puppenstuben-Zubehör

ist, wie auch alle anderen Teile maßgerecht zu sägen und zu feilen. Natürlich können auch maßabweichende Vierkantrohre verwendet werden; die Planung ist dann entsprechend anzupassen.

Beim Zusammenfügen mit anderen Teilen, z.B. den Befestigungswinkeln, empfiehlt es sich, die Teile provisorisch mit Zweikomponentenkleber vor dem Bohren der Verbindungslöcher zu verkleben. Damit wird erreicht, dass beim Zusammenschrauben alles gut passt. Auch kleine Markierungen durch Körner und / oder Schlagbuchstaben/Schlagzahlen können bei der Montage zusammengehöriger Baugruppen sehr hilfreich sein. Für die Verschraubungen sind Senkkopfschrauben ideal, da diese nach einer Verspachtelung und Überlackierung nicht mehr sichtbar sind.

Lagerbuchsen (mit eingepassten Kugel- oder Sinterlagern) werden in den Maschinengrundkörper leicht eingepresst oder eingeklebt (es empfiehl sich unter Anderem der Lager- und Buchsenkleber „Loctite 648").

Für die Bearbeitung der Lagerbuchsen, Wellen und Antriebsräder ist eine Drehmaschine notwendig; für alle übrigen Arbeiten genügt eine Basis-Werkstattausrüstung mit einer Standbohrmaschine.

Das Sägeblatt für die Tischkreissäge stammt aus dem Zubehör für Kleinwerkzeuge (Bosch, Dremel, Proxxon etc.) und kann aus dem Baumarkt bezogen werden.

Bei dem gezeigten Beispiel des Autors ist die Kreissäge auf einer Eichenholzgrundplatte (aus einem alten Grabkreuz gesägt; man möge mir verzeihen) zusammen mit einem vorbildähnlich aufgewerteten Elektromotor und einem Schienenwagen (ein altes LGB-Drehgestell, Spur G) montiert. Mit dem Schienenwagen kann das Schnittgut höhengleich an den Sägetisch herangeschoben werden. Der „AEG"-Elektromotor hat eine Klemmenkastenattrappe, aus Aluminiumblech gefaltete Kühlrippen und eine Edelstahl-Hebeöse. Mit diesen Ergänzungen wirkt er recht vorbildähnlich.

Die Zeichnungen sind im Anhang Modellbaupläne beigefügt.

46.2.2 Aufwerfhammer

Zum Aufbau des nachfolgend beschriebenen Aufwerfhammers gilt Gleiches sinngemäß wie bei der zuvor beschriebenen Tischkreissäge. Der Grundkörper ist wiederum ein verfügbares Vierkantrohrmaterial mit den Maßen 80×50×5 mm. Die Stahlzahnräder können z. B. über die Firma Conrad Electronic bezogen werden, die eine umfangreiche Palette an Zubehör für den technischen

Stückliste der wichtigsten Bauteile der Kreissäge

Pos.	Bezeichnung	Material	Maße [mm]	Bemerkung
1	Grundkörper (Vierkantrohr)	Stahl	80×50×5×65 (Höhe)	Überrollbügel Traktor (Schrott)
2	Befestigungswinkel (Winkeleisen, 2×)	Stahl	20×20×3×80	Schrott
3	Tischplatte	Stahl	110×95×3	Schrott
4	Sägewinkel (aus Winkeleisen, 35×35)	Stahl	70×35×20	
5	Lager (2×)	Ms od. St	14 Ø; 20 lang	Rundmaterial
6	Stellringe (2×)	Ms od. St	14 Ø; 5 lang	Rundmaterial
7	Knebelmutter	Silberstahl	8 Ø; 20 hoch	
8	Sägeblatt	Werkzeugst.	70 Ø; 1 stark	Baumarkt (Zub. f. Kleinwerkzeug)
9	Kugellager (2×) mit beidseitigen Teflondeckscheiben	Stahl	5×Ø 10×4	Conrad -Best.-Nr.: 215759-MT
10	Riemenscheibe	Ms od. St	20 Ø; 20 stark	Rundmaterial
11	M5-Senkkopfschrauben (6×)	Stahl	M5×14	
12	M3-Senkkopfschrauben (3×)	Stahl	M3×6	
13	Welle	Silberstahl	120×5 Ø	Conrad -Best.-Nr.: 237078-MT
14	diverse Unterleg.-Anlaufscheiben	Stahl	4 und 5 Ø	

Funktionsmodellbau anbietet (u. A. Lager, Schrauben, Messingprofile, Bleche, Silberstahl für Achsen und Wellen, Modellbaufarben usw.).

Bei der Festlegung der Zahnradabstände empfiehlt es sich, zu der errechneten Abstandslänge 1/10 mm hinzuzufügen, um ein späteres Klemmen zu vermeiden.

Abstand (A) der gewählten Zahnräder:

A = (Z1 + Z2)×m/2 = (12 + 40)×½ = 26 mm

Z1: Zähnezahl Zahnrad1, hier 12

Z2: Zähnezahl Zahnrad 2, hier 40

m: Modul, hier 1,0

Bei der Montage der Innenteile (Zwischenstücke, Stiftrolle, Wellen) empfiehlt sich die Beigabe von Pass- oder Unterlegscheiben, um das Spiel und die Reibung zu minimieren.

Gehärtete, maßhaltige Passscheiben für den Getriebebau sind ebenfalls bei Conrad Electronic erhältlich.

Für den Amboss (Schabotte, Unteramboss) eignet sich besonders gehärtetes Material wie z.B. die Rolle einesen Rollenlagers. Auch der „Hammer“ sollte gehärtet werden, damit dieser sich von seinen späteren Aufgaben nicht „beeindrucken“ lässt.

Über einen klappbaren Hebel kann der Hammerbalken für den Leerlauf hochgestellt werden. Der Hammerschweif (aus einem alten Metallsägeblatt) und der Mitnehmerstift (eingeschraubter M3-Stahlgewindestift) auf der Stiftrolle sind aus Verschleißgründen zu härten. Silber- oder Werkzeugstahl (C 45) hat einen Kohlenstoffgehalt >0,4 % und kann damit gehärtet werden. Über einer Gasbrennerflamme wird der Stahl erhitzt, bis er kirschrot glüht und anschließend in einem Bad aus Altöl rasch abgeschreckt. Das Altöl brennt etwas ein und wirkt so als eine Art Korrosionsschutz. Ein Anlassen (Erhitzen bis strohgelb mit anschließendem erneutem Abschrecken) ist hier nicht notwendig, da die Werkstücke nicht als spanabhebende Werkzeuge verwendet werden.

Die gesamte Anordnung wird optimal auf einem Hartholzgrundbrett aus Eichen- oder Buchenholz mit einer Stärke von mindesten 20 mm montiert. Für das hier vorgestellte Exemplar wurde Birnbaumholz aus dem heimischen Garten verwendet. Ein gewisser „Vintage"-Look mit arbeitsbedingter Patina unterstreicht ein realistisches Aussehen.

Besonders gut sieht es aus, wenn die Befestigungsverschraubungen an der Grundplatte mit im Holz eingelassenen M5-Gewindestiften und entsprechenden Muttern erfolgt. Zu diesem Zweck wird einfach ein M5-Gewinde in das Hartholz gebohrt und der Gewindestift mit Modellbauhartkleber beim Eindrehen fixiert. Spax- oder Holzschrauben würden eher unrealistisch wirken und sollten bei dieser Art von Modellbau vermieden werden. Gleiches gilt auch für Inbus- oder „Torxschrauben".

Eine gedrehte Edelstahl-Hebeöse, zentral oben auf dem Grundkörper angeschraubt, ist

Bei dem Modell sind zwei Riemenscheiben unterschiedlicher Größe angebracht. Die Dreh-Lager haben zusätzlich je einen M3-Becheröler aus Messing-Rundmaterial bekommen

Ansicht der „Zahnradseite"

Blick auf Hammer und Schabotte (ist hier die Rolle eines großen Rollenlagers)

das I-Tüpfelchen auf der ganzen Sache. Auch bei Elektromotoren (siehe Kreissäge), Generatoren oder sonstigen Modellmaschinen des „Schwermaschinenbaus" wirkt eine gute Hebeöse, möglichst nicht aus Messing, sehr authentisch. „Künstlerisch" kann man sich auch bei der Gestaltung der Riemenscheibe betätigen. Besonders gut schaut eine Ausführung mit gebogenen Speichen aus; entsprechende Bauhinweise werden im Kapitel „Transmission" gegeben. In diesem Fall sind zwei Riemenscheiben (Ø50 und Ø60 mm) angebracht, die „aus dem Vollen" gearbeitet sind.

Für den Antrieb, auch der zuvor beschriebenen Tischkreissäge, wird eine leistungsstarke Modelldampfmaschine (z.B. Wilesco D24, Stuart D10 oder „Mill-Engine"), Leistung ~ 10-15 W, mit entsprechendem Dampferzeuger benötigt.

Die Zeichnungen sind im Anhang Modellbaupläne beigefügt.

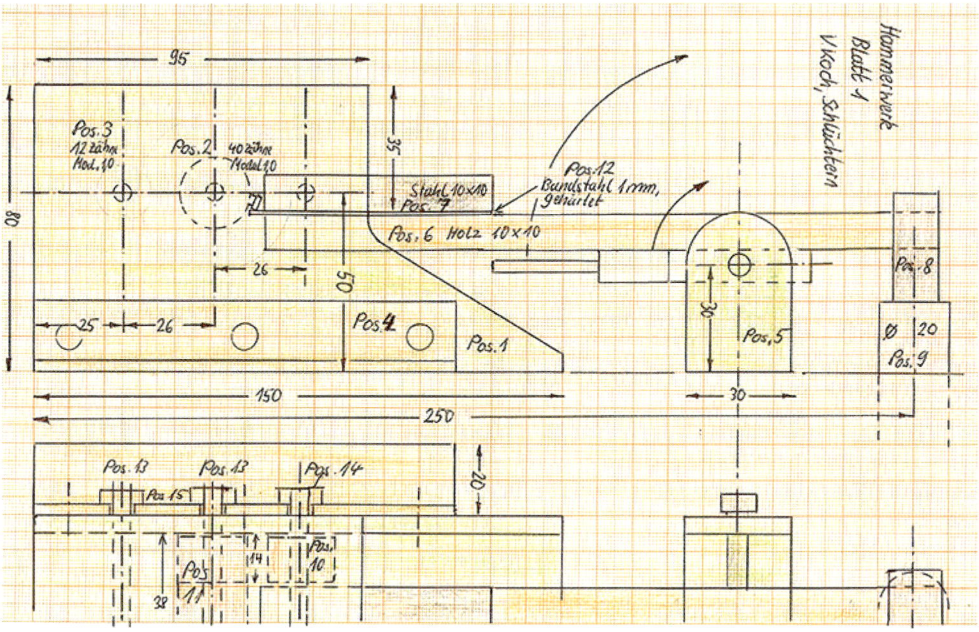

Entwurf der Hammers auf Milimeterpapier

Stückliste der wichtigsten Bauteile Hammerwerk

Pos.	Bezeichnung	Material	Maße [mm]	Bemerkung
1	Grundkörper (Vierkantrohr)	Stahl	80×50×5×150	Überrollbügel Traktor (Schrott)
2	Zahnrad (groß)	Stahl	40 Zähne, Modul 1,0	Conrad -Best.-Nr.: 231797-MT
3	Zahnrad (klein)	Stahl	12 Zähne, Modul 1,0	Conrad -Best.-Nr.: 240311-MT
4	Befestigungswinkel (Winkeleisen, 2×)	Stahl	20×20×3×120	Schrott
5	Auflage für Hammerbalken	Stahl	30×50×5×45	aus Vierkantrohr 80×50×5 gesägt
6	Hammerstiel	Hartholz	10×10×190	Buche oder Eiche
7	Hammerlager	Stahl	10×10×65	Schrott
8	Hammer	Stahl	30×14×30	härten, wenn möglich
9	Amboss/Schabotte	Stahl	20×40	Rollenlager-Rolle od. Rundstahl
10	Zwischenstück (2×)	Ms od. St	14×16	Rundmaterial
11	Stiftrolle (1×) mit Stift	Ms od. St	20×38	Rundmaterial; Stift gehärtet
12	Hammerschweif	Bandstahl	10×70×1	aus Sägeblatt, gehärtet
13	Welle (1×)	Silberstahl	120×5 Ø	Conrad -Best.-Nr.: 237078-MT
14	Welle (2×)	Silberstahl	80×5 Ø	Conrad -Best.-Nr.: 237078-MT
15	Lager (6×)	Messing	10×10 Ø; 10 lang	Rundmaterial
16	Riemenscheibe	beliebig	Ø50 oder Ø60; 15 breit	„bauen" oder aus dem Vollen
17	Hebel	Stahl	Ø3; 70 lang	Rundmaterial
18	Auflage für Hebel	Stahl	10×65; 1 stark	Stahlblech
19	Achse für Hebel	Stahl	M6-Schraube; 70 lang	glatter Schaft
20	Hebe-Öse	Edelstahl	Ø15; 15 lang	drehen, bohren u. feilen
21	Grundplatte	Hartholz	300×150×20	Buche oder Eiche
22	M5-Senkkopfschrauben (6×)	Stahl	M5×14	
23	M5-Befestigungsverschraubung	Stahl	Gewindestifte M5, 20 lang, M5-Muttern	Befestigung auf der Grundlatter
24	Welle	Silberstahl	120×5 Ø	Conrad -Best.-Nr.: 237078-MT
25	diverse Unterleg.-Anlaufscheiben Stahl	5 Ø		

47 Modellbaupläne

47.1 Bohrmaschine Schemaplan

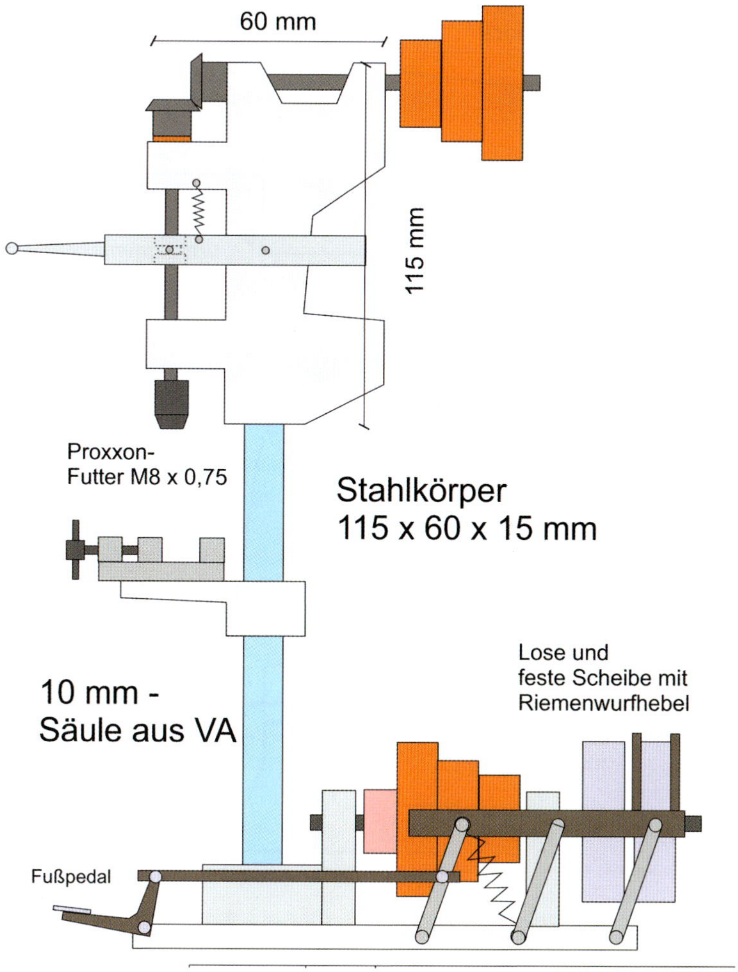

47.2 Betriebsmodell einfacher Art (Grundkörper)

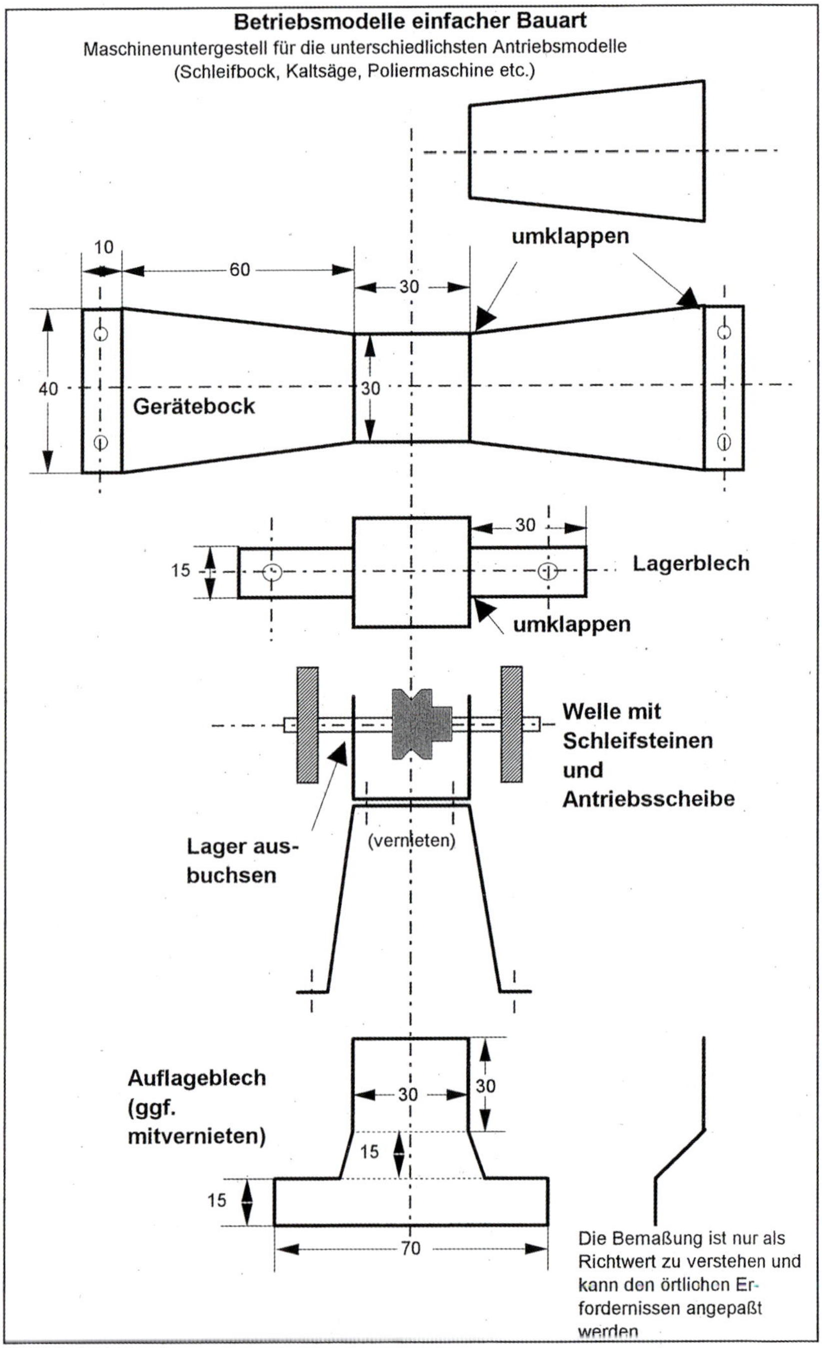

47.3 Schleifbock

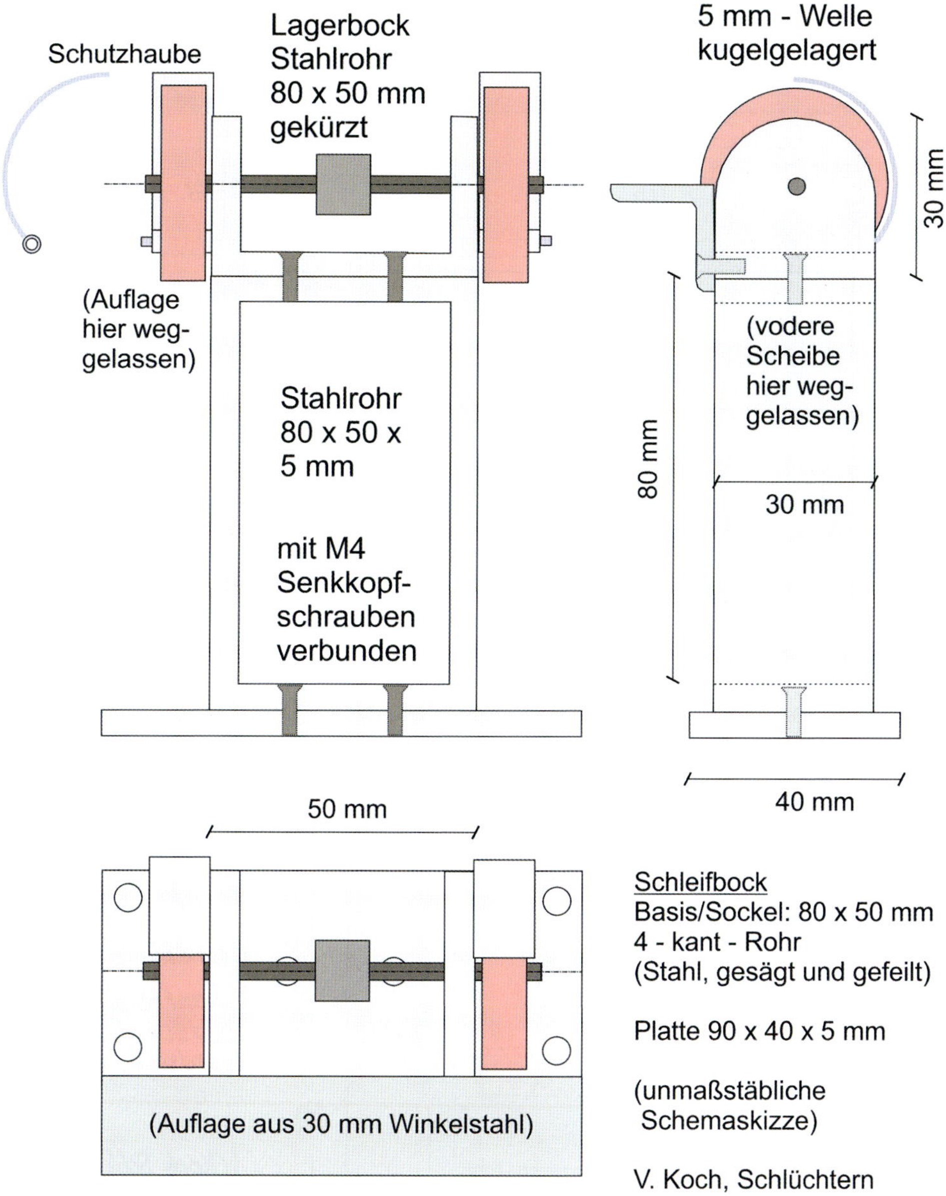

47.4 Kreissäge

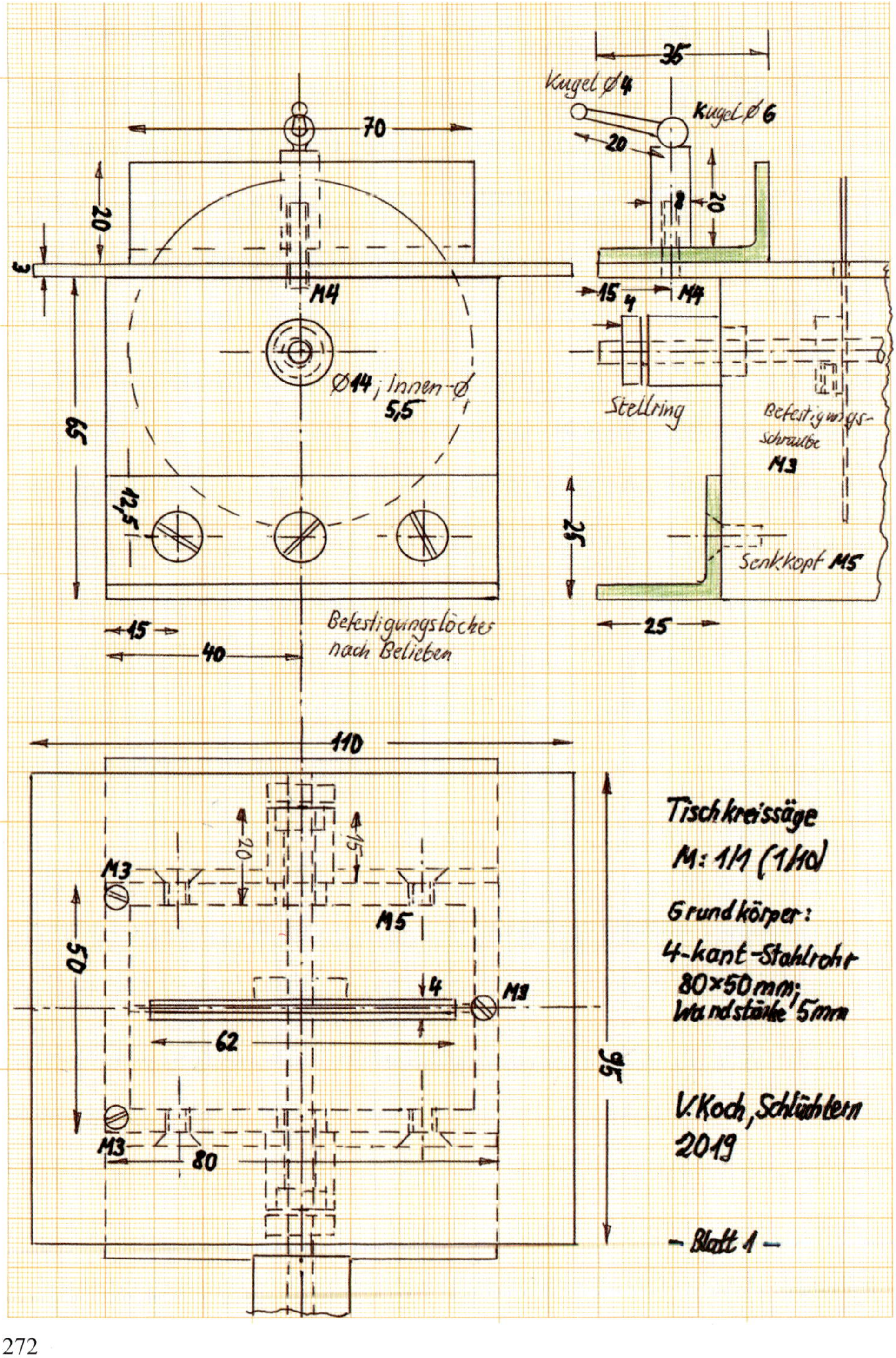

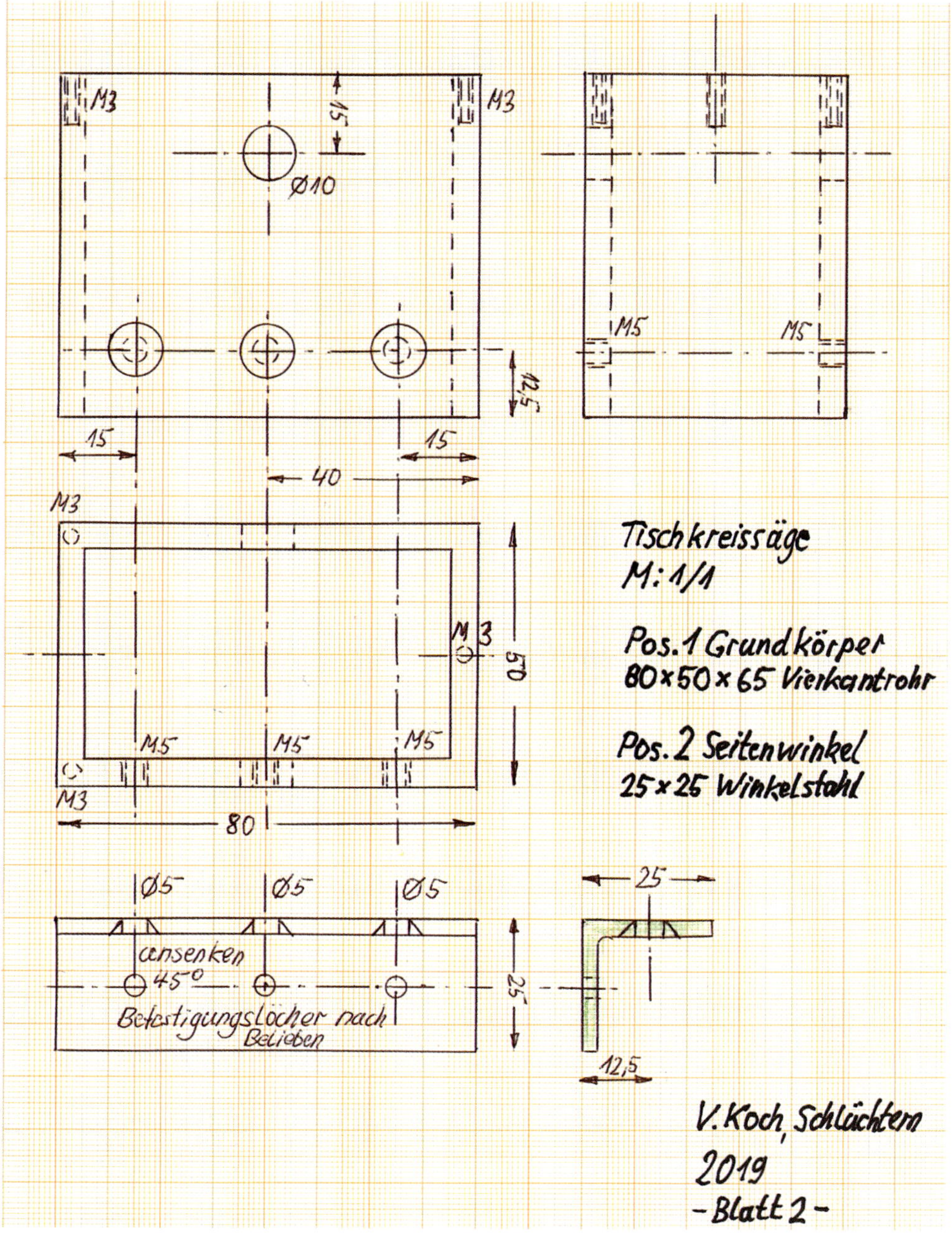
M3
M3
15
Ø10
M5
M5
12,5
15
15
40
M3
M3
50
M5
M5
M5
M3
80
Ø5
Ø5
Ø5
ansenken
45°
Befestigungslöcher nach
Belieben
25
25
12,5
Tischkreissäge
M: 1/1
Pos. 1 Grundkörper
80×50×65 Vierkantrohr
Pos. 2 Seitenwinkel
25×25 Winkelstahl
V. Koch, Schlüchtern
2019
-Blatt 2-

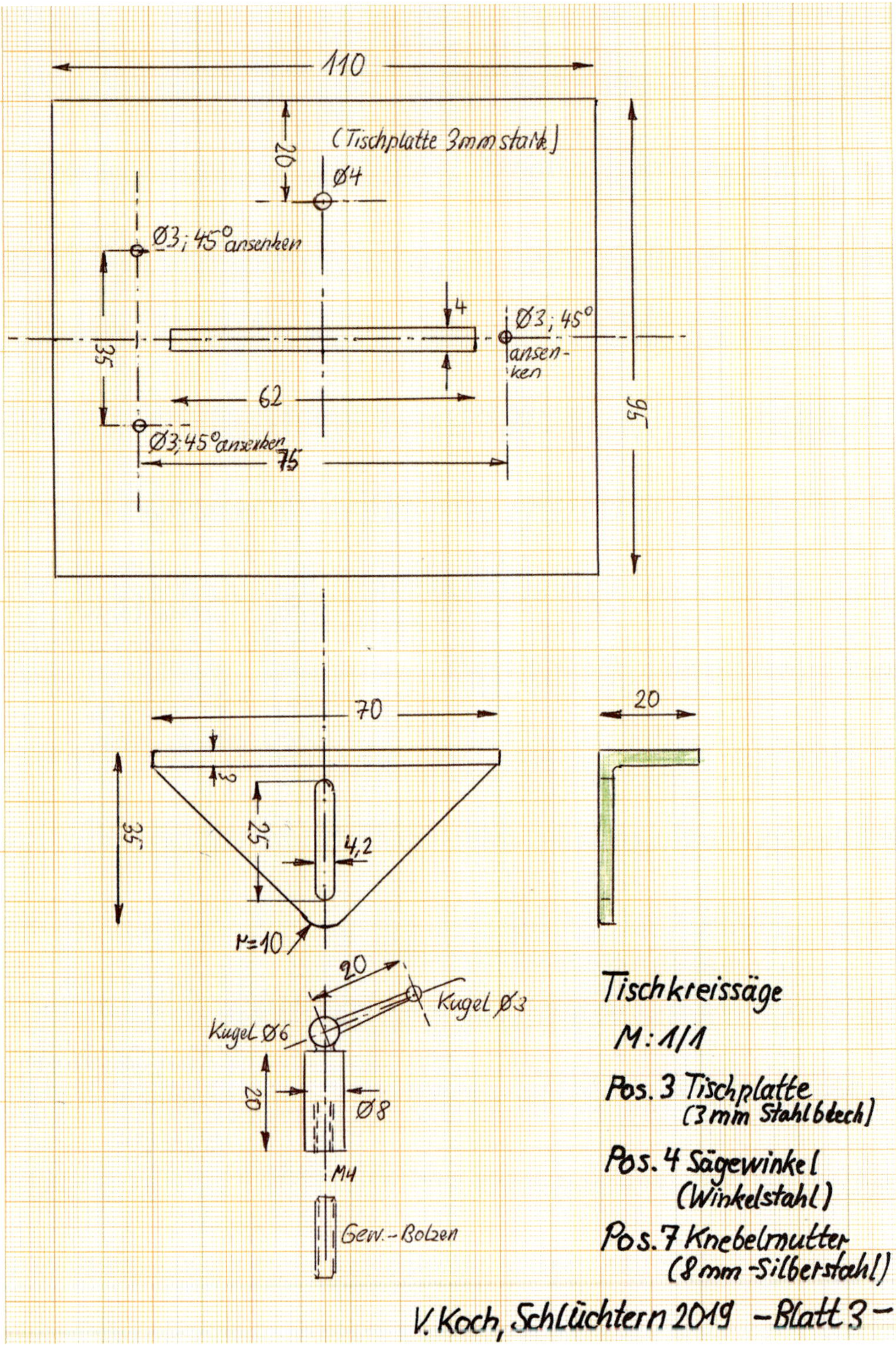
110
(Tischplatte 3mm stark)
20
Ø4
Ø3; 45° ansenken
4
Ø3; 45° ansenken
35
62
Ø3; 45° ansenken
75
95
70
20
3
35
25
4,2
r=10
20
Kugel Ø3
Kugel Ø6
20
Ø8
M4
Gew.-Bolzen
Tischkreissäge
M: 1/1
Pos. 3 Tischplatte
(3mm Stahlblech)
Pos. 4 Sägewinkel
(Winkelstahl)
Pos. 7 Knebelmutter
(8mm-Silberstahl)
V. Koch, Schlüchtern 2019 -Blatt 3-

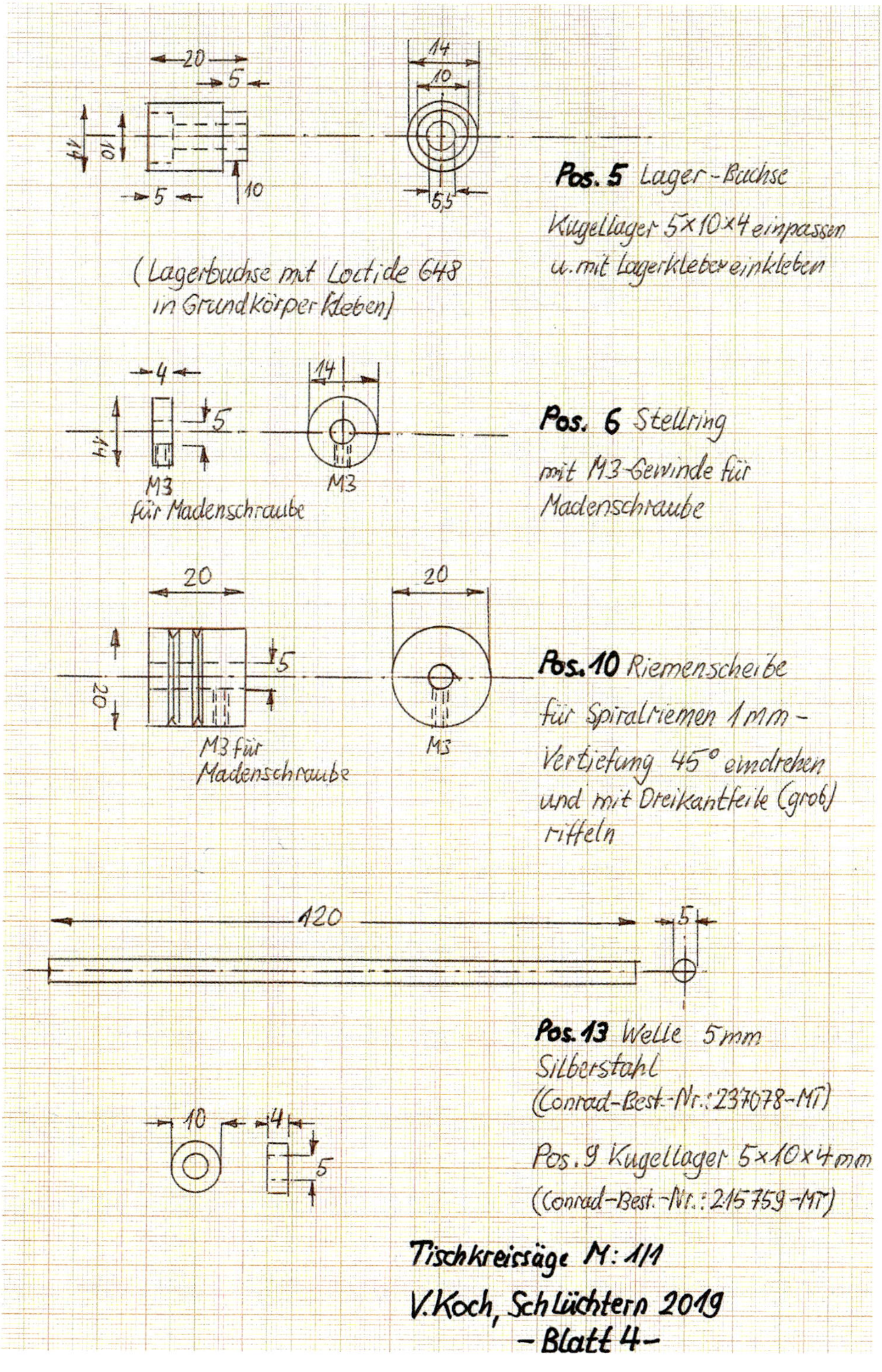
20
5
14
10
5
10
14
10
5,5
Pos. 5 Lager-Buchse
Kugellager 5×10×4 einpassen
u. mit Lagerkleber einkleben
(Lagerbuchse mit Loctide 648
in Grundkörper kleben)
4
14
5
14
M3
für Madenschraube
M3
Pos. 6 Stellring
mit M3-Gewinde für
Madenschraube
20
20
5
20
M3 für
Madenschraube
M3
Pos. 10 Riemenscheibe
für Spiralriemen 1 mm -
Vertiefung 45° eindrehen
und mit Dreikantfeile (grob)
riffeln
120
5
Pos. 13 Welle 5mm
Silberstahl
(Conrad-Best.-Nr.: 237078-MT)
10
4
5
Pos. 9 Kugellager 5×10×4 mm
(Conrad-Best.-Nr.: 215759-MT)
Tischkreissäge M: 1/1
V. Koch, Schlüchtern 2019
- Blatt 4 -

47.5 Hammerwerk

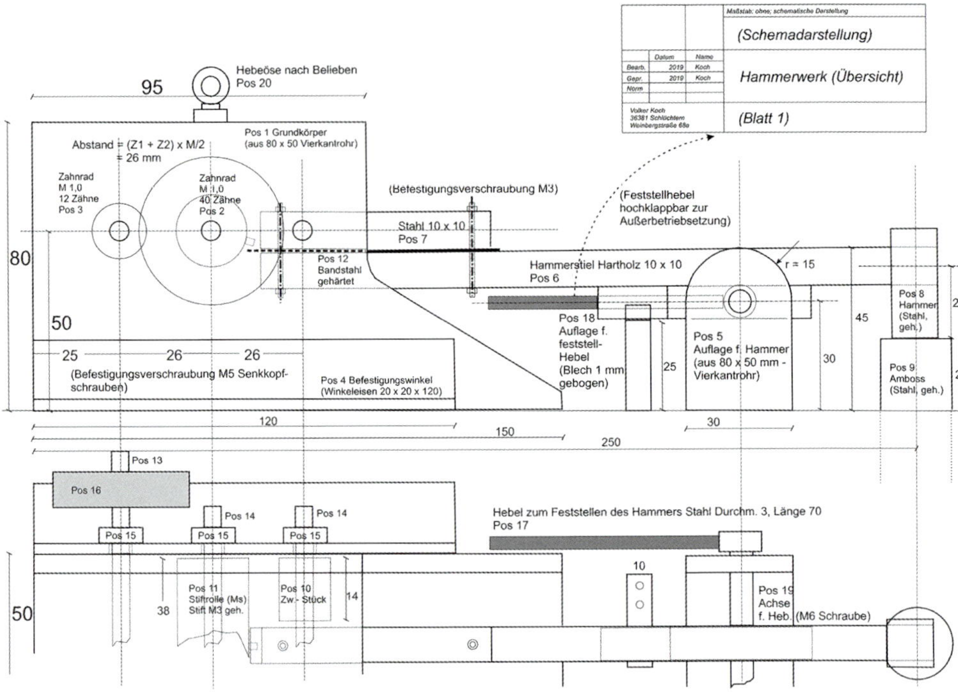

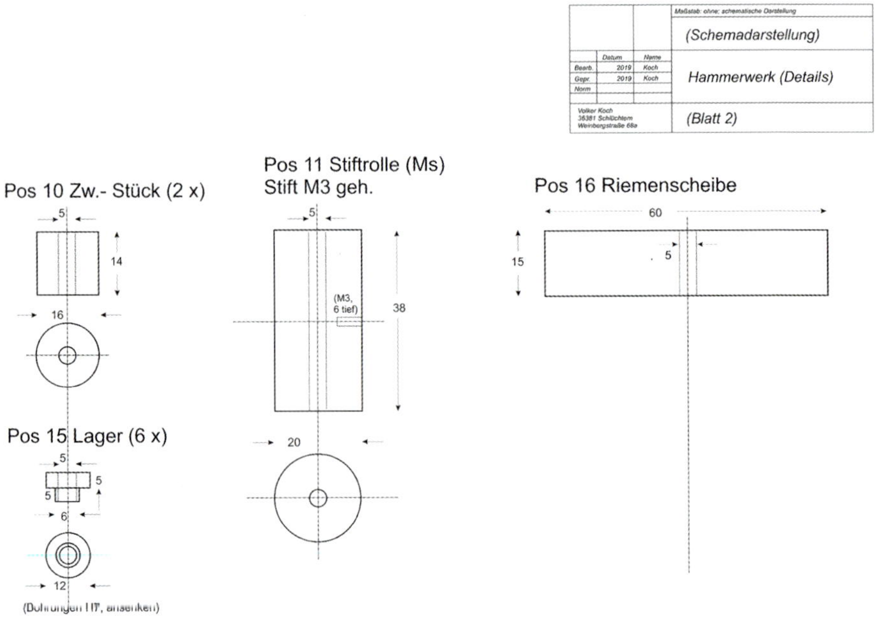

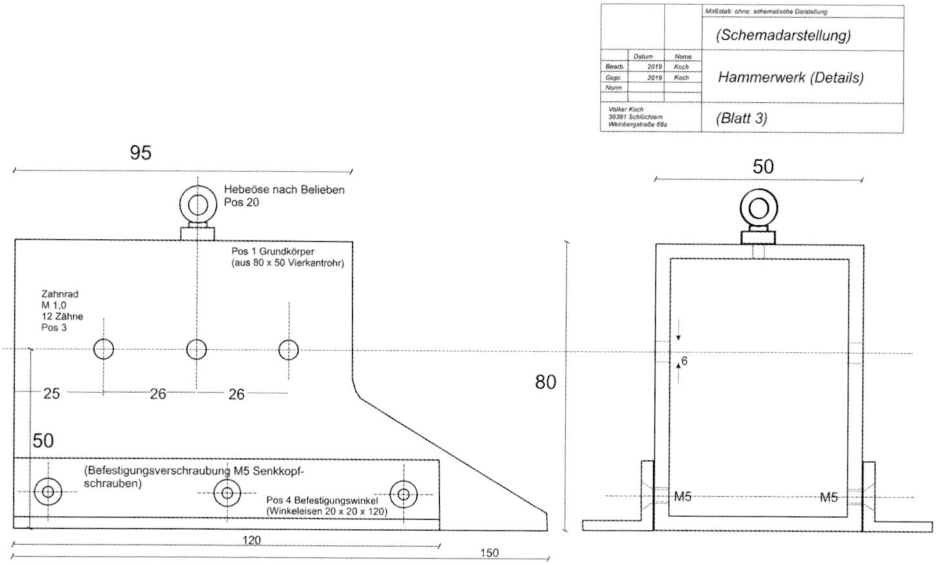
Maßstab: ohne; schematische Darstellung
(Schemadarstellung)
Datum
Name
Bearb.
2019
Koch
Gepr.
2019
Koch
Norm
Hammerwerk (Details)
Volker Koch
36381 Schlüchtern
Weinbergstraße 68a
(Blatt 3)
95
Hebeöse nach Belieben
Pos 20
Pos 1 Grundkörper
(aus 80 x 50 Vierkantrohr)
Zahnrad
M 1,0
12 Zähne
Pos 3
25
26
26
50
(Befestigungsverschraubung M5 Senkkopf-
schrauben)
Pos 4 Befestigungswinkel
(Winkeleisen 20 x 20 x 120)
120
150
80
50
6
M5
M5

Maschinen im Modellbau

Alle Ausgaben digital erhältlich

Die Fachzeitschrift für den technischen Funktionsmodellbau

Alle Bereiche des technischen Modellbaus sind jeden zweiten Monat Thema dieser Fachzeitschrift. Ob Dampfmaschinen, Heißluft- oder Verbrennungsmotoren, die Freunde technischer Wunderwerke verschiedenster Art finden hier eine Fülle an Informationen, um neue Projekte in der Heimwerkstatt zu verwirklichen.
Das dazu notwendige Wissen zum Einsatz von Werkzeugmaschinen sowie Tipps und Tricks aus der Praxis für die Praxis finden Sie in jeder Ausgabe. Abgerundet wird das breite Themenspektrum von Reportagen aus der Welt der historischen Technik.

Preis Druckausgabe:
8,90 € im Inland

Digital-Ausgabe: 7,99 €

ABO-Preis:

6 Ausgaben jährlich
48 € im Inland mit Sepa-Lastschrifteinzug*
58,80 € im Ausland mit Sepa-Lastschrifteinzug*
***Zahlung auf Rechnung zzgl. 3,00 € Aufpreis**

Maschinen im Modellbau Highlights Dampfmaschinen

In diesem Sammelband haben wir Ihnen einige der schönsten Dampfmaschinenmodelle der letzten Jahre zusammengestellt. Genießen Sie die Technik und Ästhetik dieser Maschinen und lassen Sie sich zu neuen Projekten inspirieren.

Hochwertiger Sammelband, 144 Seiten,
Preis: 19,90 €, ArtNr: 3000103

Vervollständigen Sie Ihre Sammlung

Jahrgangs-CDs 2020

Jetzt alle Jahrgänge als CD und Download erhältlich

29,90 € (pro CD)
für Abonnenten: **14,90 €**

ArtNr: 6201292

29,90 € (pro CD)
für Abonnenten: **14,90 €**

ArtNr: 6201293

19,90 € (pro CD)
für Abonnenten: **9,90 €**

ArtNr: 6201295

19,90 € (pro CD)
für Abonnenten: **9,90 €**

ArtNr: 6201294

In Erinnerungen schwelgen, durch die Lieblingsepochen stöbern, die fehlenden Ausgaben ergänzen oder einem Freund seinen Geburtsjahrgang schenken - die Möglichkeiten für eine sinnvolle Verwendung unserer Jahrgangs-CDs sind grenzenlos - und ganz ehrlich, wenn man jetzt nicht die Zeit dafür findet, wann dann?

Weitere Jahrgänge finden Sie auf ***shop.vth.de/sonstiges/dvds-cds***

Unsere beliebten VTH-Klassiker – Sammelmappen

Sammelmappen

ArtNr:

6000001 – FMT
6000003 – Modellwerft
6000007 – Maschinen im Modellbau
6000010 – Truckmodell

Preis je ***19,99 €***
für Abonnenten: ***17,99 €***

Das perfekte und platzsparende Archiv

Die Chronik des Flugmodellbaus

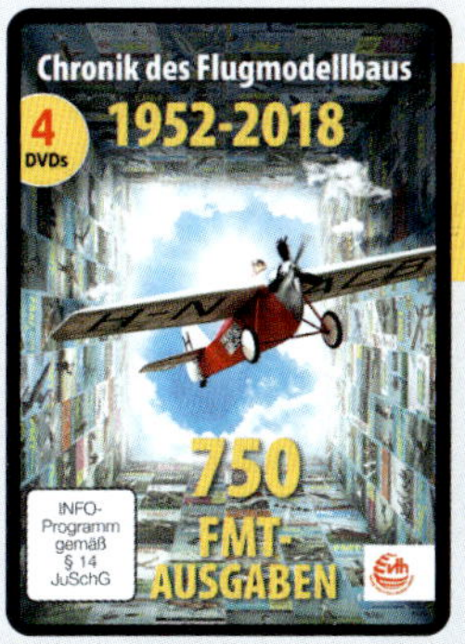

4 DVDs in einer Box

- ✔ Alle 750 Ausgaben auf DVD
- ✔ 4 DVDs à 8 GB Datenvolumen

Preis: 99,- €

ArtNr: 6201180

Abonnenten bestellen zum Vorteilspreis von nur 89,- €

Die Chroniken sind auch in unseren Mystery Boxen enthalten!

FMT Mystery Box
ArtNr: 6211899
Preis: 129 €

ModellWerft Mystery Box
ArtNr: 6211900
Preis: 109 €

TRUCKmodell Mystery Box
ArtNr: 6211901
Preis: 99 €

Maschinen im Modellbau Mystery Box
ArtNr: 6211902
Preis: 89 €

Die Chronik des Schiffsmodellbaus

2 DVDs in einer Box

- ✔ Alle 450 Ausgaben auf DVD
- ✔ 2 DVDs mit mehr als 12 GB Inhalt

Preis: 79,- €

ArtNr: 6201187

Abonnenten bestellen zum Vorteilspreis von nur 69,- €

Die Chronik des Nutzfahrzeug-Modellbaus

Alles auf einer DVD

- ✔ Alle 175 Ausgaben auf DVD

Preis: 69,- €

ArtNr: 6201289

Abonnenten bestellen zum Vorteilspreis von nur 59,- €

Die Chronik des Schiffspropellers

Alles auf einer DVD

- ✔ 35 Jahre auf DVD

Preis: 59,- €

ArtNr: 6201290

Abonnenten bestellen zum Vorteilspreis von nur 49,- €

Die Chronik des technischen Modellbaus

Alles auf einer DVD

- ✔ Alle 150 Ausgaben auf DVD

Preis: 59,- €

ArtNr: 6201192

Abonnenten bestellen zum Vorteilspreis von nur 49,- €

ArtNr: 3102189
Preis: 39,90 €

ArtNr: 3102192
Preis: 39,90 €

ArtNr: 3102177
Preis: 29,90 €

ArtNr: 3102166
Preis: 39,90 €

ArtNr: 3102110
Preis: 29,90 €

ArtNr: 3102004
Preis: 49,90 €

ArtNr: 3102033
Preis: 34,90 €

ArtNr: 3102078
Preis: 34,90 €

ArtNr: 3102080
Preis: 34,90 €

ArtNr: 3102252
Preis: 49,90 €

ArtNr: 3120006
Preis: 29,90 €

ArtNr: 3120031
Preis: 29,90 €

ArtNr: 3110001
Preis: 29,90 €

ArtNr: 3110002
Preis: 29,90 €

ArtNr: 3110003
Preis: 29,90 €

Maschinen/ Werkstatt

ArtNr: 3102159
Preis: 34,90 €

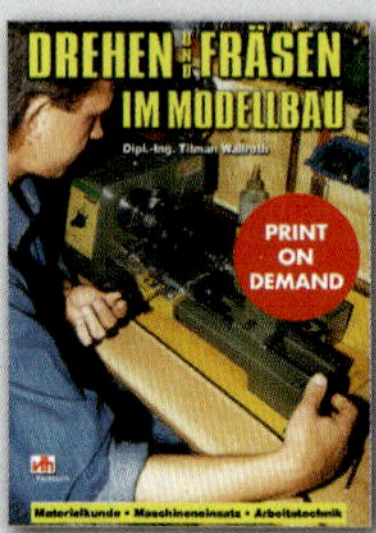

ArtNr: 3102037
Preis: 49,90 €

ArtNr: 3102152
Preis: 34,90 €

ArtNr: 3102099
Preis: 29,90 €

ArtNr: 3102171
Preis: 39,90 €

ArtNr: 3110009
Preis: 29,90 €

ArtNr: 3110010
Preis: 29,90 €

ArtNr: 3110011
Preis: 29,90 €

ArtNr: 3110012
Preis: 29,90 €

ArtNr: 3110013
Preis: 29,90 €

Das große Modellakku-Buch

Grundlagen und Praxistipps

Ulrich Passern

Akkus elektrisieren den RC-Modellsport seit seinen ersten Anfängen – aber heute mehr denn je. Es herrscht Hochspannung in der Branche, eine Entwicklung jagt die Nächste und was vor wenigen Jahren noch für undenkbar gehalten wurde, ist mittlerweile längst Realität. Was wird die Zukunft bringen?

Umfang: 124 Seiten
Abbildungen: ca. 100
ArtNr: 3102281
Preis: 19,90 €

RC-Car Tuning-Tipps

Praxishandbuch für Elekro- und Verbrennermodelle

Stefan Ahlborn

Stefan Ahlborn hat unzählige Tipps und Tricks für Elektro- und Verbrennerfahrzeuge zusammengestellt: Setup, Grundlagen der Wartung und Pflege, Elektronik und Motorentechnik. Abgedeckt wird der On- und Offroad-Einsatz. Mit diesem Wissen werden Einsteiger und Profis noch mehr Freude an ihrem Hobby haben.

Umfang: 80 Seiten
Abbildungen: 174
ArtNr: 3102207
Preis: 17,80 €

Brushless RC-Cars

Motoren, Regler, Akkus, Technik und Modelle

Matthias König

Elektrische RC-Cars boomen – und sind im Begriff, Verbrenner-Modelle mehr und mehr aus den angestammten Plätzen zu verdrängen. Die Erfolgsgeschichte trägt einen Namen: Brushless.
Dieses Buch erklärt Ihnen die neuen Technologien verständlich, macht Ihnen den Einstieg oder den Umstieg leicht.

Umfang: 160 Seiten
Abbildungen: über 300
ArtNr: 3102202
Preis: 21,80 €

Tuning für Kinderautos

Eigenbau, Umbau, Tuning und Motorisierung

Tom Masselter

Umfang: 168 Seiten, Abbildungen: ca. 210
ArtNr: 3102293
Preis: 19,90 €

Brushless-Motoren und -Regler

Grundlagen - Technik - Praxis

Roland Büchi

Umfang: 128 Seiten, Abbildungen: 104
ArtNr: 3102258
Preis: 26,90 €

CNC im Modellbau

In dieser Ausgabe erfahren Sie unter anderem von einer selbstgebauten CNC-gesteuerten Heißdrahtschneidemaschine, mit der perfekte Teile für den Flugmodellbau aus Styropor computergesteuert geschnitten werden können. Berichte über Eigenbau-Portalfräsen, den Umbau herkömmlicher Fräsen auf CNC-Steuerung, die Nutzung von Google-Sketchup als Konstruktionstool, eine selbstgebaute Schnelllaufspindel und vieles mehr runden die Informationen über den Modellbau mit Computerunterstützung ab.

Systemanforderungen: CD-Laufwerk, PC mit Windows -alle Versionen- oder Apple/Mac Betriebssystem

Chronik 2009-2014 auf CD

ArtNr: 6201181
Preis: 29,90 € Abonnentenpreis: 24,90 €

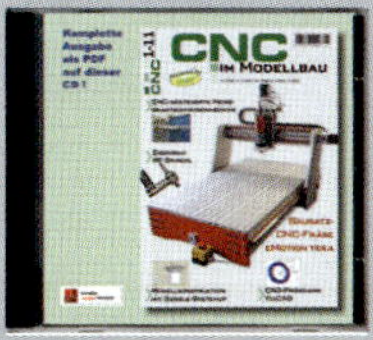

CNC im Modellbau 01/2011

Im PDF-Format wird Ihnen unter anderem eine selbstgebaute CNC-gesteuerte Heißdrahtschneidemaschine vorgestellt, mit der perfekte Teile für den Flugmodellbau aus Styropor computergesteuert geschnitten werden können.

ArtNr: 6201143
Preis: 9,90 €

CNC im Modellbau 01/2010

Werkstatttipps und eine Marktübersicht zu CNC-Portalfräsen machen diese Ausgabe zu einem Must-Have bei computergestützten Maschinen im Modellbau. Highlight: ausführlicher Praxistest der High-End-CNC-Fräse CC-F1410 LF highspeed von Wabeco.

ArtNr: 6201132
Preis: 9,90 €

CNC im Modellbau 01/2009

CNC-Technik boomt nicht nur in der professionellen Arbeit. Auch im Modellbau wendet man immer häufiger computergesteuerte Maschinen an. Hier werden die Grundlagen vermittelt, um erfolgreich die Verbindung von PC und Werkzeugmaschine zu schaffen.

ArtNr: 6201111
Preis: 9,90 €

CNC-Fräsen und -Drehen im Modellbau

Grundlagen – Praxis – Tipps

Christoph Selig

Der Autor weiht Sie in die Geheimnisse des CNC-Fräsens und – erstmals – des CNC-Drehens ein. Umfassend geht er sowohl auf die Hardware, die Software und auch die Werkzeugmaschinen ein. Dabei sind Grundlagen, vor allem aber die Praxis des Umbaus und des CNC-gesteuerten Fertigens das Thema.

Umfang: 240 Seiten
Abbildungen: 266
ArtNr: 3102256
Preis: 31,90 €

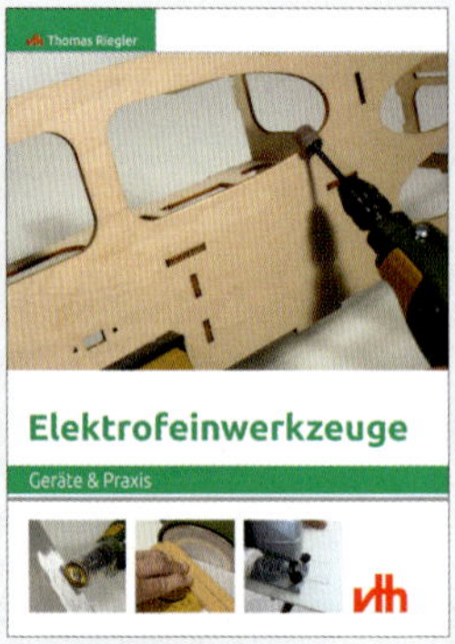

Elektrofeinwerkzeuge

Geräte & Praxis

Thomas Riegler

Ob im Modellbau oder bei anderen feinen Aufgaben – Elektrofeinwerkzeuge machen viele Arbeiten einfacher und manchmal sogar überhaupt erst möglich. Thomas Riegler beschreibt in diesem Buch die verschiedenen Geräte, ihre Besonderheiten und Einsatzzwecke, erklärt die Bedienung und verrät Tipps und Tricks für die praktische Arbeit mit ihnen.

Umfang: 208 Seiten
Abbildungen: 475
ArtNr: 3102263
Preis: 29,80 €

Tipps und Tricks für die Metallwerkstatt

Ideen und Bauvorschläge aus der Praxis

Jörg Burgdorf

Arbeiten mit Metall stellen den Laien häufig vor Probleme. Dabei haben die Profis häufig Tricks und Kniffe, um sich die Arbeit leichter, effektiver und schneller zu machen. Jörg Burgdorf lässt uns in diesem Buch in seine Werkstatt schauen und gibt zahlreiche Tipps aus der Profi-Werkstatt.

Umfang: 64 Seiten
Abbildungen: 61
ArtNr: 3102262
Preis: 14,90 €

CAD - CAM - CNC im Modellbau

Jochen Zimmermann

Der Computer ist heute aus dem Alltag – vor allem aus dem Berufsleben – nicht mehr wegzudenken. So haben computerunterstützte Konstruktionssysteme schon längst Zeichenbrett und Tintenstift abgelöst. Was im professionellen Bereich eingesetzt wird, findet natürlich zwangsläufig auch sehr schnell den Weg in den Modellbau.

Umfang: 240 Seiten
Abbildungen: über 700
ArtNr: 3102270
Preis: 34,90 €

GRUNDLAGENWISSEN DREHEN & FRÄSEN

Drehen für Modellbauer

Band 1: Das ABC des Hobbydrehers

Jürgen Eichardt

In Band 1 geht es um Anforderungen an Tischdrehmaschinen, die Pflege und Verbesserung der Arbeitsgeräte, die Werkzeuge und das Material. Außerdem werden die üblichen Arbeitsweisen näher beschrieben.

Umfang: 192 Seiten
ArtNr: 3102113
Preis 24,90 €

Drehen für Modellbauer

Band 2: Besondere Aufgaben und Technologien

Jürgen Eichardt

In Band 2 erläutert Jürgen Eichardt die etwas schwierigeren Operationen und zeigt ungewöhnliche Hilfsmittel: Rändeln und Kordieren, Gewindeschneiden und Formdrehen, und vieles mehr.

Umfang: 144 Seiten
ArtNr: 3102114
Preis: 21,90 €

Fräsen für Modellbauer

Band 1: Maschinen, Werkzeuge und Materialien

Jürgen Eichardt

In Band 1 erfahren Sie, worauf man beim Kauf einer Fräsmaschine achten muss, wie die Maschine gepflegt wird, und wie wir sie mit einer Vielzahl von selbst gebauten Verbesserungen und nützlichen Zubehörteilen versehen können.

Umfang: 172 Seiten
ArtNr: 3102117
Preis 24,90 €

Fräsen für Modellbauer

Band 2: Frästechniken, Messen & Sonderanwendungen

Jürgen Eichardt

Hier erfährt man, wie die verschiedenen Fräswerkzeuge arbeiten und wie man sie richtig einsetzt. Einfache Fräsbearbeitungen werden ebenso gründlich besprochen wie vermeintlich schwierige Anwendungen.

Umfang: 172 Seiten
ArtNr: 3102118
Preis: 24,90 €

3D-Druck-Praxis

Alles für den Start

Oliver Bothmann

Der 3D-Druck ist eine der Techniken der Zukunft – dieses Buch macht Sie fit für seine Anwendung! Der Autor zeigt, wie 3D-Druck daheim funktioniert, was Sie dafür benötigen und wie Sie erfolgreich zu Ihrem ersten 3D-Druck kommen.

Umfang: 176 Seiten
Abbildungen: 246
ArtNr: 3102245
Preis: 24,80 €

Antriebsmodelle

Für Dampfmaschinen und Heißluftmotoren

Volker Koch

Viele Modellbauer – gerade auch Einsteiger – fragen sich, wenn das erste Dampfmaschinen- oder Heißluftmotormodell fertiggestellt ist und funktioniert: und nun? Solche Maschinen waren im Original ja dazu gedacht Arbeit zu verrichten und maschinelle Tätigkeiten zu ermöglichen. Schon früh kamen die Anbieter von Spielzeugdampfmaschinen daher auf die Idee, Antriebsmodelle herzustellen, bei denen die Maschinen ihre Kraft sinnvoll abgeben konnten.

Umfang: 160 Seiten
ArtNr: 3102295
Preis: 29,90 €

Dampfbetriebene Werkstätten als Modell

Antriebsmaschinen – Transmissionen – Betriebsmodelle

Volker Koch

Die Nutzung von Dampfmaschinen für den Antrieb von Werkzeugmaschinen war der Grundstein der ersten industriellen Revolution. Viele Fragen zum Aufbau und dem Betrieb von dampfbetriebenen Modellwerkstätten beantwortet Volker Koch in seinem umfangreich bebilderten Buch, welches ein faszinierendes Stück Technikgeschichte wiederauferstehen lässt.

Umfang: ca. 256 Seiten
Zahlreiche Abbildungen
ArtNr: 3102296
Preis: 34,90 €

Hydraulik im Modellbau

Grundlagen für den Bau einer Modellhydraulik

Marcel Sigrist

Ob Bagger oder Raupe, Kipper oder Radlader – im Original kommen alle diese Nutzfahrzeuge nicht ohne Hydraulik aus. In diesem Buch gibt der Modellhydraulik-Spezialist Marcel Sigrist Informationen, damit ein Modell mit einer funktionierenden Hydraulik ausgestattet werden kann. Von der Berechnung der benötigten Leistung bis zu den benötigten Sicherheitseinrichtungen– ein komplettes Archiv der technischen Zeichnungen für die benötigten Bauteile rundet das Buch ab.

Umfang: 112 Seiten
ArtNr: 3102278
Preis: 28,90 €

Akkus für jeden Zweck

Auswahl und Pflege für Smartphone, Spielzeug und Co

Thomas Riegler

Unsere Welt ist auf Akku! Immer mehr Geräte, die wir täglich benutzen – seien es Smartphones über Laptops, Werkzeuge bis hin zum Elektro-Fahrrad und Auto – basieren auf netzunabhängiger Energie. Doch welchen Akku verwendet man für welchen Zweck? Dieses und noch viel mehr erklärt Thomas Riegler in diesem Buch und macht Sie so zum echten Akkuspezialisten!

Umfang: 192 Seiten
ArtNr: 3102283
Preis: 29,90 €

Kunststoffe für Modellbauer

Alex Weiss

Kunststoffe gibt es in den vielfältigsten Formen, mit unterschiedlichsten Eigenschaften und für zahlreiche Anwendungen. Der Autor Alex Weiss sorgt mit diesem Fachbuch für den notwendigen Überblick, um Kunststoffe richtig einzusetzen und zu verarbeiten. Besprochen werden Kunststoffe wie ABS, Polystyrol, PVC, Polyethylen, Polyester, Epoxyd, Polyurethan, Acryl, Silikon und viele mehr.

Umfang: 160 Seiten
Abbildungen: 233
ArtNr: 3102169
Preis: 22,00 €

Das große Lötbuch

Löten in der Praxis von A bis Z

Thomas Riegler

Das richtige Löten ist aus der Elektronik nicht wegzudenken. Thomas Riegler beschreibt in diesem Buch die verschiedenen Löttechniken, gibt Tipps, welches Gerät für welchen Einsatz das richtige ist und vermittelt anschaulich die Praxis des Lötens. Umfassend wird dabei auch auf die Besonderheiten des bleifreien Lötens eingegangen und der Aufbau einer Schaltung beschrieben.

Umfang: 208 Seiten
Abbildungen: 288
ArtNr: 3102254
Preis: 29,90 €

Materialien für den Modellbau

Alex Weiss

Dieses Buch beschreibt die vielen unterschiedlichen Materialien, die vom Funktionsmodellbauer in seiner Werkstatt verwendet werden. So unter anderem Eisen und Stahl, Nichteisen-Metalle wie Aluminium, Messing und Kupfer, Hart- und Weichhölzer sowie eine Anzahl von Kunststoffen – bearbeitbare und andere. Ein Buch, das in jede Modellbauerwerkstatt gehört!

Umfang: 160 Seiten
Abbildungen: 104
ArtNr: 3102142
Preis: 15,00 €

50 Kniffe für die Werkstatt

Tipps und Tricks für den Modellbauer

Kurt Becker

Wer sich dem technischen Modellbau verschrieben hat, ohne eine technische Ausbildung gemacht zu haben, der muss sich so manchen Trick der Fachleute mühsam aneignen. In diesem Buch zeigt Kurt Becker 50 – eigentlich sogar ein paar mehr – Kniffe, mit denen die Metallbearbeitung im Modellbau einfacher und besser gelingt. Seine praxiserprobten Tipps und Tricks sind manchmal erstaunlich simpel – aber man muss halt drauf kommen! Und sie ermöglichen dem Modellbauer eine noch genauere Arbeit, um zu besseren Ergebnissen zu kommen.

Umfang: 88 Seiten
ArtNr: 3102289
Preis: 19,90 €

Hobbyelektronik mit SMD-Technik

Grundlagen und Praxis

Thorsten Feuchter

Den Hobbyelektroniker, der selbst seine Schaltungen aufbauen möchte oder defekte Platinen reparieren will, stellen diese zum Teil winzigen Bauteile mit ihrer ganz speziellen Verarbeitung vor Schwierigkeiten. Abhilfe bei der Furcht vor der Verwendung von SMD-Bauteilen in der Hobbyelektronik schafft dieses Buch. Thorsten Feuchter beschreibt die Besonderheiten dieser Technik, gibt Tipps zur Verarbeitung und zur Reparatur beschädigter SMD-Schaltungen.

Umfang: 72 Seiten
Abbildungen: 83
ArtNr: 3102264
Preis: 19,80 €

Kartonmodellbau

Praxis und Geschichte

Ulrich Böhme

Der Kartonmodellbau zählt wohl zu den ersten Arten des Modellbaus, für den Bausätze beziehungsweise Baubögen in Serie angeboten wurden. So war es vielen Menschen erstmals möglich reale oder fiktive Bauwerke und Fahrzeuge als Modelle nachzubauen. Interessant ist, dass der Modellbau aus Karton – auch wenn heutzutage eine nahezu unbegrenzte Vielfalt an Werkstoffen für den Modellbau zur Verfügung steht – eine große Renaissance erlebt und sich eine aktive Gemeinschaft der Kartonmodellbauer entwickelt hat. Ulrich Böhme gibt wichtige Tipps aus der Praxis.

Umfang: 144 Seiten
ArtNr: 3102269
Preis: 26,80 €

Modelldampfkessel

Dieter Miedek

Die Maschine muss für ihre Arbeit eine gewisse Leistung aufbringen. Dies kann sie nur, wenn der Kessel genügend Energie in Form von Wasserdampf zur Verfügung stellt. Dieter Miedek zeigt den Weg von der Historie, über die Theorie, die Werkzeuge und Gerätschaften, bis zur Fertigung eines Dampfkessels.

Umfang: 240 Seiten
ArtNr: 3102183
Preis: 29,80 €

Werkzeugmaschinen für den Modellbauer

Andreas Schaller

Wer ambitioniert Modellbau betreiben will, kommt früher oder später an der Anschaffung einer Werkzeugmaschine für die Bearbeitung von Metallen und anderen Werkstoffen nicht vorbei. Doch nicht nur die Maschinen – auch guter Rat ist hier oft teuer.

Umfang: 144 Seiten
ArtNr: 3102195
Preis: 19,80 €

Metallbearbeitung im Modellbau

Peter Wright

Metalle sind für den Modellbau sehr wichtige Werkstoffe, die für die verschiedensten Aufgaben benötigt werden. Ob Dampfmaschinen, Schiffsmodelle, Verbrennungsmotoren, Flug- oder Truckmodelle – Metall kommt in jeder Modellbausparte zum Einsatz.

Umfang: 432 Seiten
ArtNr: 3102145
Preis: 29,00 €

Hartlöten

Kein Buch mit sieben Siegeln

Dieter Miedek

Hartlöten ist die ideale Verbindungsmöglichkeit für viele Aufgaben im Modellbau, aber auch bei der Restauration von Original-Fahrzeugen. Mit diesem Buch wird das Hartlöten für den Modellbauer eine perfekte Ergänzung zu seinen Arbeitstechniken.

Umfang: 148 Seiten
ArtNr: 3102222
Preis: 27,90 €

Dreizylinder-Sternmotor im Selbstbau

Wolfgang Trötscher

Der Dreizylinder-Sternmotor ist ein wahres Schmuckstück. Nach dem Vorbild eines Anzani-Motors aus den 20er-Jahren konstruierte Wolfgang Trötscher das leistungsfähige Modelltriebwerk, das sich in jeder gut ausgestatteten Hobbywerkstatt herstellen lässt.

Umfang: 59 Seiten
ArtNr: 3120032
Preis: 17,00 €